THE FIFTH MIRACLE

PAUL DAVIES

제 5의 기적
생명의 기원

폴 데이비스 지음
고 문 주 옮김

책이 있는 언덕 북힐스

THE FIFTH MIRACLE

The Search for the Origin and Meaning of Life

Paul Davies

한국어판을 내면서

1859년 영국의 찰스 다윈의 유명한 책 "종의 기원"의 간행은 과학사에 전환점이 되는 중요한 사건이었다. 이 책은 간단한 미생물로부터 오늘날 우리가 지구에서 보고 있는 다양한 생물체로 수 십 억년 동안에 걸쳐서 생명체가 어떻게 진화하였는지를 확실하게 설명해 주었다. 그러나 다윈은 최초로 생명이 어떻게 시작되었는지는 설명하지 않았다. 그는 "물질의 기원에 대하여 생각하는 것이나 마찬가지이다."라고 단정하였다. 다윈의 기념비적 업적이 있은 후 한 세기 반이 지난 오늘날 물리학자들은 물질의 기원을 설명하였지만 생명의 기원은 관심있는 의문으로 남아 있다.

나는 생물기원 문제를 언제, 어디에서, 어떻게의 세 가지 질문으로 나누고 싶다. 새로운 연구들은 지구에서 언제 생명이 시작되었는지에 대하여 강력한 단서들을 제공하고 있으며, 어디에서 시작되었는지에 대하여는 몇 가지 매우 흥미로운 생각들이 등장하고 있다. 그러나 문제 중 어떤 부분은 많은 희망적 이론들에도 불구하고 여전히 의문에 싸여 있다.

1998년 "생명의 기원 - 제5의 기적" 영문판이 나온 이후 몇 가지 새로운 발전이 있었다. 아마도 가장 중요한 것은 소행성이나 혜성이 행성에 충돌하여서 튀어나온 암석을 통해서 지구와 화성 사이에 살아 있는 미생물이 운반될 수 있다는 이론이 일반적으로 인정된 것이다. 10년 전 내가 이런 방법을 통해서 지구와 화성이 교차-오염되었을 수 있다고 제안하였을 때, 나의 이론은 불가능한 것으로 거부당했다. 이제는 그것을 매우 그럴듯하게 생각하는 것으로 보인다. 또 생명이 실제로 화성에서 시작되어서 얼마 후 화성 운석을 통해서 지구로 왔다는 내 이론도 인정하게 되었다. 실제로 화성의 생명체에 대한 전망(최소한 지난 수년간)은 NASA의 화성글로벌 탐사선(Mars Global Surveryor)의 새로운 자료에 의해 강화되었으며, 그것은 최근 붉은 행성에서 액체 물이 흘렀다는 증거를 제공해 주었다.

이 책에서 내가 이야기하고 싶은, 알릴 만한 사건들 중 하나는 ALH84001이라고 하는 남극에서 발견된 화성 운석의 내부에 있는 작은 모양의 발견에 대해서인데 일부 NASA과학자들은 그것이 화석화된 박테리아가 남은 것이라고 주장하였다. 뒤이은 집중적인 연구에서 오늘날 이 해석은 잘못된 것으로 생각되지만 문제는 전혀 해결되지 않고 있다. 이 주장에 대한 반박 중 하나는 운석의 작은 모양이 살아 있는 미생물이기에는 너무 작다는 것이다. 그러나 1999년에 오스트레일리아 퀸즈랜드 대학의 윈스(Philippa Uwins)는 지구 암석 내부에서 ALH84001의 것 만큼이나 작은 미생물을 발견하였다. 윈스의 연구가 옳다면 NASA의 주장에 대한 중요한 반박을 하나 제거하는 것이 될 것이다.

오늘날 많은 과학자들은 생명이 (화성에서건 지구에서건) 뜨겁고 깊은 곳에서-심지어는 해저화산대나 깊은 지각의 암석 내부에서-시작되었다는 이 책의 중심이론을 좋아한다. 그러나 무생물 화학물질을 최초의 생명체로 전환시킨 물리적 과정의 본질은 여전히 불분명하다. 이 의문은 관련된 화학의 무지 이상의 것이다. 오히려 맹목적 힘들이 그렇게 정교하게 조직화된 복잡성을 가진 세포같은 체제를 생기게 할 수 있다는 그런 원리와 관련되어 있다. 특히 정보를 저장하고 가공하는 원리와 관련되어 있다. 우리가 정보와 물질이 연관된 방법을 발견할 때만 생명이 어떻게 시작되었는지 설명할 수 있는 것이 나의 확신이다.

단지 예감이지만 나는 중요하게 빠진 구성성분이 양자역학이라고 믿는다. 지난 수년 동안 양자정보 가공과정 분야에서는 커다란 진보가 이루어 졌다. 훨씬 더 강력하다는 것이 알려졌으며, 나는 그것이 생명의 초기 단계들에서도 중요한 역할을 했을 것으로 생각한다. 나는 수년 내에 양자논리, 정보가공 및 복잡성 이론분야에서 몇 가지 새로운 발전을 볼 수 있을 것이며, 그것이 생명의 기원에 대한 비밀을 세 가지 모두 상호 작용을 필요로 한다는 것을 밝힐 것으로 기대한다. 결국 시간이 말해 줄 것이다.

아무쪼록, 한국어판이 과학에 흥미 있는 한국의 젊은이들에게 조금이나마 도움이 되었으면 한다.

2000.10

폴 데이비스

옮기고 나서

우리 인류는 모든 자연 현상에 호기심을 가지고 그것을 해결하려고 노력해 왔으며, 그런 과정에서 과학지식을 쌓아 왔다. 많은 과학 지식들이 축적되었지만 가장 근본적인 의문들은 아직도 명확하게 해결되지 못하였다. 그런 의문들 가운데는 우주와 물질의 기원은 무엇인가, 생명의 기원은 무엇인가, 우주와 인류의 장래는 어떻게 될 것인가 하는 것들이 포함될 것이다. 이 중에서 생명의 기원에 대해서는 다윈의 "따뜻한 작은 연못" 이래로 많은 가설들이 제안되었지만, 명확하게 증명된 것은 드물다. 우리의 과학지식이 점점 더 쌓여 가면서 조금씩 안개 속의 사실들이 드러날 것으로 생각한다. 이 책의 저자인 폴 데이비스는 현대의 전문화된 과학지식을 일반인과 비전공자들에게 알기 쉽게 풀어서 해설해 주는 능력을 가진 훌륭한 과학자이며 저술가이다. 그가 생명의 기원에 대해서 설명해 보고자 한다. 그러나 그가 이야기하는 것은 지금까지 잘 알려진 사실들의 나열만이 아니고, 최근에 새로 알려진 사실들로부터 추론할 수 있는 것들을 잘 엮어서 새로운 이야기를 만들고 있다. 즉 해저 열수공, 지하 미생물, 최근 등장하고 있는 정보와 복잡성 이론, 화성에서 온 것이라고 최근에 알려진 남극 운석, 화성 탐사의 성과 등을 살펴봄으로써 지금까지와는 조금 다른 각도에서 생명의 기원에 대하여 이야기하고 있다.

우리의 주위에는 생명의 기원과 같은 근본적 의문에 대하여 다룬 책이 몇 권의 전문 서적 이외에는 찾아 보기가 힘들다. 이런 환경에서 이 책의 이야기는 우리의 지적 호기심을 만족시키고 생명의 기원에 대한 새로운 생각을 가지게 하는데 도움이 될 것으로 생각한다. 끝으로 이 책이 나오기까지 힘써 주신 (주) 도서출판 **북스힐**의 조승식 사장님, 김동준 부장 그리고 세심하게 이 책을 꾸며준 정보숙씨에게 감사를 드린다.

2000.10

고 문 주

차 례

1장 생명의 의미 ——— **1**

생명의 신비한 기원 / 생명이란 무엇인가? / 생명력 및 다른 의심스러운 생각들 / 고대 분자 이야기 / 미생물과 에덴 찾기

2장 조류에 대항하여 ——— **31**

축퇴 원리 / 생물학적 정보는 어디에서 오는가? / 엔트로피 틈새: 질서의 원천인 중력

3장 진흙에서 나와서 ——— **57**

생명의 나무(수형도) / 생명의 세 구역 / 가장 오래된 암석 화석 / 자발적 발생 / 원시수프 다시 만들기/우연과 생명의 기원

4장 기계 속의 메시지 ——— **95**

복제하라, 복제하라! / 생물 만들기 / 유전암호 / 메시지 획득 / 암호 안의 암호?

5장 닭과 달걀 문제 —— 129

RNA 우선설 / RNA 나중설 / 자기조직화:무 대신에 유?

6장 우주 연관성 —— 157

여러분 눈 속의 우주 티끌 / 우주화학 / 우주공간에서의 생성 / 충 돌 / 시시포스 효과

7장 슈퍼박테리아 —— 181

뜨거운 것을 좋아하는 것들 / 지하 세계의 생명 / 지하 세계에서 올라옴 / 그들이 암석을 먹게 하라 / 그 다음은 역사이다

8장 화성은 붉은 죽음의 별인가? —— 213

좋지 못한 휴양지 / 홍 수 / 화성 온실 / 화성에는 생명체가 있었을까? / 아직도 화성에 생명체가 있을까? / 화성에서 온 운석 / 생명의 흔적? / 붉은 행성에서 온 죽음의 전염병

9장 포자범재설 —— 257

우주에서의 생존 / 생명체가 운석을 타고 지구로 왔을까? / 지구의 생명체가 화성에서 왔을까? / 지구의 생명체가 화성으로 갔 을까?

10장 우주는 생물 친화적인가? —— 287

생명은 시작되었을까? / 자연법칙은 생명에 유리하게 만들어져 있는가? / 항상 다윈주의가 내려오는가? / 진보의 사닥다리인가? / 의식은 예정된 것인가?

찾아보기 / 327

1장
생명의 의미

타임머신을 타고 40억 년 전으로 돌아간다고 생각해 보자. 주위는 어떤 모습일까? 푸른 언덕도 해변의 모래밭도 전혀 없다. 하얀 절벽도 무성한 숲도 없다. 이 젊은 행성은 오늘날의 지구와는 확연히 다르다. 실로 "지구"라는 말이 어울리지 않는다. 주위가 온통 뜨거운 물속에 잠겨 있기 때문에 "대양"이라는 말이 더 적당할 것이다. 이 뜨거운 바다를 가르는 대륙이라고는 전혀 없고, 여기저기에 강력한 화산 봉우리만 수면 위로 솟아올라서 유독한 기체 구름을 내뿜는다. 대기는 유독 가스로 가득 차 숨을 쉴 수도 없다. 구름이 걷히면 하늘의 태양은 원자로처럼 빛나고 지구 자체가 자외선에 완전히 노출되어 있다. 밤이면 밝은 유성들이 하늘을 가로지른다. 때때로 거대한 혜성이 대기를 관통하여 대양에 충돌하여 높이가 수 킬로미터에 이르는 무시무시한 해일을 만들고 이것이 지구 전체로 퍼져나간다.

거대한 대양의 해저 바닥은 우리가 알고 있는 암석과는 다르다. 바로 밑에 하데스의 용광로가 태고의 열로 끓고 있고 지각이 얇은 곳에서는 커다란 균열이 생겨서 녹은 용암이 해저 바닥으로 분출되어 나온다. 위층에서 누르는 엄청난 압력 때문에 끓지 못하고 있는 해수에는 지각 밑까지 통해 있는 복잡한 분기공에서 우러나온 화학 성분들이 포함되어 있다. 이렇게 가열된 해저의 움푹 들어간 어두운 곳에서는 지구의 모양을 재창조하고, 우주를 재창조할 무엇인가가 일어나고 있다. 생명이 태어나고 있는 것이다.

앞의 설명은 물론 추론을 재구성한 것이다. 이는 생명의 기원에 대한 과학자들의 많은 시나리오 가운데 하나에 불과하지만 점점 더 그럴듯하게 생각되고 있다. 20년 전에는 공기와 햇빛이 전혀 없는 뜨거운 화산 깊은 곳에서 지구의 생명이 시작되었다는 것은 이단(異端)이었다. 그러나 우리의 오래된 조상들이 진흙으로 만들어지지 않았으며 황화물의 지하세계에서 올라왔다는 증거들이 나타나고 있다. 심지어 지표면에 살고 있는 우리가 특별한 것일 수도 있으며, 지구라는 독특한 환경 때문에 비정상적인 적응이 일어났을 수도 있다. 우주 다른 곳에 생명이 존재한다면 그것은 지하세계 거주자일 것이며 행성 표면에는 거의 드러나지 않을 것이다.

오늘날 지구 최초의 생명 형태가 깊은 곳에서 사는 미생물이었다는 데는 어느 정도 의견이 일치 하지만, 실제로 생명이 지각 깊숙한 곳에서 시작되었는지 아니면 초기에 그곳을 거주지로 선택하였는지는 의견이 분분하다. 지난 수 십 년 간의 분자생물학과 생화학의 놀라운 발전에도 불구하고 과학자들은 여전히 생명이 어떻게 시작되었는지 확실하게 알지 못하고 있다. 대강의 이론은 얻을 수 있지만 물질에서 생명으로 전환되는 과정들에 대한 구체적인 증명은 미흡하다. 심지어 정확한 탄생 장소마저 의문으로 남아 있다. 생명이 지구에서 아예 생겨나지 않았을 수도 있다. 즉 생명은 우주에서 온 것일 수도 있다는 것이다.

생명의 기원을 밝히기 위해 노력하는 과학자들이 부딪히는 문제는 수 십 억 년 전에 일어나서 이제는 흔적이 거의 남아 있지 않거나 전혀 남아있지 않은 사건들의 이야기를 짜 맞추어야 한다는데 있다. 이는 참으로 난감한 일이다. 다행스럽게도 지난 수 년 동안에 지구의 가장 원시적인 생명체의 그럴듯한 본질에 관한 몇 가지 중요한 발견들이 이루어 졌다. 실험방법에 있어서도 커다란 진보가 있었고, 초기 태양계의 환경에 대하여도 더 많이 알게 되었다. 최근 화성의 생명체에 대한 관심 회복도 생명에 필요한 조건에 대하여 폭넓게 생각하는데 기여를 하였다. 이러한 연구 성과들은 이 주제를 침체된 추상적 과학으로부터 주요 연구 계획으로 올려 놓았다.

어디서 어떻게 생명이 시작되었는가 하는 문제는 과학에서 가장 큰 수수께끼이지만 실제로는 그 이상의 의미를 갖는다. 생명의 기원에 관한 이야기는 철학과 심지어는 종교와도 연결되어 있다. 우주에서 우리가 지각력을 가진 유일한 존재인가? 생명은 우연한 사건에 의한 산물인가, 아니면 심오한 법칙의 산물인가? 우리의 존재에 대해 어떤 종류의 궁극적인 의미가 존재하는가? 이와 같은 심오한 질문들에 대한 답은 과학이 생명의 생성에 대하여 어떤 것을 밝혀줄 수 있는가에 달려 있다.

이렇게 중요한 주제에서 일치점이 없다는 것은 놀라운 일이 아니다. 일부 과학자는 생명을 우주에서 유일한 화학적인 결과로 생각하고, 다른 과학자들은 생명이 적절한 자연 법칙에 의해 형성된 생성물로 생각한다. 프랑스의 생물학자 모노

(Jacques Monod)가 주장한 대로 거대한 생명의 체계가 순전히 우발적인 운명의 결과라면, 우리는 다음과 같이 우아하게 표현된 그의 무신론의 원인이 되는 상식적인 이유를 분명히 찾아야만 한다. 「옛날의 계약은 산산조각 났다. 마침내 사람은 무감각한 거대한 우주에서 혼자이며, 그 가운데서 순전히 우연히 등장하였다는 것을 알았다. 그의 운명이나 의무는 어디에도 적혀 있지 않았다.」[1] 그러나 생명이 우주의 심오한 조화의 결과로 등장하였다는 것이 밝혀지면, 그것은 우주에 어떤 목적이 숨어있다는 것을 암시한다. 간단히 말해서 생명의 기원은 생명의 의미에 대한 열쇠를 갖고 있다.

다음 장에서 이론이 분분한 철학적 문제에 맞서려고 시도하면서 최근의 과학적 증거들을 조심스럽게 조사하고자 한다. 우주는 얼마나 생물 친화적인가? 생명은 지구에만 유일한 존재인가? 심지어 아주 간단한 생물체 정도의 복잡성을 가지는 무엇인가가 직접적인 물리적 과정의 생성물이 될 수 있는가?

생명의 신비한 기원

"생명의 기원은 ... 진행되기 위해서는 너무나 많은 조건들이 만족되어야 하는 거의 기적적인 일로 생각된다."

- Francis Crick [2]-

오스트레일리아의 킴벌리(Kimberley) 원주민에 따르면 랄라이(Lalai) 창조 시대에 우주의 군왕이며 지구의 창조자인 왈란간다(Wallanganda)가 우주로부터 물을 거대한 지구 뱀인 웅구드(Wunggud)에 쏟아지게 하였다. 몸체가 원시 물질로 구성된 작은 웅구드는 젤리같은 물질로 된 공, 갈랄라 야운(ngallalla yawun)으로 감겨 있었다. 강장제 물을 받자마자 웅구드는 요동을 쳤으며, 가라기(garagi)에 움푹한 땅을 만들어서 물을 모았다. 이어서 웅구드는 비를 만들고, 생명의 규칙적인 과정들인 계절, 복제 주기, 월경 주기를 시작하였다. 이의 창조력은 자연을 만들었고, 모든 창조물과 성장물을 가져왔으며 그 위에 아직도 지배권을 행사하고 있다.[3]

모든 문명은 각자의 창조 신화를 가지고 있으며, 어떤 것은 다른 것들보다 더 화려하다. 수세기 동안 서구 문명은 이 주제를 설명하기 위하여 성경을 조사하였다.

신은 제 5 의 창조로서 처음부터 현재 형태와 거의 같은 형태로 생명을 창조하였다.

킴벌리로부터 멀지 않은 곳에 그레이트샌디 사막을 가로질러 있는 필바라(Pilbara) 산맥 속에는 지구상에서 가장 오래되었다고 알려진 화석이 놓여 있다. 이 특별한 것은 창조에 대한 과학적 설명 일부를 형성하고 있다. 과학은 처음부터 생명이 신이나 초자연적 존재에 의하여 만들어지지 않았다고 가정한다. 생명은 자연적인 과정으로서 신의 도움없이 자발적으로 생겨났다는 것이다.

지난 2세기에 걸쳐서 과학자들은 열심히 생명의 역사 조각들을 모았다. 화석 기록은 고대의 생명이 현존하는 생명과는 매우 다르다는 것을 분명하게 보여 주었다. 일반적으로 말하면 과거로 멀리 돌아갈수록 지구상에 살았던 생명체는 더 간단해 진다. 복잡한 생명 형태의 커다란 번성은 단지 지난 백만년 안에 일어났다. 잘 알려져 있는 가장 오래된 동물 화석도 역시 오스트레일리아에 존재하는데 (아델레이드 북쪽의 Flinders Ranges에 존재), 연대가 약 5억 6천만 년 된 것이다. 에디아카라(Ediacara)라고 알려진 그것은 해파리와 비슷한 생물체를 함유하고 있다. 바로 직후인 약 5억 4천 5백만 년 전에 진정한 종의 폭발이 이루어져 많은 식물과 동물들에 의하여 육지가 식민지화되면서 절정에 도달하였다. 그러나 약 십억 년 전에만 해도 생명은 단세포 생물로 제한되어 있었다. 이런 복잡화와 다양화의 기록은 다윈의 진화론으로 광범위하게 설명된다. 이 진화론에 의하면 종은 끊임없이 분화하고 재분화하여 점점 더 구별되는 가계를 형성한다는 것이다. 역으로 과거로 가면 이런 가계들은 서로 통합되어 줄어든다. 지구상의 모든 생명이 동일한 선조로부터 이런 분기 과정을 통하여 내려가고 있다는 것을 강력하게 지지하여 주는 증거들이 있다. 즉 모든 사람과 모든 동물, 식물, 그리고 미생물을 거꾸로 추적하면 수십억 년 전에 살았던 똑같은 작은 미생물에 도달할 수 있다. 그리고 더 거슬러 올라가면 최초의 생명체에 도달할 수 있다. 이제 남은 문제는 이 최초의 미생물이 어떻게 존재하게 되었는가를 설명하는 것이다. 이 부분은 과학적인 생명의 설명 중 미 해결된 중심 의문으로 남아 있다.

생명에 대한 연구는 깊이 하면 할수록 의문이 더 깊어지기만 할뿐이다. 살아있는 세포는 같은 크기의 무엇보다도 인류가 알고 있는 것 중 가장 복잡한 계이다. 생명체 이외의 다른 곳에서는 발견할 수 없는 많은 특수한 분자들은 이미 그 자체로서도 충분히 복잡하다. 그것들은 더없이 훌륭한 정밀성을 가지고 움직이며 아슬아슬한 정확성을 가지고 협동을 한다. 가장 아름다운 몸짓의 발레보다도 더 우아한 생명의 춤이 상승 협동을 나타내는 수많은 분자들에 의하여 이루어지고 있다. 그러나 이것은 안무가의 연출이 필요 없는 춤이다. 때가

되면 적당하게 분자들을 흔들어주고, 적당한 배우를 선택하고, 연결을 끊어주고, 상대방을 바꾸어주고, 계속 움직이게 하는 지적인 감독도, 신비한 힘도, 의식적인 조절자도 전혀 없다. 생명의 춤은 자발적이며, 스스로 유지되고 창조될 뿐이다.

이렇게 복잡하고, 정교하며, 절묘한 것들이 도대체 어떻게 등장하게 되었을까? 바로 곁에 있는 것을 끌거나 당길 수 있어도 의식이 없는 분자들이 생명체와 같은 정교한 것을 어떻게 형성하고 유지할 수 있는가?

이런 의문을 해결하는 것은 생물학, 화학, 지질학, 천문학, 수학, 전산학 그리고 물리학과 같은 많은 분야의 과제로 남는다. 또한 역사의 문제이기도 하다. 생명이 단번에 시작되었다고 믿는 과학자는 거의 없다. 어떤 물리적 과정도 갑자기 무생물적 물질을 "숨쉬는 생명"으로 바꿀 수는 없다. 무생물적인 것과 최초의 생명체 사이에는 오랜 시간에 걸친 복잡한 전환 단계들이 있었을 것이며 예정된 사건 연대표가 있지는 않았던 것 같다. 자연의 법칙은 단독으로는 어떻게 생명이 시작되었는지 답할 수 없는데, 원자 집단을 정밀하게 처방된 조립 순서를 따르도록 만들 수 있는 법칙은 전혀 존재하지 않기 때문이다. 그러므로 자연의 법칙을 적용할 수는 있지만 생명의 실제 경로는 철학자들이 우연성이라고 부른 것과 같이 우연과 환경에 많이 따랐을 것이다. 따라서 증명할 수 없고, 우리가 모르게 존재하던 과거의 환경, 생명의 생성 역사를 정확히 알 수가 없다.

그러나 생물 기원의 의문은 상세한 것에 대하여 모르는 것 이상으로 훨씬 더 심각하다. 생명 자체의 본질에 대한 심오한 개념적 문제가 있기 때문이다. 나는 책상에 1960년대에 유행하던 램프를 가지고 있는데, 서로 섞이지 않는 두 가지 색의 액체가 담겨있다. 한 색깔의 액체가 서서히 올라와서 다른 액체를 통해서 내려간다. 사람들은 이 방울들의 성질을 "생물과 같다"고 흔히 말한다. 이 관점에서는 램프만이 유일한 것이 아니다. 춤추는 불꽃, 눈발, 구름의 모양, 강물의 소용돌이와 같은 많은 무생물계들도 생물과 같은 성질을 지니고 있다. 진짜 생물체와 생물과 같은 것을 구별해 주는 것은 무엇일까? 그것은 단순한 문제가 아니다. 생물과 단순히 생물 같은 것 사이에는 실제적 차이점이 존재한다. 닭이 달걀을 낳는다면 거기서 깨어난 햇병아리도 닭이 될 것이라는 것은 쉽게 확인할 수 있다. 그러나 눈발과 다른 눈발의 모양을 정확하게 예언하려고 해 보자. 커다란 차이점은 닭은 특이한 유전적 메시지에 의하여 만들어지는 것에 비해 램프의 액체방울, 눈발, 소용돌이는 마구잡이로 형성된다는 점이다. 눈발에는 유전자가 결코 존재하지 않는다. 생물학적인 복잡성은 메시지를 받는다. 정보에 기초한 복잡성인 것이다. 다음 장들에서 생명의 거대한 구조적 복잡성이 어떻게 등장하였는가를 아는 것만으로는 충분하지 않다는 것을 설명할 것이다. 우리는 생물학적 정보의 기원을 밝힐 수 있어야만 한다. 과학자들은 근본이 되는 개념 문제를 해결하기에는 아직 부족하다. 일부 사람들은 그런 과학의 한계를 당연시 여기면서 적극적 창조의 여지가 남아있는 것이라고 생각한다. 그러나 과학의 역할은 신의 간섭에 의지하지 않고 의문을 해결하는 것이다. 과학자들은 생명이 어떻게 시작되었는지 확실히 밝혀 낼 수 없는 것이 생명이 자연적 기원을 가질 수 없음을 의미하지는 않는다.

생명의 창조에 대한 과학적인 설명을 확립시켜 나가겠는가? 단순히 생각해 보면 그것은 거의 희망이 없는 듯이 보인다. 전통적인 암석 화석을 찾는 것만으로는 단서를 제공하지 못한다. 생명을 발생시킨 대부분의 미묘한 선생물적 분자들은 오래 전에 없어져 버렸다. 희망을 걸 수 있는 가장 훌륭한 것은 친숙한 세포형 생물이 진화해 나온 고대 생물들의 일부 분해된 화학적 잔해물들이다.

우리가 암석 화석에만 의존한다면 생명의 기원과 초기 진화를 이해하는 것은 실로 만만찮은 일이다. 다행스럽게도 함께 존재하는 다른 계열의 증거가 있다. 그것 역시 희미하고 먼 과거로 이어지는 것이지만 현존하는 생명체 내부 여기저기에 존재하는 것이다. 생물학자들은 사람을 비롯한 그들 후손의 구조와 생화학적 과정 속에 살고 있는 고대 생물체의 서사시를 확신하고 있다. 특히 잘못 놓인 동전, 녹슨 연장, 또는 의심이 가는 고분이 고고학자에게 경보를 발하는 것과 똑같은 방법으로 오늘날의 세포 여기저기에 있는 이상한 분자와 화학 반응들이 어떻게 작용하는가를 연구함으로써 우리는 고대 생명의 잔존물을 희미하게나마 볼 수 있다. 그러므로 오늘날 생물체들의 내부에서 계속되고 있는 미묘한 과정들 가운데 원시 생명체의 흔적이 살아있어서 우리의 먼 과거와 다리 역할을 해준다. 이런 모호한 흔적들을 분석함으로써 과학자들은 최초의 생물체가 등장하게 되는 물리적 및 화학적 경로를 재구성하기 시작하였다.

이러한 생화학적 단서가 있더라도 최근에 일부 "살아있는 화석", 즉 기묘하고 극단적인 환경에서 살아가는 미생물을 발견하지 못하였다면 재구성 작업은 여전히 추론에 불과할 것이다. 슈퍼박테리아(superbug)라고 하는 이런 생물들은 활발하게 연구되고 있으며 미생물학을 혁신하는 것으로 보인다. 우리는 이런 기이한 미생물에서 지구의 모든 생명체를 퍼뜨린 원시 생명체에 가까운 어떤 것을 찾아볼 수 있다. 화성이나 다른 행성의 생명체를 찾는 일과 혜성과 운석에 대한 연구에서 더 많은 단서들이 나올 수 있다. 이런 증거 조각들을 모음으로써 우리는 생명이 최초로 우주에 등장한 방법을 어렴풋이나마 추론을 할 수 있게 된다.

생명이란 무엇인가?

우리는 생명의 기원 문제에 도전하기 전에 생명이 무엇인지에 대한 명확한 생각을 갖는 것이 중요하다. 50년 전에 많은 과학자들은 생명의 신비를 풀 수 있다고 확신하였다. 생물학자들은 세포 안의 분자 성분들 가운데 열쇠가 있다는 것을 알았다. 물리학자들은 그때 원자 수준에서 물질의 구조를 해명하려는 중요한 업적들을 이루고 있었으며 그들이 곧 생명의 문제도 해결할 것처럼 보였다. 이 분야는 1944년에 슈뢰딩거의 책 “생명이란 무엇인가?”가 발간되면서 시작되었다. 그 당시에 생명체는 실험물리학 기술을 사용하여 연구될 수 있는 현미경 부품을 가진 정교한 기계 이상의 아무 것도 아니라는 것이 판명되려는 것처럼 보였다. 조심스런 연구들은 이 견해를 지지하여 주었다. 실제로 살아있는 세포는 작은 기계들을 채워 넣은 것이다. 조립 설명서만 있다면 문제는 해결될 것이었다. 그러나 오늘날 세포를 매우 복잡한 기계로 생각하는 것은 너무 소박한 견해이다. 확실히 분자생물학은 일부 눈부신 성공을 거두었지만 과학자들은 여전히 생물체와 다른 물리적 물체를 구별하는 것이 정확하게 무엇인지 지적할 수 없다. 생물체를 기계처럼 생각하는 것이 가시적인 성과는 크겠지만, 이의 간결한 우아함에 매혹되지 않는 것이 중요하다. 기계론적인 설명은 생명을 이해하는데 중요한 부분이지만 전체는 아니다.

문제가 어디에 있는지 충격적인 예를 들어보자. 죽은 새와 살아있는 새를 공중으로 던져보자. 죽은 새는 예상대로 몇 미터 앞의 땅으로 떨어질 것이다. 살아있는 새는 결국은 텔레비전 안테나 위나, 나뭇가지 위나, 지붕 꼭대기나, 관목 담장 위나, 둥지에 앉을 것이다. 장차 정확하게 새가 어디에 있을지를 추측하는 것은 어렵다.

나는 물리학자로서 물질을 수동적이고, 반응성이 없고, 흙덩이 같은 것이며 죽은 새를 던졌을 때 중력에 의하여 땅에 떨어지는 것처럼 외부의 힘이 주어졌을 때만 반응을 하는 것이라고 생각하는데 익숙해져 있다. 그러나 살아있는 생물체는 말 그대로 자신의 생명을 가지고 있다. 그들은 자율성이 있어서 (어느 한계 안에서는) 그들이 원하는 데로 할 수 있는 무언가 내적 생기를 가지고 있다. 심지어 박테리아도 일정한 정도에서는 자신의 일을 한다. 이런 내적 자유, 자발성은 생명이 물리 법칙을 무시한다거나 생물체들은 단지 이런 법칙을 자신들의 목적을 위하여 사용한다는 것을 의미하는 것일까? 그렇다면 어떻게? 그리고 분명히 단순한 힘들에 의하여 지배되는 세계에서 그러한 "목적"은 어디에서부터 생기는가?

자율성 또는 자기-결정의 이런 성질은 무생물로부터 생물을 구분하는 대부분의 불가사의한 측면들에 닿아 있는 것으로 보이지만 그것이 어디에서부터 오는지는 알 수 없다. 생물체의 어떤 물리적 성질이 자율성을 제공하는지는 전혀 알 수 없다.

자율성(autonomy)은 생명의 중요한 특징이다. 그러나 다음과 같은 다른 많은 특징들도 존재한다.

번식(reproduction). 살아있는 생물은 번식할 수 있어야 한다.

다. 그러나 결정(結晶)이나 잔목 숲의 불과 같은 무생물도 번식할 수 있지만 정작 많은 사람들이 살아있다고 생각하는 바이러스들은 아이러니하게도 그들 스스로 번식할 수 없다. 노새는 분명히 살았지만 불임성이기 때문에 번식할 수 없다. 연속되는 자손은 원본에 대한 단순한 팩시밀리 이상이다. 그것은 복제 장치의 복사물도 포함하고 있다. 유전자를 다음 세대로 전달하기 위하여 유전자 자체가 복제될 뿐 아니라 그 방법도 복제되어야만 한다.

대사(metabolism). 정확한 의미에서 살아있다고 생각되려면 생물체는 무엇인가를 해야만 한다. 모든 생물체는 복잡한 반응 서열을 통하여 화학 물질을 가공하고 그 결과 운동 및 복제와 같은 임무를 수행할 수 있는 에너지를 축적한다. 이런 화학 물질 가공과 에너지 획득을 대사라고 한다. 그러나 대사는 생명과 동등한 것이 될 수는 없다. 왜냐하면 일부 미생물은 그들의 중요한 기능이 정지된 채로 오랜 시간 동안 완전히 잠들 수 있기 때문이다. 만일 소생이 불가능하다면 우리는 그것을 죽었다고 부를 수도 있을 것이다.

영양(nutrition). 이것은 대사와 밀접하게 관련되어 있다. 생물체를 오랫동안 상자에 가두면 기능을 멈추고 결국 죽게 된다. 생명 유지에 중요한 요소는 물질과 에너지의 연속적인 공급에 있다. 예를 들면, 동물은 먹을 수 있고, 식물은 광합성을 한다. 그러나 물질과 에너지의 흐름만으로는 생명의 실제 활동을 나타낼 수는 없다. 목성의 대반점은 물질과 에너지의 흐름에 의해서 유지되는 유체 소용돌이다. 아무도 살아있다고 하지 않는다. 더군다나 그것은 유용하거나 자유로운 에너지 같은 생물이 필요로 하는 에너지가 아니다. 이것은 뒤에서 다시 이야기 할 것이다.

복잡성(complexity). 알려진 모든 생명 형태는 놀랍도록 복잡하다. 심지어 박테리아 같은 단세포 생물도 수백만 가지 성분을 필요로 하는 매우 복잡한 것이다. 부분적으로는 생물체의 예측 불가능성을 보장하는 것이 이런 복잡성이다. 반면에 허리케인과 은하도 복잡하기는 마찬가지다. 허리케인도 잘 알려진 바와 같이 예측 불가능하다. 과학자들이 혼돈이라고 부르는 생명이 없는 많은 물리계들도 그 행동을 예측하기가 너무 복잡하며 심지어 무작위적일 수 있다.

조직화(organization). 중요한 것은 복잡성 그 자체가 아니라 조직화된 복잡성일 것이다. 생물체의 구성 성분들은 서로 협동해야 하며 그렇지 않으면 일관된 단위체로서의 기능을 상실하게 될 것이다. 예를 들면, 동맥과 정맥은 혈액을 펌프질할 심장이 없다면 별로 쓸모가 없을 것이다. 두 다리가 서로에 상관없이 제멋대로 움직인다면 거의 운동을 할 수 없을 것이다. 심지어 한 세포 안에서도 협동하는 것을 보면 참 경이롭다. 분자들은 단순히 우연하게 진행하는 것이 아니라 고도로 특수화되고, 분화되고, 명령과 조종 구조를 갖춘 공장의 조립라인이 갖는 모든 우수성을 보여준다.

성장과 발달(growth and development). 각 개체는 성장하고 생태계는 (조건이 좋다면) 퍼져가는 경향이 있다. 그러나 많은 무생물들도 성장한다 (결정, 녹, 구름). 생물체를 한 부류로서 취급할 때 미묘하지만 더 중요한 성질은 발달이다. 지구상의 생명에 대한 중요한 이야기는 다양성과 새로움의 결과로서의 점진적인 진화 적응이다. 변이가 열쇠이다. 다윈적 진화를 이끄는 것은 변이와 결합한 복제이다. 우리는 이 문제를 뒤집어서 이렇게 말할 수도 있다. 다윈이 말한 대로 진화한다면 그것은 살아 있다.

정보함량(information content). 최근에 과학자들은 생물체와 컴퓨터 사이의 비유를 강조하여 왔다. 결정적으로 생물체를 복제하는데 필요한 정보는 유전자를 통해 부모로부터 자손에게로 전해진다. 그러므로 생명은 소규모의 정보 기술 문서라고 볼 수 있다. 그러나 그런 정보는 충분하지 않다. 숲의 나뭇잎이 떨어진 위치에도 풍부한 정보가 존재하지만 실상은 아무 것도 의미하지 못한다. 생명을 서술하는데 필요한 자격을 얻기 위하여 정보는 그것을 받는 계에 의미가 있어야만 한다. "전후 관계"가 존재해야만 한다. 다시 말해서 정보가 특정화되어야 한다. 그러나 이러한 전후 관계는 어디에서 생겨나며, 자연에서 의미있는 특정화는 자발적으로 어떻게 생겨나는가?

하드웨어/소프트웨어 뒤얽힘 (hardware/software entanglement). 뒤에 이야기하겠지만 지구상에 존재하는 모든 종류의 생명은 핵산과 단백질이라는 두 종류의 매우 다른 부류의 분자들 사이에서 일어난 거래로부터 유래하였다. 이런 부류는 화학적 성질에서는 서로를 보완하여 주지만 계약은 그것보다 훨씬 더 깊숙해서 생명이 의미하는 것 바로 그 심장에까지 이른다. 핵산은 생명의 소프트웨어를 저장한다. 단백질은 실제의 일꾼이며 하드웨어를 구성한다. 두 가지의 화학적 영역은 유전 암호라고 불리는 암호에 의하여 매개되는 그들 사이의 특이하고 세련된 전달 통로가 존재하기 때문에 서로를 지탱해 줄 수 있다. 진화의 진보적 산물인 암호와 전달 통로는 이해하기 어려우며 거의 역설적인 방법으로 생명의 하드웨어와 소프트웨어 측면을 얽히게 하는 효과를 가진다.

영구성과 변화(permanence and change). 생명의 더 큰 역설은 영구성과 변화의 기묘한 연결에 관한 것이다. 철학자들은 이 오래된 문제를 존재(being) 대 생성(becoming)의 문제라고 한다. 유전자의 임무는 복제하고, 유전 메시지를 보존 하는 것이다. 그러나 변이가 없다면 적응은 불가능하고 유전자들은 결국 소멸되고 말 것이다. 적응하느냐 죽느냐는 다윈주의적 필수적 요건이다. 한 계에서 어떻게 보존과 변화가 동시에 존재하는가? 이런 모순이 생물학의 중심에 자리잡고 있다. 모순된 요구들 사이에 존재하는 창조적 긴장감 때문에 지구상의 생명은 번성한다. 게임이 어떻게 끝날 지 우리는 아직도 완전히 알지 못한다.

생명이란 무엇인가라는 슈뢰딩거의 질문에 명확한 답은 찾을 수 없다. 무생물로부터 생물을 구별하는 간단한 성질은 결코 존재하지 않는다. 과학자들이 자연 세계를 한 단위체로 제시하기 때문에 아마도 그것이 옳다고 할 것이다. 생물과 비생물의 영역들 사이를 이간시키는 모든 것은 우리를 생명이 전적으로 자연적이라는 것보다는 생명이 마술적이라거나 신비로운 것이라는 믿음 쪽으로 편향되게 한다. 생명계와 무생명계 사이의 명확한 분리선을 찾으려는 것은 잘못이다. 결코 장식을 모두 벗겨내고 특별한 분자 같은 더 이상 제거할 수 없는 생명의 핵심을 확인하려는 것은 불가능하다. 생체 분자로서 그런 것은 존재하지 않으며, 집합적으로 일어나는 분자 과정들의 계를 살아 있다고 생각할 수는 있을 것이다.

폭넓게 말해서 생명은 대사와 번식의 두 가지 결정적 인자를 함유한다고 말함으로써 이런 성질의 목록을 요약할 수 있다. 우리 자신의 삶에서 또한 알 수 있다. 인간에게서 가장 기본적인 것은 숨쉬는 것, 먹는 것, 마시는 것, 배설하는 것과 성관계이다. 앞의 네 가지 활동은 대사에 필수이지만, 마지막 것은 번식에 필수적이다. 우리가 번식이 없이 대사만을 갖는 것들 혹은 대사가 없이 번식만을 갖는 것들을 완전한 의미의 생물이라고 생각할 수 있을 지는 의문이다.

생명력 및 다른 의심스러운 생각들

생명은 이해하는데 어려운 특징이 있다는 것이 알려진다면 일부 사람들은 이것을 신비론적으로 재해석하려고 할 것이다. 아마도 생물체에는 살아있게 해주는 어떤 종류의 정수(精髓)나 정신이 주입되어 있는 것은 아닐까? 생명이 정상적인 물리적 법칙을 따르는 평범한 물질 이상의 특별한 구성 성분을 필요로 한다는 믿음이 생기론이다. 그것은 오랜 역사를 가진 기만적인 사상이다. 그리스의 철학자 아리스토텔레스는 생물체에게 독특한 성질, 특히 자율성과 자체적 운동을 부여하는 특별한 성질을 제안하였으며 그것을 생기(psyche)라고 불렀다. 아리스토텔레스의 생기는 나중의 기독교 사상의 특별하고 독립된 실체로서의 정신과는 다른 것이다. 실제로 아리스토텔레스의 구조에서 우주의 모든 물질은 행동을 결정해주는 내적인 성질을 지니고 있다고 생각했다. 사실상 그는 우주 전체를 한 생물체로 보았던 것이다.

수 세기 동안 생기론의 개념은 많은 다른 변형된 형태로 다시 나타났다. 때때로 그것을 특별한 물질 - 예를 들면 공기와 연결하려는 시도가 이루어졌다. 이는 비합리적은 아니었다. 결국 죽으면 호흡이 멈추고 때때로 인공 호흡이 생명기능을 소생시킬 수도 있다. 나중에는 혈액이 생명을 주는 물질로 되었다. 이런 고대 신화들은 무엇엔가 "숨쉬는 생명"을 불어넣는다, 혹은 한 가지 이상의 피가 존재하는 것처럼 "생명의 피를 배출시켜 버리다"와 같은 표현이 아직도 남아있다.

과학적 지식이 증가함에 따라서 생명력은 더 세련된 개념들과 결합되었다. 그것이 플로지스톤이나 에테르에 공헌하였다는 주장도 있다. 18세기에 유행했던 또 다른 생각은 전기를 가진 생명력을 확인하는 것이었다. 그 당시 전기현상은 그런 목적으로 이용되는데 상당히 신비로웠으며, 볼타의 유명한 실험은 전기가 개구리 근육 경련을 일으킬 수 있다는 것을 보여주었다. 전기가 물질을 다시 소생시킬 수 있다는 믿음은 셸리의 유명한 소설 '프랑켄슈타인'에서 극적으로 이용되었다. 이 소설에서 괴물인 프랑켄슈타인은 죽은 사람의 장기로부터 조립되었으며 번개의 거대한 전기 불꽃으로 생명을 가지게 되었다. 19세기 후반에는 당시로서는 가장 새롭고 신비로운 현상으로서 방사능이 전기를 대신하였다. 물론 젤라틴 용액이 라듐 결정의 방사능에 노출되어서 생명을 서서히 가지게 되었다는 것에는 의문이 생겼다.

생명력을 설명하려는 이런 초기 시도들은 오늘날의 우리에게는 어리석게 보인다. 그럼에도 불구하고 생명이 정상적인 물리적 힘들 이외에도 추가적으로 무엇인가를 필요로 한다는 가정은 20세기까지 잘 유지되었다. 오랫동안 생물체들이 만든 화합물들은 다른 것들과는 무언가 다르다고 생각되었다. 심지어 오늘날에도 화학의 주제가 "유기"와 "무기"로 나눠고 있다. 알코올, 포름알데히드 및 요소 같은 유기물질들은 살아있는 생명체로부터 분리된 후에라도 생명의 마술적인 본질을 내포하고 있는 것이다. 반대로 소금과 같은 무기물들은 말 그대로 정말로 죽은 것이다.

1828년에 뵐러(Friedrich Wöhler)가 무기 물질인 시안산암모늄으로부터 요소를 합성하게 된 것은 생기론자들에게는 충격으로 다가왔다. 무기 세계와 유기 세계 사이의 보이지 않는 장벽을 돌파하고, 생명 자체가 유기물질을 만드는데 필요하지 않다는 것을 증명함으로써 뵐러는 유기 화합물이 다른 것들과는 미묘하게 다르다는 생각을 뒤엎어 버렸다. 물질을 두 가지 유형으로 나누는 것은 더 이상 필요하지 않게 되었다. 따라서 공통적인 원리들이 생명 세계와 무생명 세계의 화학을 모두 지배하게 되었다. 이제 우리는 원자들이 항상 생명체로 들어가고 거기에서 나옴으로써 생명 계를 통하여 순환한다는 것을 알고 있다. 우리 신체의 모든 탄소 원자는 공기 중의 탄소나 분필 속의 탄소와 똑같다. 우리 주위의 탄소 원자들이 죽어 있다면 그것들을 "살아 있게" 만들어 주는 신비스러운 '활기'란 결코 존재하지 않는다. 우리가 탄소 원자를 먹는다고 해서 탄소 원자가 생명력 비슷한 성질을 획득하는 것도 아니고, 그것을 배설한다고 해서 생명력을 잃는 것도 아니다.

유기 화학과 무기 화학 사이의 구별이 흐려졌음에도 불구하고, 프랑스의 베르그송(Henri Bergson) 같은 잘 알려진 철학 자들에 의하여 생기론은 살아남고 대중화 되었다. 실제로 1900년대 초 독일의 발생학자인 드리쉬(Hans Driesch)의 업적에는 더 과학적인 어귀들이 들어있다. 드리쉬는 배아들이 그 성장 초기에 절단되더라도 회복하여 정상적인 생물체를 생성하는 것에 충격을 받았다. 유기체 발달의 다른 중요한 성질들로부터 아무리 교묘한 복잡성을 가지고 있더라도 생물체의 올바른 형태의 등장은 생명력의 지도 아래 조종을 받는다고 생각하게 되었다. 드리쉬는 생명력의 질서 정연한 성질은 정상적인 물리력 및 에너지 보존 법칙과 모순을 일으키게 된다는 것을 깨달았다. 그는 생명력은 분자가 상호 작용할 때 협동적이며 전체적인 유형이 도입되는 방식으로 영향을 미친다고 제안하였다.

배아의 발달이 완전히 밝혀지진 않았지만 이미 상당히 알려져 있고, 일반인들이 아직도 생기론 사상에 집착하는 것을 막지는 못하고 있다. 키를리안(kirlian) 사진에서부터 카르마스(karmas)라고 하는 음양 에너지 흐름과 재주를 타고난 영매에만 나타난다는 오로라의 신비한 사상에까지 믿음은 다양하다. 키를리안 사진은 손을 강한 전기장에 넣었을 때 사람의 손 주위에서 생기는 일종의 코로나 방전을 보여주는 사진이다. 그러나 신비론자에게는 불행스럽게도 생명력이 작용한다는 것을 증명해 보이는 적절한 과학적 실험은 전혀 없으며, 생명체 내부에서 무엇이 일어나고 있는지에 대해서도 아무런 언급이 없다.

생명의 생기론적 설명을 거부하는 또 다른 이유는 그것이 전적으로 임시변통적이라는 것이다. 생명력이 살아있는 물체 안에서만 나타난다면, 설명의 가치가 거의 없다. 이 점을 분명히 하기 위하여 증기기관차의 비유를 들어보자. 증기기관차는 무엇이며 어떻게 작동합니까? 기술자는 이 질문에 매우 자세하게 답할 수 있다. 그는 여러분에게 피스톤, 조절기, 증기압 그리고 연소 열역학에 대하여 설명해 줄 수 있다. 그는 어느 부분이 무엇을 움직여서 바퀴가 회전하게 만드는지 설명할 수 있다. 그는 점점 서정적으로 되어서 번쩍이는 황동과 내뿜는 연기에 대해서까지 알려 줄 것이다.

기술자의 설명이 아무리 완벽하더라도 중요한 성질이 빠졌다는 반박을 받을 수도 있다. 그것은 단순하게 연결된 금속 부품들에게 동력, 당당함, 우아한 운동, 즉 증기기관차와 결합된 존재의 의미를 부여하는 것이다. 우리는 금속 집합체에 추가적으로 기관차를 진정한 물건으로 만들기 위하여 "기차로서의 성질"을 불어 넣어야만 한다고 가정할 수 있을까?

물론 그것은 불합리하다. 우리가 기차말고 다른 어느 곳에서 기차로서의 성질을 찾을 수 있단 말인가? 증기기관차는 부품과 조각들이 연결된 것이며, 그것이 전부다. 제조자가 "기계를 살아있게 만들기 위하여" 첨가해야만 하는 특별한 성분, 기차로서의 성질이란 전혀 존재하지 않는다. 마찬가지로 생명의 기원을 밝히는 연구에서 과학자들은 무엇이 일어났는지를 설명하기 위하여 정상적인 분자 과정들을 조사하는 것이지 죽은 물질을 살아있게 만드는 특별한 생명력을 조사하는 것은 아니다. 무엇이 생명을 그렇게 독특하게 만드는가, 무엇이 무생물로부터 생물을 구별하게 만드는가 하는 것은 생명체가 무엇으로 만들어져 있는가가 아니라 그것들이 어떻게 함께 모여서 전체로서의 기능을 가지게 되었는가에 대한 것이다.

비록 생기론이 인정을 받지는 못한다 하더라도 이러한 개념은 옳은 것이다. 생명체 내부에는 물질이 아닌 독특한 "무엇"인가가 존재하며 이는 문자 그대로 생명의 작동에 필수적이다. 이는 본질적인 것, 힘 또는 활기를 가진 원자는 아니다. 이 특별한 무엇은 어떤 유형의 정보이다. 요즈음 말로 하면 소프트웨어이다.

고대 분자 이야기

우리 모두 각자의 내부에는 메시지가 있다. 그것은 고대 암호로 새겨져 있으며 세월이 흐르는 동안 시초를 잃어 버렸다.

해독하면 인간을 어떻게 만드는가에 대한 메시지를 담고 있다. 메시지를 적은 사람은 없다. 암호를 발명한 사람도 없다. 자발적으로 생겨났다. 설계자는 자연의 어머니였으며 자신의 불변의 법칙과 우연의 엉뚱함을 이용하려는 관점에서만 작용한다. 메시지는 잉크로 적혀 있거나 타이핑되어 있지 않고, DNA(데옥시리보핵산의 약자)를 형성하며 우아하게 배열된 서열로 함께 늘어서 있는 원자들 안에 적혀 있다. DNA는 지구상에서 가장 독특한 분자이다.

인간의 DNA는 수십억 개의 원자로 구성되며 서로 감기면서 껴안고 있는 두 나선으로 된 독특한 형태로 서로 연결되어 있다. 이 유명한 이중나선은 둘둘말린 형태로 묶음을 이룬다. 신체의 한 세포에서 DNA를 뽑아낸다면 그것은 약 2m 정도 될 것이다. 정말로 큰 분자이다.

비록 DNA는 물질 구조이지만 많은 의미를 내포하고 있다. DNA의 나선을 따라서 늘어선 원자들의 배열은 인간의 모습 그리고 어느 정도까지는 인간의 감정이나 행동까지도 결정한다. DNA는 살아서 숨쉬고 사고하는 인간을 위한 청사진에 불과하다. 더 정확히는 알고리듬이나 작동설명서에 불과하다.

우리는 이 마술 분자를 지구상의 거의 모든 다른 생물들과 공유하고 있다. 곰팡이에서 파리까지, 박테리아에서 곰까지, 생물들은 그들의 DNA 메시지에 따라서 생겨난다. 개개의 DNA는 같은 종 안에서도 서로 다르며 (일란성 쌍둥이를 제외하고는), 더욱이 다른 종 사이에서는 더 다르다. 그러나 필수적인 구조-화학적 구성, 이중나선 구조-는 보편적이다.

DNA는 믿기 어려울 만큼 오래된 분자이다. 그것은 거의 35억년 전에도 존재하였다. 그것은 “산처럼 오래된”이라는 어구를 무색하게 만든다. DNA는 현재 남아있는 지구상의 모든 산들보다도 먼저 존재해왔다. 심지어 일부 과학자들은 그것이 지나가는 혜성에서 왔거나 화성에서 온 외계 침입 분자라고 추측한다. 어찌되었든지 최초의 DNA 가닥이 존재하게 되었을 것이며, 아마도 우리의 DNA는 그것의 직계 자손일 것이다. 다른 커다란 유기 분자와 구별되는 DNA의 중요한 성질은 스스로 복제할 수 있는 능력이다. 간단히 말하면 세대에서 세대를 이어가면서 DNA는 더 많은 DNA를 만들며, 작동설명서에서 또 다른 작동 설명서를 만들며 미생물 시대로부터 사람에 이르기까지 복제 사슬이 깨지지 않고 전달되어 오고 있다.

물론 복사하는 것은 똑같은 것을 여러 개 만들어낸다. DNA가 완벽하게 복제된다면 똑같은 단일세포로 된 생물체로 지구는 뒤덮이게 될 것이다. 그러나 복사과정은 전적으로 완전하지는 않다. 복사기가 초점을 흐릿하게 만들고, 잡음이 많은 전화선이 왜곡된 팩스 전송을 하고, 컴퓨터 이상이 하드디스크에서 플로피디스크로 전달되는 자료를 망칠 수 있다. DNA 복제에서 실수가 발생하면 그것을 이어받은 생물체의 돌연변이로 드러난다. 마치 세익스피어의 소네트에서 임의로 단어를 바꾸면 그 아름다움을 망쳐놓듯이 대부분의 돌연변이는 손상을 준다. 그러나 때때로 아주 우연하게 실수가 돌연변이체에 이익을 줄 수도 있다. 그러한 이점이 생명보존에 관한 것이어서 생명체가 자신의 번식을 더 효과적으로 하게 된다면, 잘못 복제된 DNA는 그 경쟁자들을 축출하고 지배하게 될 것이다. 반대로 복사 실수가 더 적응되지 못한 생물체를 만든다면 돌연변이 종은 수 세대만에 죽어 없어지게 되어, 이 특별한 DNA 변종이 사라지게 된다.

이런 간단한 복제, 변이 및 제거 과정들이 다윈주의 진화의 기반이다. 돌연변이의 적합도에 따른 연속적인 걸러짐인 자연

선택은 이익이 되는 실수는 가두고 좋지 못한 실수는 제거하는 톱니바퀴 장치와 같이 작용한다. 어떤 아주 원시적인 미생물 조상의 DNA에서부터 출발하여 조금씩 실수와 실수가 되풀이되면서 더 복잡한 생물체를 구성하는데 필요한 긴 설명서가 만들어져 왔다.

일부 사람들은 단지 우연한 실수들이 축적되어서 만들어지는 설명서에 대한 생각이 받아들이기 힘들다고 할 텐데, 조금 다른 비유를 들어서 다시 한 번 설명해 보겠다. DNA의 정보를 교향악의 악보로 생각해 보자. 이것은 실로 커다란 교향악이기 때문에 수백 명이 연주할 수천 개의 악보를 가진 강력한 교향악 악보이다. 대조적으로 고대 조상 미생물의 DNA는 단순한 선율이다. 어떻게 선율이 교향악이 되었을까?

원래의 곡조를 음악 악보로 복사하게 되었을 때 필경사가 필요하다. 보통 복사과정은 충실하지만 가끔은 떨림 때문에 C가 D로 될 수도 있다. 펜이 조금만 미끄러지면 빠르기나 음조에 작은 변화를 초래한다. 때로는 더 심각한 실수가 악보의 중요한 결점을 만들어서 전체 소절을 빠뜨리거나 반복하기도 한다. 대부분 이런 실수는 균형이나 조화를 깨뜨려서 악보는 더 제 구실을 할 수 없게 된다. 아마도 연주는 소음에 불과하게 될 것이다. 그러나 아주 드물게 필경사의 조그만 펜의 실수에 의하여 환상적인 새 소리와 유쾌한 특징이 보태지고 성공적인 첨가나 삭제가 아주 우연하게 일어난다. 그리고 실제로 선율이 향상되어 좋다고 인정을 받게 된다. 이런 향상과 퇴고의 과정이 수 십 억 번의 복사과정을 통하여 계속되었다고 생각해 보자. 느리기는 하지만 확실히 그 선율은 새로운 특징을 얻게 되고 더 풍부한 구조를 발달시켜서 소나타로 그리고 교향악으로 진화할 것이다.

이 비유의 중요한 점, 즉 아무리 강조해도 지나치지 않는 점은 교향악은 필경사의 음악에 대한 지식이나 관심과는 전혀 상관없이 나타나게 되었다는 것이다. 심지어 필경사는 태어날 때부터 귀머거리였으며 선율에 대해서는 아무 것도 몰랐을 수도 있다. 필경사 직업은 음악을 작곡하는 것이 아니고 복사하는 것이기 때문에 전혀 문제가 되지 않는다. 이 비유가 들어맞지 않는 곳이 있다면 선택과정에 있다. 생명의 악보를 세밀히 조사하고 품질 조종을 훈련시킬 만한 우주적 음악가는 존재하지 않는다. 단지 이와 발톱이 피로 물들어 단순하고 잔인한 법칙이 작용하는 자연만이 존재한다. 이 법칙이 제대로 작용한다면 보존되고, 작용하지 않는다면 죽여 없앤다. 여기에서 "작용한다"는 것은 단 하나의 기준에 의하여 정해지며 그 단 하나의 기준은 복제 효율이다. 실수가 더 많은 복사물을 만들어낸다면 더 이상 생각할 것도 없이 작용하는 것이다. 만일 A가 B보다 조금이라도 더 복제가 잘 된다면 세대가 진행됨에 따라서 A가 B보다 점점 많아지게 된다. A와 B가 공간이나 자원을 두고 경쟁을 한다면 A가 곧 B를 제거하게 될 것이다. A는 살아남고 B는 사라진다.

다윈주의는 중심원리이며, 우리의 생물학 지식은 이를 기반으로 구성된다. 비교적 간단한 유전적 메시지가 오랜 세월에 걸쳐서 인간을 생성할 만큼 복잡한 DNA 분자를 창조하기 위하여 자신을 어떻게 정교하게 만들었는지에 대하여 경제적인 설명을 제공해 준다. 일단 기본 지시설명서인 선구체 DNA가 처음으로 존재하면 마구잡이 실수와 선택이 점차적으로 진화의 요인이 된다. 좋은 유전자는 보존되고 나쁜 유전자는 버려진다. 이 요약된 설명을 나중에 상세하게 설명하겠지만, 당분간은 출발점에 관심을 맞추고자 한다. 분명히 다윈주의 진화는 어떤 종류의 생명이 이미 존재해야만 작용할 수 있다. (엄격하게 말해서 그것은 완전한 의미의 생명이 아니라 복제, 변이 및 선택만을 필요로 한다.) 다윈주의는 가장 중요한 첫 단계, 즉 생명의 기원에 대해서는 전혀 도움이 되지 못한다. 생명의 중심 원리가 생명의 기원을 설명하지 못한다 하더라도 우리는 문제를 그대로 가지게 된다. 그것이 어떻게 시작되었는지 설명해주는 원리는 무엇일까?

이 문제를 해결하기 위하여 우리는 단서를 찾아야만 한다. 어디에서 생명의 기원에 관한 단서를 찾을 수 있을까? 시작하기 좋은 장소는 생명 그 자체가 시작된 곳이 어디냐고 묻는 것이다. 우리가 생명이 출발한 곳을 발견한다면 탄생에 동반된 물리적 조건들을 추론할 수 있다. 그러한 조건에서 일어난 화학적 과정들을 연구할 수 있게 되어 선생물적 단계들을 조금씩 이해할 수 있게 될 것이다.

미생물과 에덴 찾기

내가 어렸을 적에 때때로 싫고 괴로운 체험인 일요학교에 억지로 참석하게 되었다. 내가 가지고 있는 유일한 좋은 기억은 에덴 동산을 묘사한 그림책을 띄엄띄엄 읽었던 것이다. 그것이 나타내는 영상은 태양이 항상 빛나고 모두 초식성이었는지 이국적 동물들이 두려움 없이 돌아다니는 질서 정연한 수림(樹林)이었다. 그것은 황량한 런던 근교의 생활과는 좋은 대조가 되었다. 불행하게도 성경의 에덴 동산은 신화로 밝혀졌다. 그러나 지구 최초의 생물들이 살았던 장소 즉 일종의 과학적 에덴이 있었음은 분명하다. 그것이 어디에 있었을까?

나는 지금 아델레이드(Adelaide) 언덕에서 비오는 봄날에 이 책을 쓰고 있다. 겨울비는 시골을 녹색으로 변화시키고 어디에서나 나는 풍부한 작은 관목과 덤불 그리고 잔디밭을 덮고 있는 호화로운 나무 탑으로 된 하늘 가리개를 본다. 새들은 하늘에서 내려와 나뭇가지들 사이에서 잠깐씩 아름답게 모습을 보여준다. 나뭇잎들 사이에는 뱀, 도마뱀, 거미 그리고 곤충들이 숨어있다. 토끼, 주머니쥐, 생쥐, 바늘두더지 그리고 때로는 코알라나 캥거루도 있을 것이다. 이 메마른 시골에도 생명체는 뚜렷하고 풍부하다.

생물체의 진정한 다양성은 수 천 년 동안 사람들에게 즐거움을 주었다. 그러나 현미경이 발명되면서 지구상의 생명의 진정한 다양성을 밝히게 된 것은 비교적 최근의 일이다. 심지어 박물학자들도 비가 온 숲 속이나 산호초에서 보이지 않은 채 주위에 더 풍부하게 숨어 있는 생물학적 풍부함에 놀랜다. 이러한 눈에 보이지 않는 생물계는 미생물의 영역이다. 미생물은 지구의 모든 이용 가능한 후미진 곳과 갈라진 틈새들에서 서식하는 단일 세포의 아주 작은 생명체이다. 오랫동안 "간단한 세균"이라고 잘못 알려져 왔던 미생물들은 오늘날 생물수형도를 거의 차지하고 있다는 것이 알려졌다. 미시간 대학의 홀트(John Holt)는 "정말로 마음만 먹는다면 여러분은 뒤뜰에 나가서 오랜 시간이 지내지 않아 새로운 천 여종의 생물을 발견할 수 있을 것입니다"[5]라고 말했다. 여러분이 한 숟가락의 흙 속에 만여 종의 다른 종의 박테리아가 10조 마리가 들어 있다는 것을 알기까지는 홀트의 말은 과장된 것으로 들릴 것이다. 종합적으로 말하면 지구상의 미생물의 질량은 약 수백조 톤에 달하며 이것은 눈에 보이는 모든 생체들을 합한 것보다도 더 많은 것이다.

미생물에 의하여 생기는 물리적 효과는 예를 들면 질병의 감염, 알코올의 발효 그리고 음식의 변질을 통하여 가끔 눈에 확실하게 보인다. 그렇더라도 미생물은 그것이 우리보다 매우 작기 때문에 인간들에게서 계속 과소 평가되어 왔다. 굴드(Stephen Jay Gould)는 현대가 박테리아 시대(Age of Bacteria)이며 이런 작은 생물체들이 수와 다양성에서 다른 모든 것을 철저하게 압도하고 있다는 것을 알림으로써, 우리가 이런 극단적 배타주의를 바로 잡아야 한다고 믿는다.[6] 반대로 사람, 개, 앵초 같은 고등생물들은 생물수형도에서 단지 몇 개의 가지만을 차지할 뿐이다.

크기만이 미생물들을 간과하는 유일한 이유는 아니다. 이들은 실험실에서 배양하기가 쉽지 않으며, 야생에서 활동성이 작다. 또 서로 다른 많은 박테리아들이 최근에 미생물학자들이 모아서 분류체계로 분류하기까지는 겉보기로는 똑같게 보였다. 이제 강력한 분자 결합순서 결정법을 사용하여 실제적인 유전적 차이점이 밝혀졌다. 현미경에서 똑같게 보이는 박테리아 사이의 유전적 공통점이 사람과 박테리아 사이에서보다 더 적을 수도 있다.

굴드는 항상 박테리아 시대였음을 지적하였다. 실제로 지구상에서 대부분 생명의 시대가 미생물의 시대였다고 생각된다. 이런 단순한 사실에서 기회를 얻을 수 있다. 생명이 미생물로 시작하였기 때문에, 우리는 생명의 기원에 대하여 살아있는 예들을 관찰함으로써 중요한 단서를 찾을 있을 것이라고 기대할 수 있다. 이 희망은 이들 중 일부가 아주 먼 옛날의 유물을 특이한 구조 형태로 포함하고 있을 것이라는 것이다. 고대 생화학의 자취는 사람의 맹장과 같이 미생물에 여분의 특징으로 남아 있을 수 있다. 심지어 살아있는 미생물이 선 생물적 세계의 분자 잔존물들을 그들 안에 이어받고 있을 수도 있다.

살아있는 미생물로부터 얻은 정보 조각들을 모음으로써 우리는 고대 생물체가 어떤 것이었는지 연구할 수 있고, 그것이 어디에 어떻게 살았는지 추측할 수 있다. 불행하게도 미생물의 진화 역사가 어떠하였는지 정확하게 알 수도 없고, 분류하는데 기준이 되는 해부학적 특징들은 거의 없다. 비교할 수 있는 팔이나 다리, 아가미나 폐, 눈이나 귀는 전혀 존재하지 않는다. 다음에 설명하겠지만 미생물의 선조와 연결시켜주는 증거는 유전적인 구성과 그들이 이용하는 대사 경로 같은 주로 생화학적인 것이다. 오늘날 분자생물학 기술은 이런 증거들을 어떻게든 얻어내는 것이 가능하다. 거의 잊혀진 문장을 덮고 있는 고대 두루말이의 흔적처럼 시간의 유린에 의하여 부분적으로 지워진 분자적 증거의 흔적에서 거의 사십억년 전까지 이어지는 과거에 일어난 진화의 매혹적인 모습을 희미하게 볼 수 있다.

그렇게 많은 미생물 종이 존재한다면 분자 단서를 찾기 위한 연구는 어디에 집중시켜야 할까? 오늘날 우리가 알고 있는 대부분의 박테리아는 산소성이면서 광합성 박테리아이지만 이 십 억 년 전에는 지구상에 산소가 거의 없거나 존재하지 않았다. 그렇지만 미생물들은 다양한 거주지에서 번성하였으며 알코올을 발효시키고, 메탄을 생성하고, 황산을 환원하였다. 일부 미생물들은 그들의 고대 생활 양식을 오늘날에도 유지하고 있으며 생명의 초기 형태에 대한 단서를 우리에게 제공하여 줄 것 같다. 호기심을 자극하는 생각을 해보자. 분명하지 않은 이상한 곳이 있어서 그곳의 조건들은 운석의 공격을 받고, 기체에 쌓여 있고, 원시 지구에서와 같이 끓고 있는 지옥 같은 장소가 오늘날에도 남아 있다고 생각해 보자.

조심스럽게 살펴본다면 우리는 생명의 새벽 이래로 거의 변화가 없이 아직도 살아가고 있는 유물 같은 미생물을 발견할 수도 있을 것이다.

이것이 가능할까? 그런 곳이 존재할까?

대답은 그렇다이다. 그리고 그 장소는 잘 알려지지 않은 것만큼이나 놀랍다. 깊은 바다 밑, 어두운 대양저로서, 지각이 늘어나고 쪼개지는 곳이다. 지구 내부의 깊숙한 한 곳에 있는 강력한 열과 힘에 의하여 추진되는 해저의 암반층은 계속하여 움직이고 힘을 받고 있다. 해저 중앙산맥을 따라서 여기저기에서 지각은 녹은 암석을 차가운 해수에 노출시키고 있다. 스며 나온 용암은 냉각되며 수축하고 균열이 생겨서 균열과 터널 덩이가 되고 대류작용에 의하여 그 속을 물이 순환하며 화학물질을 녹여내게 된다. 과열된 액체가 차가운 해수와 과격하게 만나게 되면 화학적, 열적 대혼란이 일어난다.
에덴동산 보다는 하데스의 지옥같은 격렬한 조건에서 생명형태가 거주한다고는 생각하기 어렵다. 그러나 존재한다. 놀랍게도 해저화산 분출구는 다양한 미생물의 고향이며, 그들 중 일부는 분명히 고대생물학의 유물이다. 이곳 어두운 화산 속에 우리가 지구상의 최초의 생명체라고 알고 있는 것과 가장 가까운 생명체가 살고 있다. 다음 장에서 나는 어떻게 해저와 지하의 박테리아 발견이 생명의 기원과 화성과 다른 곳의 생명의 존재 가능성에 대한 우리 생각을 바꾸었는지 설명할 것이다.

그러나 먼저 생화학의 몇 가지 기본 원리들을 분명히 해야할 필요가 있다. 이것들 중에서 열역학의 법칙이 최우선이다.

참고문헌

1. Jacques Monod, Chance and Necessity, trans. A. Wainhouse (London: Collins, 1972), p. 167.
2. Francis Crick, "우연과 필연(Life Itself)": Its Nature and Origin (New York: Simon & Schuster, 1981), p. 88.
3. David Mowaljarlai and Jutta Malnic, Yorro Yorro (Broome, Western Australia: Magabala Books, 1993), chap. 23.
4. 실제로 공통 가계 이론은 Charles Darwin의 할아버지인 Erasmus Darwin이 Zoonomia, or the Laws of Organic Life (London, 1794)에서 최초로 제안하였다.
5. New Scientist, February 10, 1996, p. 26.
6. Stephen Jay Gould, Life's Grandeur (New York: Random House, 1996), chap. 14. 나는 이 주제를 10장에서 다시 설명할 것이다.

2장
조류에 대항하여

"그리고 우리 뒤로 시간의 모래밭에 발자국을 남겨두라."
- H. W. Longfellow[1] -

내가 어렸을 때 바닷가로 여행하는 것은 매우 드문 일이었다. 가장 생생한 기억 중의 하나는 해변에 관한 것이다. 해초와 해파리, 바닷물의 오르내림 이외에도 바닷물이 밀려 내려가면 고운 모래밭에 생긴 작은 구멍들을 보는데 정신을 빼앗겼던 기억이 난다. 이 구멍들은 퍼낸 모래 무더기로 장식되어 있었다. 퍼낸 모래는 치약 튜브에서 짜낸 치약처럼 구불구불 접혀서 소시지 모양을 이루고 있었다. 무엇이 이런 이상한 모양을 만들었을까 생각하였다. 그것이 나타나는 과정을 하나도 보지 못하였으며 나의 발자국과 함께 밀려오는 조류에 씻겨 사라지고는 하였다.

이제는 그 모래 무더기가 지하에서 굴을 파고 그 모래를 밖으로 치워내는 작은 게가 만들었다는 것을 알고 있다. 비록 여전히 어떻게 소시지 모양을 만들어 내는지에 대해서는 의문이지만. 그러나 어린 나이의 나는 그 모든 것이 어떤 생물체 때문에 생긴다고 의심할 바 없이 믿고 있었다. 물론 생물 활동에 의하지 않고 만들어지는 많은 유형들이 자연에는 존재한다. 실제로 똑같은 바닷가에서 모래 위를 오락가락하며 흐르는 물에 의하여 생기는 나란히 늘어선 모래 무더기들을 보았다. 그러나 치약 같은 무더기는 맹목적인 무생물적 힘에 의하여 만들어지기에는 너무나 계획적이며 복잡하다. 조류는 작은 무더기들을 파괴한다. 단순히 조류가 그것을 만들었다고는 믿지 않았다. 생명을 자연계의 다른 것과 구별하는 한 가지 원리는 앞의 예에서 보듯이 조류에 대항하는 능력이며 혼돈에서 질서를 창조하는 것이다. 실제로 여기에 작용하는 열역학 제 2 법칙이라는 아주 기본적인 자연 법칙이 존재한다. 생명이 어떻게 시작하였는가를 알기 위해서는 먼저 생명이 어떻게 이 법칙의 변덕에 대항하였는지를 알 필요가 있다.

축퇴 원리

앞장에서 살아있는 세포는 어떤 면에서는 작은 기계와 같다고 하였다. 모든 기계는 작동하기 위해 연료를 필요로 한다. 동물은 연료로서 음식을 먹고, 식물은 태양에서 에너지를 얻는다. 연료 소모의 피할 수 없는 부산물은 열이다. 이것은 우리의 신체와 매우 비슷하다. 인간은 식품의 소모에서 생기는 소모성 열 때문에 따뜻하게 유지된다. 열은 에너지의 한 형태이며 물리적, 화학적 변화를 유도할 수 있다. 19세기에 과학자와 기술자들은 더 효과적인 증기기관과 다른 기구를 만들기 위하여 열, 일 및 화학 반응의 상호관계를 알고 싶어

하였다. 그들의 연구들 중 하나가 열역학 법칙들의 발견이었다. 이 중에서 제2법칙은 생명의 본질과 가장 관계가 깊다. 간단히 말하면 열역학 제2법칙은 완전기관(perpetuum mobile)의 창조를 금지하고 있다. 그것은 모든 대형 물리 과정은 효율이 100% 이하임을 나타낸다. 피할 수 없는 낭비 혹은 축퇴가 존재한다. 예를 들면, 증기기관은 연소되는 석탄이 내놓는 열량을 모두 이용하지 않는다. 보일러에서 나오는 열 중의 많은 부분이 이용되지 않고 주위로 복사되어 나가고 동력 에너지의 일부는 작동부의 마찰로 손실된다. 이 낭비를 나타내는 좋은 방법은 질서와 무질서 혹은 유용한 에너지와 무용한 에너지라는 용어를 사용하는 것이다. 궤도를 따라가는 증기기관차의 운동은 질서를 가진 혹은 유용한 에너지를 나타낸다. 낭비되는 열은 무질서하거나 유용하지 못한 에너지이다. 열은 질서를 가지지 못한 에너지인데 그것은 마구잡이로 분포되어 있기 때문이다. 제2법칙은 질서를 가진 형태에서 어쩔 수 없이 무질서한 형태로 비가역적으로 되는 경향을 나타내고 있다. 연료나 유용한 에너지(자유 에너지)의 공급이 없다면 증기기관차는 곧 운동을 멈출 것이다.

열역학 제2법칙은 공학에만 적용되는 것이 아닌 자연의 기본적인 법칙이다. 여기에서 벗어날 수는 없다. 영국의 천문학자 에딩턴(Arthur Eddington) 경은 열역학 제2법칙을 자연의 법칙 중에서 최고의 위치를 차지하는 것이라고 하였다. 그는 "여러분의 이론이 열역학 제2법칙에 반대되는 것이라면 나는 여러분에게 전혀 희망을 줄 수 없다. 그것을 대신할만한 것은 전혀 존재하지 않는다."라고 적었다.[2] 일상 생활에서 제2법칙이 작용하고 있는 예를 드는 것은 쉽다. 질서가 혼돈에 굴복하는 경우들이다. 모래 무더기와 발자국의 파괴는 이미 내가 말하였다. 또 녹고 있는 눈사람이나 깨진 달걀을 생각해 보자. 이런 모든 과정들은 비교적 질서를 가진 상태에서 무질서한 상태를 생성한다. 그 변화는 비가역적이다. 결코 조류가 발자국을 만들고 햇볕이 눈사람을 만들게 할 수는 없다. 그리고 왕이나 부하들도 땅딸보(Humpty Dumpty)를 다시 일으켜 세울 수는 없다.

물리학자들은 유용한 에너지의 손실을 엔트로피라는 양으로 측정한다. 다시 말해서 계에 존재하는 혼돈의 정도이다. 증기기관의 피스톤-실린더 순환과 같은 물리적 과정이 일어나면, 그 결과 얼마나 많은 엔트로피가 생성되었는지 계산할 수 있다. 엔트로피의 개념으로 우리는 제2법칙을 다음과 같이 말할 수 있다. 닫힌 계에서 전체 엔트로피는 감소될 수 없다. 그렇다고 제한 없이 증가할 수도 없다. 최대 엔트로피 또는 최대 무질서 상태가 존재할 것이며 이것을 열역학적 평형이라고 한다. 일단 계가 그 상태에 도달하면 계는 그곳에 머무른다.

이 원리들을 명확하게 나타내기 위하여 열 흐름 방향에 대한 간단한 예를 들어보자. 뜨거운 물체를 차가운 물체와 접촉하게 놓아두면 열은 뜨거운 것에서 차가운 것으로 이동한다. 결국 두 물체는 열역학적 평형에 도달한다. 즉, 같은 온도가 된다. 그리고 열의 흐름이 멈춘다. 질서에서 무질서로 왜 이런 전환이 일어나는가? 최종 상태에서는 열에너지가 최대수의 분자에 걸쳐서 무질서하게 분포하고 있고, 초기의 고르게 분포하지 않은 열은 엔트로피가 낮기 때문에 비교적 질서를 가진 상태로 생각할 수 있다. 이 예에서 제2법칙은 열이 뜨거운 곳에서 차가운 곳으로 흐르는 것을 필요로 한다는 것을 알 수 있다.

열역학 법칙을 살아있는 생물에 적용한다면 문제가 생길 것으로 보인다. 생명의 기본적인 성질 중 하나는 높은 수준의 질서이기 때문에 생물체가 발달을 하거나 번식을 할 때는 질서가 증가한다. 이것은 열역학 제2법칙에 어긋난다. 배아의 성장, DNA 분자의 형성, 새로운 종의 등장 및 전체적인 생물권의 정교화는 질서가 증가하고 엔트로피가 감소하는 예들이다.

일부 유명한 과학자들은 이 모순에 깊게 의문을 품고 있었다. 열역학의 창시자 중 한 사람이었던 독일의 물리학자 헬름홀츠(Herman von Helmholtz)는 최초로 생명이 어떻게든 제2법칙을 우회한다고 제안한 사람이다.[3] 에딩턴도 마찬가지로 다윈주의의 진화론과 열역학 사이충돌을 인식하였으며 진화론을 버리던지 반-진화 원리를 평행하게 만들어야 한다고 제안하였다.[4] 심지어 슈뢰딩거도 의심을 가졌었다. 그의 책 '생명이란 무엇인가?'에서 고전 열역학의 질서와 무질서 사이의 관계를 조사하였으며 질서에서 더 많은 질서가 생기는 생명의 유전 원리와 비교하였다. 한 생물체가 붕괴를 피하고 주위로부터 '술취한 질서'에 의하여 질서를 유지하는 것을 관찰하고 그는 열역학 제2법칙이 생명체에는 적용되지 않는다고 추측하였다. 그는 "우리는 생명체에 적용되는 새로운 유형의 물리 법칙을 찾을 준비를 하여야 한다"고 하였다.[5]

그렇다면 열역학 제2법칙이 생물체에 적용된다면 문제가 생기는가? 아니다, 전혀 그렇지 않다. 생명과 열역학 법칙들 사이에는 전혀 충돌이 없다. 왜 그런지 알아보기 위하여 먼저 열 에너지를 찬 곳(냉장고 내부)에서부터 더운 곳(부엌)으로 전달하도록 정확하게 설계된 냉장고의 경우를 생각해 보자. 앞에서 뜨거운 곳에서 차가운 곳으로 항상 열이 흐른다고 하였는데 여기에는 중요한 조건이 있다. 이 형태에서 말한 제2 법칙은 닫힌 계에만 적용된다는 점이다. 냉장고는 닫힌 계가 아니다. 열을 반대 방향으로 흐르게 하기 위해서 냉장고는 일을 해야만 한다. 이것은 모터와 그것을 운전하기 위한 연료가 필요하다. 모터는 에너지를 비가역적으로 소모하며 부엌의 엔트로피를 증가시킨다. 전체를 계산해 보면, 냉장고 내부의 엔트로피는 감소되었지만 부엌의 엔트로피는 그보다 더 많이 증가하였음을 알 수 있다. (냉장고의 모터가 작동되면 뜨거워진다.) 즉 도로아미타불이 된다. 그래서 수지타산을 따져보면 냉장고를 가동시키는 것은 우주의 엔트로피를 조금 더 증가시킨다. 생명을 비롯한 혼돈으로부터 질서를 만들어내는 듯이 보이는 모든 과정들도 마찬가지이다. 그것들은 한 곳에서는 질서를 만들어 내지만 다른 곳에서는 그 대가로서 어쩔 수 없이 무질서를 만들어 낸다.

생물계에서 무질서가 사라지는 곳을 추적하기는 어렵지 않다. 성장하기 위해서는 에너지나 연료가 필요하다. 식품은 유용한 에너지를 함유하며, 그 중의 일부는 호흡하는 동안에 불필요한 열로서 낭비된다. 우리를 따뜻하게 만드는 것은 열이며 따라서 어느 정도까지는 유용하지만 그 중 일부가 어쩔 수 없이 우리 주위에서 공기 중으로 달아나서 낭비된다. 그러므로 우리 신체 내에서 식품의 연소는 엔트로피를 생성하며 이것은 새로운 세포에 의하여 생성되는 추가적인 질서를 보상하고 남는다. 식물의 경우도 비슷하다. 식물은 태양 에너지를 포획하여 성장한다. 뜨거운 태양으로부터 차가운 지구로의 빛의 전달은 엔트로피의 증가를 수반하며 새로운 세포의 합성에 따른 질서의 증가를 상쇄하고도 남는다.

제2법칙은 생물학적 진화에도 적용될 수 있다. 새로운 종의 등장은 질서의 증가를 나타내지만 다윈 이론은 이것을 달성하는데 대가를 확인하여 준다. 새로운 종으로 진화하기 위해서는 많은 돌연변이를 필요로 하지만 그들 중 대부분은 불리한 것이며 자연선택의 체에 의하여 걸러진다. 성공적으로 살아남는 돌연변이가 있는 반면에 수천 개의 성공하지 못하고 없어지는 돌연변이들이 존재한다. 자연 선택의 대학살은 막대한 엔트로피의 증가에 해당하며 이것은 성공적인 돌연변이가 나타내는 감소를 상쇄하고도 남는다.[6]

그러면 결과적으로 생물체는 열역학 제2법칙을 완전히 따르게 된다. 환경이 자유 에너지를 공급할 수 있는 한 생물계는 쉽게 엔트로피를 감소시킬 수 있으며 국부적 주변에서는 질서를 증가시킬 수 있다. 그렇지만 동시에 전체적으로는 우주의 엔트로피 증가에 기여하게 된다. 생명의 열역학 문제에 대한 이 직접적인 해법은 열역학 창시자 중의 한 사람인 오스트리아의 물리학자 볼츠만(Ludwig Boltzmann)에 의하여 이미 확인되었다. 그는 "그러므로 생명의 일반적인 투쟁은 기본적 물질에 대한 투쟁도 아니며 에너지에 대한 투쟁도 아니며 ... 뜨거운 태양에서 차가운 지구로 전달되면서 이용이 가능하게 되는 엔트로피에 대한 투쟁이다."라고 했다.[7]

그러나 우리는 여기에서 덫에 빠지지 않도록 조심해야만 한다. 생명이 열역학 제2법칙에 일치한다는 것이 제2법칙이 생명을 설명해준다는 것을 의미하지 않는다. 불행하게도 더 잘 알아야 하는 많은 과학자들이 이 오류에 넘어갔다. 우리는 여전히 어떻게 주위와의 엔트로피 교환이 생물체가 나타내는 매우 특수한 종류의 질서를 가져왔는지 증명해야 한다. 단순하게 유용한 에너지의 원천만을 지정하는 것이 어떻게 질서화 과정이 생겼는지에 대한 설명을 스스로 제공하지는 않는다. 설명을 위해서는 이용이 가능한 에너지원과 생물학적으로 연관된 과정들 사이를 짝지어 주는 정확한 메커니즘을 확인할 필요가 있다. 이야기의 이 부분을 간과하는 것은 냉장고의 기능이 일단 우리가 전기 소켓을 찾으면 설명된다고 하는 것과 같다.

최대의 엔트로피 상태는 평형에 해당하기 때문에 안정하다. 역으로 열역학적 비평형은 불안정하다. 자연적인 과정은 엔트로피를 최대까지 증가시키고자 한다. 그러나 실제에 있어서는 그 길을 가는데 제2법칙을 가로막는 장벽이 존재할 수 있다. 예를 들면, 가솔린 연료 기체와 공기의 혼합물은 최대 엔트로피 상태가 아니다. 두 기체는 더 안정한 물질을 생성하고 열을 방출하여 엔트로피를 증가시키고자 반응하기를 좋아한다. 정상적 조건에서는 이 반응은 방해를 받는다. 화학적 장벽은 그것이 자발적으로 일어나지 못하게 한다. 반응을 촉발시키는 충격이 필요하다. 이런 종류의 깨지기 쉬운 안정성을 가지는 상태를 준안정 상태라고 한다. 또 다른 예는 납작한 뒤꽁무니로 서있는 연필이다. 그것은 조금 밀면 쓰러진다. 그러나 날카로운 끝으로 서있는 연필은 완전히 불안정하다.

준안정성 개념은 생명의 성공에 절대적으로 중요하다. 생물체는 유용한 에너지를 화학 반응에서 얻지만 무기 과정이 그 과정을 단락시켜서 먼저 에너지를 낭비한다면 생물체는 이를 이용할 수 없다. 그러므로 생명은 항상 이용할 수 있는 준안정한 자유에너지원을 얻으려고 한다. 동물은 기본적으로 가솔린-공기 혼합물과 같은 준안정성을 이용하여 유기물질을 연소시켜서 에너지를 유도한다. 앞으로 설명하겠지만, 일부 미생물은 심지어 화학자들도 생각하지 못할 화학 경로를 찾아서 에너지를 얻어낸다.

준안정한 원천을 이용하기 위하여 생물체는 무기 에너지 방출을 막는 활성화 장벽을 극복해야만 한다. 그들은 가만히 놔두면 매우 느리게 진행될 반응을 촉매하는데 효소를 이용하는 것과 같은 현명한 전략을 통하여 이를 극복한다. 또 다른 방법은 가솔린을 점화시키는 불꽃에 해당하는 것을 첨가하는 것과 같이 에너지를 가진 분자를 배치하는 것이다. 화학반응은 서로 다른 환경에서 매우 다른 비율로 일어나므로, 생물체는 필요한 때와 장소에서 작은 양씩을 전달하며 에너지 방출을 조절할 수 있다. 이런 사실은 화학이 생물학의 이상적인 기반이 되게 하지만 원리적으로는 생명은 모든 준안정한 에너지원을 이용하여 작용할 수 있었다. 과학소설 작가들은 이온화된 플라즈마나 핵 반응에 기반을 둔 생명에 대하여 상상을 하였다. 이론적으로는 이것이 가능할지라도, 화학반응의 완전한 다양성과 유연성 때문에 단연 최고 상책인 화학적 생명이 만들어져야만 한다.

생물학적 정보는 어디에서 오는가?

현대의 전쟁은 믿을 만한 통신에 크게 의존한다. 오랫동안 전화선과 무선 연결은 군사적인 명령과 통제에 중요한 역할을 해왔다. 그러나 멀리 떨어져 있는 이동전화에 메시지를 중계하려고 할 때 이들 통신 수단은 신호간섭을 받기 쉽다. 제2차 세계대전 동안 미육군은 벨전화회사의 연구원인 섀넌(Claude Shannon)에게 통신 원리 연구를 의뢰하였다. 분석 결과는 '통신의 수학적 원리'라는 제목으로 1949년에 발간되었으며 곧 그 책은 고전이 되었다.[8]

섀넌의 이론은 정보와 엔트로피 사이의 직접적인 연결에

기반을 두고 있다. 잡음이 나는 전화선으로 친구와 통화한다고 가정해 보자. 배경 잡음은 대화에 아무 것도 첨가해 주지 않지만, 일부 정보를 수신하지 못하게 할 수 있다. 섀넌의 위대한 통찰력은 잡음이 무질서 형태 즉 엔트로피라는 것을 지적한 것이다. 반대로 신호는 질서를 나타낸다. 모르스 부호의 주의깊게 배열된 점과 대시를 라디오 전파의 잡음과 비교해 보라. 섀넌의 이론에서 정보는 엔트로피의 반대로서 취급된다. 그런 이유 때문에 때때로 정보는 음의 엔트로피로 나타낸다. 잡음이 나는 통신 채널에서 정보를 잃으면 엔트로피가 증가한다. 이것은 어디에나 존재하는 열역학 제2법칙의 또 다른 예가 된다. 따라서 신호 분해는 잡음이 채널을 침범하는 것과 정보가 새서 없어지는 것의 두 가지 방법으로 생각할 수 있다. 이 엔트로피에 대한 새로운 관점은 일반적으로 물리계에도 적용될 수 있다. 제2법칙은 계의 엔트로피 증가 또는 계의 정보 감소로 생각할 수 있다.

섀넌의 생각은 정보가 생물체의 성질들 중 하나이기 때문에 생물체에도 분명하게 적용된다. DNA는 생물체를 구성하고 작동하는데 필요한 정보를 저장하고 있다. 따라서 생물학적 질서의 수수께끼 중 한 측면은 다음과 같이 나타낼 수 있다. 생물학적 정보는 어디에서 오는가? 통신 이론(오늘날은 정보 이론이라고 함)에 의하면 잡음은 정보를 파괴한다고 하며 그 역과정인 잡음에 의한 정보의 창조는 우리에게 기적으로 생각된다. 무선 전파에서 스스로 생겨나는 메시지는 조류가 해변에 발자국을 만드는 것만큼이나 놀라운 것이다. 우리는 똑같은 오래된 문제로 돌아가게 된다. 열역학 제2법칙은 열이 차가운 곳에서 뜨거운 곳으로 흐를 수 없는 것처럼 정보가 자발적으로 생겨날 수 없다는 것을 나타낸다.

이 문제에 대한 해결은 다시 한번 생물체가 닫힌 계가 아니라는 사실에서 찾을 수 있다. 살아있는 세포의 정보 함량은 주위의 정보가 감소한다면 증가할 수 있다. 다른 말로 표현하면 주위로부터 생물체로의 정보 흐름이 된다. 이것이 바로 슈뢰딩거가 말한 생물체를 살아있게 하는 술취한 질서에 해당하는 것이다. 생명은 주위로부터 정보(음의 엔트로피)를 받아들임으로써 열역학 제2법칙을 통한 붕괴를 회피한다. 그렇다면 생물학적 정보의 원천은 생물체의 주위가 된다.

대사와 번식은 모두 주위로부터 생물계로의 정보 흐름에 의하여 유도된다. 식품은 질서를 가진 유용한 에너지를 함유하며 정보가 풍부하다. 모르스 부호 조각과 유사한 복잡한 유기분자를 생각해 보자. 신체의 열은 잡음만 나는 전화선과 같이 낭비되는 에너지, 정보가 빈약한 것이다. 생물체는 그럼에도 불구하고 정보를 자신 안에 농축시키고 엔트로피를 내보냄으로써 성장한다. 번식의 경우, DNA의 정보 함량은 마구잡이 돌연변이의 결과로서 수 세대를 거치며 더 느리게 변화한다. 돌연변이는 생물학적으로 전화선의 잡음에 해당하는 것이다. '신호'는 새로 만들어진 DNA이다. 성공적인 돌연변이는 그들의 환경에 더 잘 적응하는 것이며, 따라서 결국에는 DNA 안에 놓이는 정보를 제공하는(좀더 정확하게는, 선택하는) 것은 환경이다. 그러므로 환경은 자연 선택을 통하여 유전 메시지 안에 정보를 공급해준다.[9]

정보의 조류 입장에서 생존을 위한 투쟁을 바라본다면 한 가지 의문이 생긴다. 돌연변이는 좋은 소식인가, 아니면 나쁜 소식인가? 게놈 복제가 완전히 충실하다면 생명은 변화하는 환경에 결코 적응할 수 없을 것이고 필연적으로 멸망이 뒤따를 것이다. 반면에 너무 많은 복제 실수가 생긴다면 유전 메시지는 희석되고 결국 없어지게 될 것이다. 종을 유지하기 위해서는 많은 돌연변이와 적은 돌연변이 사이의 균형을 유지할 필요가 있다.

우리는 이런 절충안이 우리 생활에서 작동하는 것을 볼 수 있다. 내가 일곱 살이었을 때, 나의 이모는 결핵 때문에 돌아가셨다. 이것이 내가 처음으로 폐병(TB)에 대하여 들은 것이었다. 1950년대 초반까지도 결핵 같은 천벌로 죽는 것은 영국에서는 드물었으며 감소 속도가 매우 급격해서 다음 10년 동안에는 그 비율이 거의 무시할 만하게 되었다. 1943년에 항생제 스트렙토마이신의 발견과 뒤이은 BCG 백신의 사용은 공중 보건 문제인 TB를 효과적으로 제거하였다. 최근까지도 그러하였다. 갑자기 결핵이 최근의 약품-저항성 살인자로서 뉴스에 나오기 시작하였다. 새로운 종류의 살모넬라, 임질, 폐병과 함께 결핵이 또 다시 중요한 보건상 위협이 되려하고 있다. 무슨 일이 일어난 것인가?

부분적인 대답은 매우 높은 돌연변이 속도와 결합된 빠르게 번식하는 박테리아의 능력 때문이다. 이것은 의사들이 투여하는 모든 약품을 능히 이기고 남는다. 연구자들이 새로운 항생제를 발견하는 것만큼 빠르게 변화하는 병원균은 한 발 앞서서 뛰어나간다.

의사와 박테리아 사이의 싸움은 다윈주의 진화가 작용하는 좋은 예이다. 감염성 질병의 상황은 여러 가지 의학적 요소들에 의하여 복잡해지지만 복제 과정에 놓여 있는 간단한 원리를 찾아낼 수 있다. 설명한 대로 정보 전달의 실수는 통신 수단의 잡음 또는 엔트로피와 비슷하다. 잡음은 정보 (이 경우는 유전 정보)를 새나가게 만든다. 이런 유전 메시지의 분해는 자연 선택에 부딪히게 되며 이것이 정보의 원천이 된다.

환경이 자연 선택을 통하여 새어나간 만큼의 많은 정보를 게놈으로 되돌릴 수 없다면 결국 실수는 스스로 복제 과정을 혼란상태에 빠지게 만들고 번식이 멈추게 되는 그 시점에 축적되게 될 것이다. 제2법칙이 작용한다는 또 다른 예인 이 재앙 상태는 독일의 생화학자인 아이겐(Manfred Eigen)에 의하여 '실수 파국'이라고 새 이름을 얻게 되었다.

실수 파국은 얼마나 많은 정보 조각이 생물체에 존재하는가, 그리고 특정한 가계가 파괴되기 전에 얼마나 많은 정보가 새나가는가를 통하여 정량화할 수 있다. 다시 말하면 엉성한 복사는 복잡한 생물체를 죽인다. 고등 생물은 약 1억 비트의 정보를 저장할 수 있는 약 십만 개의 유전자를 가지고 있는데, 그것들 각각이 복제 실수의 대상이 될 수 있다. 대략적으로 계산해서 실수 한번 복제당 1억분의 1이하이면, 실수 파국은 면하게 될 것이다. 반대로 훨씬 더 적은 유전자를 가진 박테리아는 많은 실수비율을 가지고도 살아 갈 수 있다. 자연은 아이겐의 법칙을 알고 있는 것처럼 보인다. 우리와 같은 세포는 실수비율을 약 10억분의 1로 감소시키지만, 박테리아는 훨씬 높아서 약 1백만분의 1이다. 그러므로 약품-저항성 돌연변이 문제가 생긴다. 바이러스들은 박테리아보다도 적은 유전자를 가지기 때문에 돌연변이 비율이 높아질 수 있다. 종에 따른 최적 실수비율은 실수 파국 바로 아래가 될 것이다. 이것이 안정성과 유연성 사이의 타협을 제공해 준다.

실수 파국은 생물 창조 문제 있어서 결정적으로 중요하다. 현대 생물들에서는 정교한 교정과 실수 정정 메커니즘이 실수비율을 낮추기 위하여 적용된다. 세포는 복사과정을 교묘하게 다루기 위하여 수 십 억 년에 걸쳐서 진화해 온 일련의 효소들에게 의존할 수 있다. 최초의 생물에게는 결코 그런 효소들이 이용될 수 없었을 것이다. 그들의 복제는 실수를 유발하기 쉬웠을 것이다. 아이겐의 법칙에 따르면 이는 최초 생물의 게놈(또는 선생물적 복제자)이 실수 파국을 피하려면 그 길이가 매우 짧았다는 것을 의미한다. 그러나 여기에 모순이 있다. 게놈이 너무 짧다면 그 자신의 복제 기구를 구성하는데 필요한 정보를 충분히 저장하지 못한다. 아이겐은 심지어 매우 간단한 복제 장치라도 원시적인 핵산 서열에 담을 수 있는 것보다도 훨씬 더 많은 정보를 필요로 한다고 생각한다.[10] 필요한 복제 효소들에 필요한 정보를 담는 길이 정도에 도달하기 위해서는 게놈은 그것이 투쟁하려고 하고 있는 바로 그 실수 파국의 잘못에 떨어질 위험에 놓인다. 간단히 요약하면, 복잡한 게놈은 믿을만한 복사를 필요로 하며 믿을 만한 복사는 복잡한 게놈을 필요로 한다. 그렇다면 어느 것이 먼저였을까? 그런 닭과 달걀 모순은 생물발생에서 전형적인 문제이며 5장에서 살펴 볼 것이다.

이제까지 정보라는 용어를 사용하여 무엇인가 좀 거창한 것을 살펴보았다. 컴퓨터 과학자들은 구문론과 의미론을 구별하고 있다. 구문론적 정보는 단순히 원시 자료이며, 아마도 문법 규칙에 따라서 배열될 것이지만 의미론적 정보는 어떤 종류의 전후관계나 의미를 갖는다. 정보는 그 자체로서 어떤 것을 의미하지는 않는다. 눈송이는 구문론적 정보를 함유하지만 이런 유형은 의미론적 내용이나 구조 자체를 넘어서는 것에 대한 의미는 전혀 없다. 반대로 생물학적 정보의 눈에 띄는 특징은 그 자체로 의미가 충분하다는 것이다. DNA는 기능을 수행하는 생물체를 구성하는데 필요한 메시지를 저장한다. 그것은 구체적이고 미리 결정된 생성물에 대한 청사진이나 알고리듬이다. 눈송이는 아무 것도 암호화하거나 기호화하지 않지만 유전자는 대부분 그런 일을 한다. 생명을 완전히 설명하자면 단순하게 자유에너지나 음의 엔트로피 원천이라고 확인하거나 생물학적 정보를 제공하는 것으로는 충분하지 못하다. 우리는 어떻게 의미론적 정보가 존재하게 되었는가도 알아야 한다. 여기서 실제로 신비로운 것은 정보의 단순한 존재가 아닌 성질이다. 열역학 제2법칙과 어긋나는 대부분은 관심을 딴 데로 돌리는 것들이다.

생물체의 환경만이 의미론적 정보의 원천이 될 수 있지만 이것은 최초에 정보가 어떻게 환경으로 들어가게 되었느냐하는 문제를 회피하게 된다. 이미 존재하던 청사진 조각처럼 자연이 조립하도록 기다리지는 않는다. 환경은 지능이 있는 설계자가 아니다. 그렇다면 우리는 환경 그 자체의 정보함량에 대하여 무엇을 알 수 있는가? 실제로 여기에서 의미하는 환경이란 무엇인가? 생물체의 거주지인가? 생물권인가? 태양계인가? 결국 환경은 우주 전체가 된다. 인과관계의 사슬을 따라가면 그 질문은 우주학의 일부가 된다. 그러면 우리는 최종적인 질문에 부딪히게 된다: 우주의 정보 함량은 어디에서 왔는가?

엔트로피 틈새: 질서의 원천인 중력

다윈은 한 때 생명의 기원에 대하여 의심하는 사람들을 물질의 기원을 의심하는 것과 같다고 반박하면서 꾸짖었다. 오늘날 물리학자와 우주론학자들은 물질이 어떻게 생겨났는지를 안다고 생각하며, 생물의 기원 과정과 비교하여 곧 알아낼 차례라고 생각하고 있다. 관찰 가능한 우주는 약 10^{50}톤의 물질을 함유하고 있으며 이것이 어디서부터 생겨났는지에 대한 문제는 오랫동안 우주론을 괴롭혀왔다. 대폭발설에 대한 초기 비판들은 곧 이 모든 물질들이 분명한 이유도 없이 시간의 초기에 갑자기 존재하게 되었다는 가정을 반대하였다. 우주는 이미 최초부터 그곳에 있던 필요한 물질로부터 생겨났다는 전혀 비과학적인 생각이 많은 사람의 주의를 끌게 되었다.

그러나 가까이 전진하는 길이 놓여 있었다. 오래 전에 물리학자들은 충분한 에너지가 집중되면 물질 입자가 생성될 수 있다는 것을 발견하였고 그 과정은 커다란 가속기를 사용하여 실험실에서 실제로 증명할 수 있었다. 불행하게도 이것은 우주론 문제를 시원하게 해결하지는 못하였는데, 우주의 물질을 만드는 데 필요한 에너지가 최초로 어디에서부터 왔는가 하는 문제를 남겨 놓았기 때문이다. 우주의 에너지가 단순히 '주어진다'는, 즉 시초부터 존재하였다는 가정은 물질이 시초에 있었다는 가정보다 거의 나아진 것이 없다. 그러므로 대폭발설에서는 '무(無)에서 유(有)로(something-fornothing)'에 대한 기적적 요소가 남아 있다.

1980년대에 우주 에너지 원천 문제의 수수께끼가 해결되었다. 우주의 총에너지는 실제로 영이 될 수 있다는 것이 발견되었고 따라서 그것은 '무(無)에서 무로(nothing-for-nothing)'의 경우가 된다. 우주가 10^{50}톤의 물질을 함유하면서도 제로 에너지를 가질 수 있는 이유는 이것의 중력장이 음의 에너지를 가지기 때문이다. 음의 에너지는 다음에 설명할 것과 연관된 아주 특별한 개념이다. 양(+)의 에너지가 물질로 들어가고, 같은 양의 음의 에너지가 중력장으로 들어가는 방법을 설명하는 확실한 메커니즘이 알려졌다. 그래서 실질적으로 모든 우주의 물체는 공짜로 창조된 것이라고 볼 수 있다. 일단 우주론학자들이 이것을 깨닫게 되자 우주의 시초에 공간이 비어 있었다는 가정을 믿을 수 있게 되었다. 모든 물질은 자연적인 물리 과정들의 결과로서 나중에 나타났다(그렇지만 매우 신속하게). 새로운 이론은 더 우수하고 과학적이라고 생각되는데, 그 이유는 태초에 초자연적인 물질의 유입에 대한 가정을 제거하였기 때문이다.

이제 생물 발생의 문제로 돌아가면 이상한 감정의 역전과 부딪히게 된다. 이제 물질의 기원이 아니라 정보의 기원을 설명해야 한다. 물질을 생성시키는 물리적 과정을 찾는 것은 훌륭한 과학이지만 정보를 발생시킨 과정을 극단적으로 대접하는 것은 비과학적이다. 정보는 우주의 물질처럼 공짜로 나타난다고 가정될 수 있는 것이 아니며 무엇인가 일을 제공해야만 하는 것이다. 이것은 우주에서 정보의 자발적 등장은 우주의 엔트로피의 감소와 같기 때문에 열역학 제2법칙을 다시 상기하면 제2법칙의 위배이며 즉 기적이 된다. 이제 우주가(열역학적 평형에 있지 않기 때문에) 정보를 함유한다는 사실을 부정하기 어렵다. 정보가 만들어질 수 없다면 그것이 초기 입력의 일부로서 최초에 그곳에 존재해야만 하였다. 우리가 끌어내려는 결론은 우주는 "나아가라"는 단어로부터 정보나 음의 엔트로피를 저장하게 되었다는 것이다.

천문학적 관찰들에서는 초기 우주의 정보함량에 대하여 무엇을 알 수 있는가? 여기서 우리는 매우 이상한 발견을 하게 된다. 대폭발설에 대한 가장 강력한 증거 중 하나는 열복사의 우주 배경복사가 존재한다는 것이다. 그것은 우주의 격렬한 탄생의 잔광의 일종으로 생각된다. 이 복사는 대폭발 이후부터 거의 방해를 받지 않으며 공간을 가로질러서 진행해 왔다. 그러므로 초기의 우주가 어떠했는지에 대한 스냅사진을 제공해 준다. 위성 측정으로 우주 열복사선 스펙트럼이 정확하게 열역학적 평형 상태에 해당한다는 것을 결정하였다. 그러나 열역학적 평형은 새넌 연결을 통하여 최소 정보를 함유하는 최대 엔트로피 상태이다. 실제로 단지 1비트의 정보(온도)만을 열역학적 평형 상태를 완전히 나타내는데 제공하며, 따라서 우주 배경 열복사가 오래된 것이라면 우주는 거의 아무런 정보도 함유하지 않은 채 출발한 것이다.

우리는 혼란된 모순과 부딪히게 된 것처럼 보인다. 제2법칙은 우주 정보의 총함량이 정보를 가지고 있지 않은 초기 우주라는 것으로부터 진화하면서 계속 증가하는 것은 불가능하다는 것을 나타내고 있다. 그렇다면 오늘날 우주에 존재하는 정보는 어디에서부터 생겼는가? 다른 말로 하면 이것을 엔트로피로 나타낼 수 있다. 제2법칙이 전체 엔트로피가 감소하는 것을 허용하지 않는다는 것을 생각할 때 우주가 열역학적 평형이나 최대 엔트로피에 거의 가깝게 출발하였다면 그것이 어떻게 현재의 비평형 상태에 도달하였을까?

이 우주 수수께끼에 대한 답은 잘 알려져 있지 않다. 이는 중력을 주의 깊게 연구하면 이해할 수 있다. 어떻게 중력이 열역학에서 차이를 만드는가를 알아보기 위해서 일정한 온도에서 기체가 담겨있는 플라스크를 생각해 보자. 기체를 건드리지 않고 그대로 둔다면 전혀 일을 하지 못할 것이다. 즉 그것은 평형에 남아 있게 된다. 그러나 기체의 질량이 매우 커서(예를 들어 성간 구름처럼 크다면) 중력이 중요해지는 경우를 가정해보자. 그렇다면 아무 일도 일어나지 않는다는 사실은 거짓이다. 이제 그 계는 불안정해진다. 기체는 수축하기 시작하고 밀도가 높은 물질 덩이들이 여기저기 축적될 것이다. 덩이들 중심의 수축은 기체를 뜨겁게 만들 것이다. 온도차가 생기고 열이 흐를 것이다. 실제 성간 구름에서는 별이 생성된다. 그런 한 별(태양)에서부터 나오는 열복사 흐름은 광합성을 통하여 지구상의 모든 생명을 유발하는 자유에너지 또는 음의 엔트로피 원천이다. 그래서 일정한 온도와 최대 엔트로피에서 열역학적 평형을 이룬다고 생각되는 기체가 중력 작용 아래에서는 추가적인 변화를 일으켜서 열이 흐르고 엔트로피가 더 증가하게 만드는 원인이 된다. 그러므로 중력으로 유발되는 불안정이 정보의 원천이 된다.

분명히 중력은 게임의 법칙을 근본적인 방법으로 변화시킨다. 중력 그 자체가 느껴지는 계는 단지 일정한 온도와 밀도에 있다고 해서 진정한 열역학적 평형 상태나 최대 엔트로피에 있다고는 생각할 수 없다. 겉모습에 우리는 속고 있다. 균일한 기체 구름은 중력 과정을 통해서 내놓을 수 있는 많은 자유에너지를 여전히 가지고 있다. 심지어 균일한 온도에서도 기체는 낮은 엔트로피 상태에 있다. 그것이 우주학에 이르게 되면 중력은 가장 우세한 힘이 되고 따라서 이의 열역학적 효과를 무시할 수 없다. 이것은 일정한 열복사 배경의 존재로부터 초기 우주가 실제로 중력이 포함된 전체적인 열역학적 평형 상태로 존재하였다는 결론을 내릴 수 없다는 것을 의미한다.

생명이 열역학적으로 잘못된 길로 가고 있는 것처럼 보이는 것과 같이 중력도 역시 "잘못된 길로" 가고 있는 것으로 보인다.[11] 부드러운 기체가 자라서 덩어리 지고 복잡한 것이 된다. 질서가 자발적으로 생긴다. 정보학적으로 말하면 이것은 모두 앞뒤가 바뀐 것이다. 균일한 기체는 그 단순성으로 인하여 거의 정보를 가질 수 없는 것으로 생각되지만, 성단이나 은하는 그것을 나타내는 많은 정보를 필요로 한다. 아직 잘 알려지지 않은 방법으로 분명히 거대한 양의 정보가 모양을 갖추지 못한 균일한 기체의 조용한 중력장에 비밀스럽게 놓여 있다. 계가 진화함에 따라서 기체는 평형으로부터 벗어나고 정보가 중력장으로부터 물질로 흐른다. 이 정보의 일부는 생물학적 정보처럼 결국 생물체의 게놈에 이르게 된다.

우주를 전체적으로 본다면, 대폭발에서 생겨난 초기 기체의 균일한 분포는 천천히 뜨거운 기체와 차가운 기체의 큰 반점으로 변하고 결국 스스로 빈 공간으로 둘러싸인 빛나는 원시-은하로 배열된다. 원시-은하는 점차로 불타는 별로 변화한다. 우주의 팽창은 열적 차이가 점차적으로 증가되는 것을 도와주었다. 우주가 팽창함에 따라서 그 배경온도는 떨어지고 뜨거운 별은 더 격렬하게 차가운 공간으로 복사를 할 수 있게 된다. 이런 중력 과정의 결말은 우주에서 실제 엔트로피와 가능한 최대 엔트로피 사이의 틈새가 생긴다는 것이다. 별빛의 흐름은 그 틈새를 메꾸려는 시도의 한 과정이지만 실제로 지구 내부의 화학적 에너지와 열 에너지를 포함한 모든 자유에너지의 원천은 그 틈새로부터 생길 수 있다. 그러므로 모든 생명은 중력이 창조한 엔트로피 틈새에서 생겨난 것이다. 생물학적 정보와 질서의 최종 원천은 중력이다.

정보의 원천을 대폭발 직후의 부드러운 우주의 상태와 중력에서 찾는다 하더라도 여전히 의미론적 문제가 남는다. 어떻게 의미있는 정보가 우주에 나타났는가? 이 의문은 또 다른 생명을 결정하는 인자인 복잡성의 기원과 밀접하게 연관되어 있다. 과학자들은 복잡성이 물질이나 정보처럼 행동하는지의 여부 즉, 우주 전체의 복잡성이 똑같이 머무르는지 여부를 두고 갈라져 있다. 일부 연구자들은 복잡성의 법칙이 존재한다고 믿고 있다. 그런 법칙이 존재한다면 어떻게 간단한 상태가 자연스럽게 더 복잡한 상태(아마도 의미론적 정보까지 함유하는 상태)로 진화하였는지 나타낼 수 있을 것이다. 이런 과정을 흔히 자기복잡화 또는 자기조직화라고 하며 다음 장에서 좀더 상세하게 설명할 것이다. 다른 과학자들은 복잡성이 공중에서 마술로써 나오게 할 수는 없다고 주장한다. 즉 복잡한 계는 최소한 같은 정도로 복잡한 계에 의해서만 만들어질 수 있다는 것이다. 그러나 중력 복잡성은 생각해볼 여유를 제공하는데, 그것이 실제로 간단한 초기 상태로부터 자연스럽게 나타났기 때문이다.

힘이 약한 중력이 생화학적 과정에서 얼마나 직접적인 역할을 할 수 있는지는 알 수 없다. 그러나 다음과 같은 제안들이 제시되었다. 옥스퍼드 대학의 수학자이며 중력이론의 대가인 펜로즈(Roger Penrose)는 중력이 양자 과정을 통하여 생체 분자들에 영향을 미칠 수 있다고 생각한다.[12] 수리물리학자인 스몰린(Lee Smolin)은 최근에 그의 저서 "우주의 생명"에서 생명과 중력의 주제에 관하여 비교하였다. 그는 생태계와 나선 은하 사이에서 유사성을 만들어냈다. 스몰린은 컴퓨터의 자기조직화 모형에서 영감을 얻어서 별무리 생성 유형 및 되먹임 과정과 생물학에서 밀접한 평행관계를 발견하였다. 그는 "생명이 우리의 국부적 생태계에서 최소한 은하까지 확장되는 자기조직화된 계의 차례로 포개어진 위계"의 일부라고 믿는다.[13]

펜로즈와 스몰린의 생각이 옳다면(분명히 말하지만 매우 추론적이다) 중력계와 생물계를 동시에 특징지어주는 열역학적으로 "잘못된" 성질들 사이의 관계를 밝힐 수도 있다. 생명의 기원에 대한 설명은 우주 자체의 기원과 깊숙하게 관련되어 있다는 결론이 된다.

똑같은 조심스러운 맥락에서 내 생각을 제시하고 싶다. 정보 개념은 생물학과 열역학 뿐 아니라 계산학과 물리학의 여러 분야와 같은 많은 다른 과학에서도 등장하고 있다. 예를 들면 양자역학에서는 물질의 파동 성질이 파동함수라고 알려진 수학적 방법에 의하여 기술된다. 즉 그 상태의 '정보함량'을 나타낸다. 이 문제에 대해서는 10장에서 더 상세하게 다룰 것이다. 나는 여기서 단지 파동함수의 독특한 성질은 소위 비편재성이라고 하는 것이라고만 언급하겠다. 이것은 파동함수가 공간을 가로질러서 퍼져 있으며 아인슈타인이 "멀리 떨어진 유령같은 작용"이라고 하였던 멀리 떨어진 입자들 사이의 신비한 연결을 설명해준다. 다시 말해서, 파동함수와 정보함량은 총체적 양이며 운동량, 에너지, 전하와 같은 편재된 양이 아니라는 것이다.[14]

상대성 이론에서 정보는 다시 등장하지만 매우 다르고 신기한 방법이다. 흔히 상대성 이론은 빛보다 빠르게 운동하는 것을 허용하지 않는다고 말한다. 이것은 사실이 아니다. 입자가 빛보다 빠르게 운동하는 것을 허용한다. (이러한 가상적 입자를 타키온이라고 한다.) 이론이 허용하지 않고 있는 것은 빛보다 더 빠른 '정보'의 전달이다. 여기에 문제가 있다. A가 B에게 빛보다 빠른 속도로 신호를 보낼 수 있다면 과거로 신호를 보낼 수 있는 장치를 쉽게 만들 수 있고 따라서 고전적인 인과율 모순을 만들게 된다.[15] 이런 모순들은 빛보다 빠른 전달의 가능성 때문에 생기지는 않는다. 빛보다 빠른 잡음은 정보가 없기 때문에 인과율에 결코 위협이 되지 못한다. 그러나 빛보다 빠른 신호(즉 정보)는 매우 모순적이다. 예를 들면, 내 차고 문을 여는 전자제어장치가 과거(말하자면 하루 전으로)로 신호를 보낼 수 있다고 생각해 보자. 자, 이제 차고에 미래로부터 신호를 받으면 폭발하게 프로그램된 전파 작동

폭탄을 놓아두자. 내일 단추를 누르면 무슨 일이 일어날까? 폭탄은 오늘 폭발하고 모든 장치를 날려버려서 내일 단추를 누를 수 없게 만들 것이다. 그러나 내일 그것을 작동시키지 못하면 폭탄은 폭발하지 않을 것이다. 이런 종류의 모순은 과학소설 애호가들에게는 매우 친숙하다. 원리적으로 폭탄에 대한 촉발은 복잡한 전파신호일 필요가 없다. 그 계가 수신기에서 오는 단 한 개의 양자 입자에 반응하도록 적절하게 조립되어 있다면 단 하나의 양자 입자만을 필요로 한다. 다시 말해서 관련된 입자가 계의 폭탄 폭발 신호가 되는 방법으로 계가 구성된다면 우리는 모순에 빠지게 된다. 그러나 그 자신의 입자는 구별되지 않는다. 입자는 입자일 뿐이다. 모순이지만 그것이 전송기에서 수신기로 정보를 전달하면 폭탄의 폭발을 촉발하게 된다. 즉, 입자가 시간을 뒤로 향하여 운동한다는 상황이 문제를 일으킨다. 그리고 이 상황은 전체적인 개념이다. 입자는 정보를 운반하든지 않든지 자신을 드러낼 수 없다. 그것에 국지적으로 부착되어서 (예를 들면 전하처럼) "나는 정보를 가졌다"라고 말해줄 성질이 전혀 없다.

그러므로 양자역학과 상대성 이론은 정보는 국지적인 물리적 양이라기보다는 전체적이라는 것을 암시한다. 여러분은 단순히 공간에서 위치를 조사하여 정보를 검출할 수는 없다. 여러분이 보는 것은, 예를 들면 입자는 적절한 전체적 상황에서만 정보가 된다. 그러나 그 입자가 정보를 나타낸다는 것은 사소한 문제이거나 순수한 의미론적 문제는 아니다. 폭탄의 예가 여실히 나타내는 것처럼 그것은 극적인 '물리적' 결론을 가질 수 있다.

이 모든 것들을 어떻게 생명의 기원과 관련시킬까? 우리가 생물학적 정보의 기원을 국지적인 물리적 힘과 법칙들을 작동시켜서 추적할 수 없다는 것을 암시한다. 특히 자주 거론되는 주장은 그런 법칙들이 국지적인 작용과 가까이 작용하는 힘들을 나타내는 정상적인 종류로 제한된다면 생명이 물리학 법칙 안에서 쓰여졌다는 것이 사실이 될 수 없다는 것이다. 우리는 어떤 종류의 전체적인 상황에서 생물학적 정보의 기원을 찾아야만 한다. 단순히 생물발생이 일어난 환경으로 끝날 수 있다. 반면에 물질 동력학과 함께 정보 동력학을 명백하게 관련시켜주는 아직 과학적으로 알려지지 않은 비국지적 유형의 물리 법칙을 포함할 수도 있다.

참고문헌

1. H. W Longfellow, "A Psalm of Life."
2. A. S. Eddington, The Nature of the Physical World (Cambridge: Cambridge University Press, 1928), p. 74.
3. A. 1. Zotin, "The Second Law, Negentropy, Thermodynamics of Linear Processes," in 1. Lamprecht and A. 1. Zotin, eds., Thermodynamics of Biological Processes (New York: de Gruyter, 1978), p. 19.
4. A. S. Eddington, "The End of the World: From the Standpoint of Mathematical Physics," Nature 127 (1931):44 7.
5. Erwin Schrödinger, What Is Life? (Cambridge: Cambridge University Press, 1944), p. 81.0
6. 실제로 두 생물체의 엔트로피를 비교하는 것은 좀 애매하다. 더 정확하게는 알고리듬 엔트로피라고 하는 양을 이용하여 나타내는 그들 유전체의 상대적인 복잡성으로 평가할 수 있다. (4장을 보라.) 그러면 "고등" 생물체는 더 높은 알고리듬 엔트로피를 가지게 되어서 이런 관점에서는 제2법칙과 전혀 혼동되지 않는다.

7. 원래의 독일어 판은 Populare Schriften (Leipzig) 26 (1905); 영어 번역판은 Klaus Mainzer, Thinking in Complexity (Berlin: Springer-Verlag, 1994), p. 82.
8. C. E. Shannon and W. Weaver, The Mathematical Theory of Communication (Urbana: University of Illinois Press, 1949).
9. 독자들은 왜 선택을 하는 것이 정보를 도입하는 것과 같은지 확신하기 어렵겠지만 넓은 범주에서 정보는 가능성들을 배제하는 것이다. 한 물리계가 한 가지 상태만 가능하다면 우리는 그것을 조사하여서 전혀 새로운 것을 배울 수 없다. 가능성이 많을수록 실제 상태를 조사하여서 더 많은 것을 배울 수 있다. 자연선택은 어울리지 않는 생물체를 제거하고 그럼으로써 많은 가능한 것들 중에서 단지 어떤 유전체만을 선택한다. 다른 모든 가능성들은 배제된다. 이것은 유전체에 정보를 더하는 것에 해당한다.
10. D. S. Bendall, ed., Evolution from Molecules to Men (Cambridge: Cambridge University Press, 1983), p. 127.
11. 중력의 "잘못된" 성질은 중력 에너지가 음이라는 사실과 밀접하게 연관되어 있다.
12. Roger Penrose, The Emperor's New Mind (Oxford: Oxford University Press, 1989), and Shadows of the Mind (Oxford: Oxford University Press, 1994).
13. Lee Smolin, The Life of the Cosmos (Oxford: Oxford University Press, 1997), p. 159.
14. 양자 비편재성과 그 이상한 성질에 대해서 더 알기를 원하면 다음을 참조하라. P. C. W Davies and J. R. Brown, eds., The Ghost in the Atom (Cambridge: Cambridge University Press, 1986).
15. 그런 역설적 상황을 어떻게 조성하는지에 대한 자세한 것은 다음을 참조하라. Paul Davies, About Time (London: Viking; New York: Simon & Schuster, 1995), chap. 11.

3장
진흙에서 나와서

"당신이 현재의 우리 지식에서는 권한을 넘어서기 때문에 내가 의도적으로 생명의 기원 문제를 면밀히 조사하지 않은 채 남겨두었다고 한 부분은 내 의견을 아주 올바르게 표현한 것이다."
- Charles Darwin[1] -

엘리자베스 2세 여왕의 사촌인 미얀마의 마운트배튼(Earl Mountbatten)은 자기들 왕가 계보를 1066년 노르만 정복 이전까지 거슬러 올라 갈 수 있다고 주장하지만 그것은 허풍이다. 이런 족보에는 틀림없이 우리 같은 평민이 적당히 들어 있을 것이다. 그렇지 않을까?

천년의 역사는 약 40세대이다. 우리들 각자는 2명의 부모, 4명의 조부모, 그리고 8명의 증조부모를 갖는다. 각 세대를 거슬러 올라갈 때마다 조상의 수는 2배로 된다. 이 규칙을 이용하면 나는 2^{40}명 즉 약 1조명의 조상을 가지게 된다. 이것은 지구상에 살았던 모든 인구보다도 훨씬 더 많은 수이며 따라서 그 계산은 무언가가 잘못되어 있음이 분명하다.

가계도가 암시하는 바와 같이 인간의 조상이 과거로 한없이 퍼져나간다고 가정한 것은 잘못이다. 실제로는 과거로 가계를 추적하는 어느 순간에 가계는 교차되고 재교차된다. 유전자와 왕가 혈통은 지구 전체로 교차되어 확산되고 우리 모두는 먼 사촌이 된다. 나 역시 피 속에 왕가 혈통을 가지고 있지만, 단지 마운트배튼경과는 달리 그것을 증명하는 데 필요한 문서를 가지고 있지 않을 뿐이다.

가계도에 대하여 더 생각해 보면 이상한 결론에 이르게 된다. 과거로 무한대로 퍼져나갈 수도 없을뿐더러 일정한 시점에서는 수렴을 해야 한다. 십 만년 전에 지구에는 몇 명의 인류(*Homo sapiens*)만이 존재하였으며, 예외 없이 그들로부터 오늘날의 모든 인류가 이어져 내려왔다. 이 수렴을 계속해 나간다면 단 하나의 인류 조상에서 끝날 것이다. (모계상으로는 이 조상 인류를 흔히 아프리카 이브(African Eve)라고 부르는데 그녀가 아프리카에 살았을 것으로 생각되기 때문이다.) 인류에게 다행스러운 점은 다른 종들에게도 다행스러운 것이다. 예를 들면 우리는 대부분의 유전자를 침팬지와 공유하고 있다. 수 백 만 년 전 아프리카 이브는 사반나를 거닐었을 것이고 모든 원인류와 인류의 공통 조상은 아프리카 숲 속의 어느 곳에서 살았을 것이다. 이런 식으로 거슬러 올라갈 수 있다. 과거로 더 깊숙이 거슬러 올라갈수록 오늘날에는 전혀 다른 종들이 더 많이 상호관련되어 있을 것이다. 5억년 전에는 물고기가 조상이었을 것이다. 20억년 전에는 모든 조상들이 미생물이었을 것이다.

유사한 추리가 내 서재 밖의 잔목, 창가의 새 및 잔디밭의 버섯을 비롯한 모든 생물들에 적용된다. 우리가 이들의 가계도를 아주 멀리 추적할 수 있다면 분리된 가지들은 결국 엉키게되고 합쳐질 것이다. 오늘날 살아있는 모든 것의 가계도인 생명의 거대 수형도를 상상할 수 있다. 결국 이 거대 수형도의 가지들은 중심 줄기에 모여들기까지 완전히 수렴해야 할 것이다. 이 오래된 줄기는 유일한 원시 생물인 미생물 아담(microbial Adam)을 나타내며 이는 지구상의 모든 생물의 공통 조상이 될 것이고, 무수한 자손을 지구에 번성시킬 것이다. 그러나 수 십 억 종의 아버지인 이 작은 생물체가 어떻게 존재하게 되었을까? 그것은 언제 어디에서 살고 있었을까? 그리고 그 이전에는 무엇이 있었을까?

생명의 나무(수형도)

1837년 봄과 여름에 비글호(HMS Beagle)의 항해에서 막 돌아온 다윈은 그의 위대한 진화 이론으로 알려지게 되는 훌륭한 연구를 시작하였다. 7월 중순까지도 다윈의 생각은 여전히 정리되지 못하였으며, 그의 기분은 어둠을 더듬듯이 혼란되어 있었다. 공책에 임시로 해놓은 많은 낙서와 메모들 가운데서, 그는 한 번에 개념을 포착할 수 있는 간단한 개요도를 만들었다. 그 그림은 "불규칙적 가지를 가진" 나무로서 식물과 동물의 계통 역사를 전달하기 위한 것이었다. 즉 생명의 나무(수형도)였다.[2] 그것은 은유적인 면에서 매우 훌륭한 것이었으며, 생명이 유일하고 자발적인 사건으로서 희미하고 먼 과거에 기원하였다는 중요한 개념을 전달하고 있다. 이 유일한 공통 조상(나무의 줄기)으로부터 시간이 흐름에 따라서 오래된 종에서 새로운 종들이 갈라져 나오며 연속적인 가지를 만들며 생명이 분화되었다. 가지의 끝들은 공룡이나 도도새 같은 멸종된 것들을 나타낸다.

든든한 줄기가 존재한다는 것은 추측이었다. 다윈은 끊임없이 등장하고 한 그루 나무 대신에 뒤범벅이 된 생명의 숲을 만드는 소위 생명의 "과도하게 복잡해진" 개념을 좋아하지 않았다. 오늘날 생물학자들은 다윈의 추론이 근본적으로 옳다고 생각한다. 지구상의 생명은 유일한 공통 선조로부터 이어 내려온 것이다.

무엇으로 그것을 확신할 수 있는가? 보편적인 선조에 대한 믿음에는 몇 가지 좋은 이유가 있다. 우선, 모든 알려진 생명체는 공통적인 물리계와 화학계를 공유한다. 세포가 어떻게 성장하며, 어떤 분자가 언제 무엇을 하는지, 어떻게 에너지가 저장되고 방출되는지, 단백질이 어디에서 만들어지고 어떤 일을 하는 지와 같은 세포의 대사 경로는 근본적으로 같다. 세포가 유전 정보를 기록하고 번식하는 방법도 모든 생명에서 공통적이다. 아마도 공통 기원에 대한 가장 확실한 증거는 유전 메시지가 보편적 암호를 통하여 실행된다는 점일 것이다(4장을 보라). 이런 복잡하고 특이한 특징들이 모두 독립적으로 여러 번 발생하였다고 생각하기는 어렵다. 그것들은 보편적인 조상 세포에 이미 존재하는 성질들을 반영하며 자손들에게 유전되었다고 생각하는 것이 그럴 듯하다.

공통 조상에 대한 증거는 물질의 분자적 손대칭성에서도 찾아볼 수 있다. 손대칭성은 전문적으로는 키랄성(chirality)이라고도 한다. 대부분의 유기분자들은 대칭이 아니다. 마치 왼손과 오른손이 다르듯이(서로 반대 키랄성을 갖는다) 거울상은 서로 다르게 보인다. 예를 들면 DNA는 오른손잡이 나선으로 감겨있다. 그것의 거울상은 왼손잡이 나선이다. 그러나 왼쪽과 오른쪽으로 분자를 접히게 하는 힘은 다르지 않다. 왼손

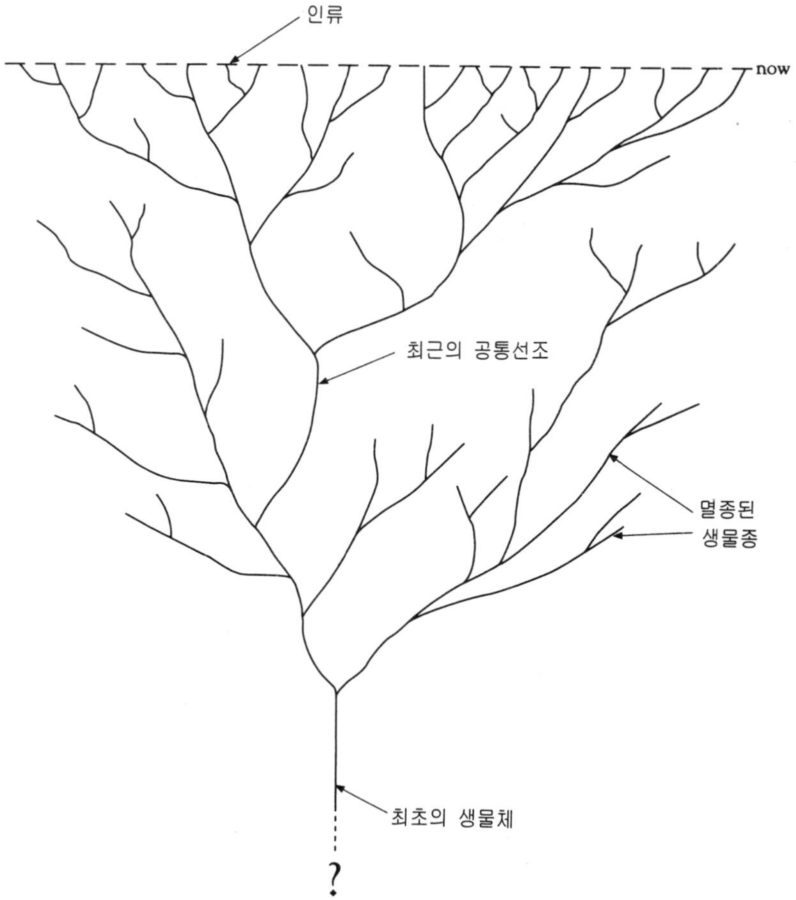

그림 3.1 매우 간략화한 생명의 나무. 나무 밑둥은 최초의 생물체를 나타낸다. 오늘날은 나무의 맨 위 가지들에 해당하며 그 중에 인간도 포함되어 있다. 현존하는 생물의 공통 선조는 위쪽 가지들을 모두 이어주는 마지막 갈래점에 위치하고 있다. 이 갈래점 아래는 현재 살아있는 자손이 남아있지 않은 생물들에 해당한다. 이 그림은 현존하는 생물종 대 멸종된 생물종의 비를 크게 과장하여 그린 것이다.

DNA를 금지하는 자연법칙은 존재하지 않지만, 왼손잡이 DNA는 발견되지 않는다. 왼쪽이든 오른쪽이든 살아있는 생물은 똑같은 한 가지 키랄성을 가진다. 이것은 모든 생명이 오늘날 발견되는 특정한 키랄성을 가진 분자를 함유하던 유일한 선조 세포로부터 내려왔다는 것을 암시한다.

최근의 공통 선조와 최초의 생물체를 혼동하면 안 된다. 이 점을 분명히 하기 위하여 그림 3.1은 오늘날 나타나는 것과 같은 수형도를 매우 명확하게 보여준다. 어디에서 출발하든지 가지를 따라가면 중심줄기로 되돌아갈 수 있다. 대부분의 아래쪽 가지들은 오래된 생명체들을 나타내며 멸종하였다는 것을 주목하라. 실제로 살고 있었던 모든 종들의 99% 이상이 현재는 멸종했다. 가지의 위쪽(현재를 나타냄)에서 출발하여 가지를 따라서 내려가면 최근의 공통 선조에 도달하는데, 이 점은 줄기의 바닥에 위치하지 않고 아래쪽 가지들의 위쪽에 위치할 수도 있다. 이런 낮은 쪽 가지들은 자손이 전혀 남아 있지 않은 멸종된 종들을 나타낸다. 말 그대로 수형도의 막다른 골목이다.

대부분의 막다른 끝은 기본적 생화학에 있어서는 확실하게 현존하는 생물을 닮은 생물들이었다. 그러나 일부는 오늘날 살고 있는 종들에서는 발견되지 않은 다른 과정을 이용하던 세포들도 존재하였을 것이다. 예를 들면, 독특한 유전 암호를 사용한 미생물도 존재하였을 수 있다. 이런 별종들은 "우리"와 같은 종류의 생물들과 끝까지 경쟁을 하였을 것이고 잘 적응을 하지 못하였기 때문에 멸종하였을 것이다. 이것들이 완전히 다 죽어 없어지지 않았을 수도 있다. 언젠가 생물학자들은 지구나 화성의 특이한 어떤 곳에서 수형도의 아래쪽 가지 중 하나의 자손으로서 생존해 있는 것으로 판명된 기분

나쁜 미생물과 우연히 마주치게 될 수도 있다. 이 미생물의 '잊혀진 세계'는 과학자들에게 사라진 대사와 유전 과정을 연구할 수 있는 좋은 기회를 줄 것이다.

우리의 대사에는 우리 조상들에 의하여 오래 전에 버려졌지만 다른 형태로서 생화학계의 무해한 잔존물들을 함유하고 있을 수 있다. 이런 다른 형태는 현재는 멸종된 생물체에 의하여 숙명적으로 유지되었을 것이다. 그렇다면 자신 안에 수십억 년 전에 멸종한 다른 형태의 생명 모습에 대한 희미한 기억을 가지고 있을 것이다. 이 생각은 겉으로 보이는 것처럼 그렇게 의심스러운 것은 아니다. 우리 자신을 비롯한 많은 세포들은 미토콘드리아라고 하는 작은 소단위체를 가지고 있다. 이런 구조는 숙주세포에 침입해서 영구적인 거주지를 얻은, 한때는 독립적이었던 미생물의 흔적이라고 생각된다. 이 과정을 공생이라고 한다.

미생물의 공생이 어떻게 일어났는지 알아보기 위하여 박테리아 사이의 전형적인 전투를 생각해 보자. 사자와 상어가 생존을 위한 투쟁에서 보여주는 것과 같은 잔인함으로 미생물들은 서로 공격하여서 먹어치운다. 그러나 박테리아 수준에서 섭취과정과 감염과정은 실제로 똑같다. A가 B 속으로 들어가는 것이다. B가 이기고 A가 죽는다면 우리는 그것을 먹어치운다고 한다. A가 이기고 B가 죽는다면 우리는 그것을 감염이라고 한다. 그러나 우연히 A와 B가 서로 무승부가 되고 공존하게 되었다고 하자. A와 B는 공생관계로 살아남는다. 유용한 기생물과 같이 자연에서 공생의 예는 많다. 멀리 갈 것도 없이 우리의 소화관을 보면 된다. 소화관에는 박테리아가 엄청나게 존재하는데, 그것들은 식품의 소화를 도와주고 그 결과로서 건강하게 살아간다. 우리는 그런 박테리아가 없이는 살아갈 수 없다. 하물며 세포를 위한 중요한 에너지 생산단위로서 작용하는 미토콘드리아는 더 말할 필요가 없다.

미토콘드리아가 한때 독립적인 생물이었다는 이론은 1세기나 된 것이지만 1960년대 후반에 마귤리스(Lynn Margulis)에 의하여 가장 집중적으로 주장되었다. 이 이론에 따르면 초기에 미토콘드리아는 자신의 대사와 번식 과정을 사용하여 그들의 숙주와 평화롭게 공존하였다. 시간이 흐름에 따라서 진화에 의하여 본래 자율성의 대부분은 없어지고 그들의 활동은 숙주세포의 안건 중의 하나로 복속되었다. 그러나 여전히 미토콘드리아는 그것이 독립적이었을 때의 희미한 기억으로서 그들의 본래 유전 물질 중 일부를 함유하고 있다.

마귤리스가 그녀의 이론을 발표한 이후로 이를 지지해주는 증거들이 점점 증가하였다. 이제는 미토콘드리아 뿐 아니라 미세소관, 회초리 같은 편모, 산소독성으로부터 세포를 보호하기 위하여 막에 자리잡고 있는 퍼옥시솜과 같은 다른 세포 안의 구조물들도 박테리아 침입의 흔적일 수 있다고 생각된다. 녹색 식물에서 광합성의 중요한 기능을 수행하는 엽록체도 시아노박테리아로부터 유래하였을 것이다. 그러므로 수형도의 일부 가지들은 막다르게 끝나는 것이 아니라 다른 가지들과 융합되었을 수 있다.

생명의 세 구역 (역주: 이 구역을 령이라고도 한다)

내가 학교에 다닐 때 생물체는 크게 식물과 동물의 두 가지 계(界)로 나뉜다고 배웠다. 아메바와 같은 일부 단세포 생물은 원시동물로 취급하였고 조류(algae)는 단순한 식물로 취급하였다. 박테리아에 대한 의문은 무시되었다. 유감스럽게도 우리는 잘못 배운 것이다. 1937년에 생물을 두 가지로 나누는 것보다는 원핵생물(prokaryotes)과 진핵생물(eukaryotes)이라는 서로 다른 구역으로 분류하는 더 좋은 분류체계가 도입되었다. 원핵생물은 작고, 세포핵과 다른 복잡한 구조물이 없는 비교적 원시적인 단세포 생물체였다. 그 속에 박테리아가 포함되었다. 나머지는 모두 진핵생물이었다. 진핵생물은 아메바와 같이 더 크고 복잡한 단세포 생물과 진핵세포의 콜로니로 생각할 수 있는 모든 다세포 생물로 구성되었다. 다세포 생물체의 커다란 번성은 6억년 전까지는 시작되지 않았지만 진핵세포는 자신을 위한 길을 훨씬 앞서서부터 닦아 놓았다.

그림 3.1에 나타낸 수형도는 순전히 개략적인 것이다. 다행스럽게도 가지들 사이의 유전적 차이 정도를 나타내는 연구를 더 정량적으로 할 수 있었다. 세포는 번식할 때 복제 실수를 하기 때문에 초기의 똑같은 세포는 멀리 떨어지게 되는데 유전학적으로 말하자면 시간이 지남에 따라서 돌연변이가 축적되는 것이다. 충분한 돌연변이가 일어나면 새로운 종이 등장한다. 일반적으로 두 세트의 유전자들 사이에 변화의 수가 클수록 그 종들은 수형도에서 더 멀리 떨어지게 된다. 예를 들면, 여러분의 유전자는 내 것과 매우 비슷하고 원숭이 것과는 조금 덜 비슷하고, 거북이나 완두콩과는 더욱 거리가 멀다. 유전적 구성물의 차이는 유전자와 단백질 서열결정법을 사용하여 아주 정확하게 측정할 수 있고, 수형도에서의 상대적인 위치도 계산할 수 있다.

이 절차는 언어의 진화 연구와 비슷하다. 바이킹이 처음으로 아이슬랜드에 이주하였을 때 그들은 스칸디나비아의 조상들과 공통되는 언어를 사용하였다. 그러나 시간이 흐름에 따라서 이주자와 유럽대륙 사이의 접촉이 적어지고, 아이슬랜드

어는 모국어로부터 현재는 독립된 언어로 인정을 받는 언어로 분화하였다. 그러나 5백년 전으로 돌아가면 차이는 그리 크지 않을 것이다. 그러므로 두 언어 사이의 분화는 두 국가가 얼마나 오랫동안 독립적으로 발전해왔는가의 척도가 된다.

약 30년 전에 사람을 비롯한 많은 생물들이 사용하는 시토크롬 c라고 하는 단백질에 대한 연구가 이루어졌다. 잠시 후에 상세하게 설명하겠지만 모든 단백질은 아미노산이라고 하는 분자단위로 구성되어 있다. 시토크롬 c는 20가지 아미노산을 약 100개정도 함유하고 있다. 서로 다른 종에서 얻은 시토크롬 c의 아미노산 서열을 비교함으로써 우리는 서로가 얼마나 떨어져 있었는지 진화거리를 추정할 수 있다. 분명한 예를 들자면, 사람의 시토크롬 c는 붉은털 원숭이의 것과 단 하나의 아미노산만을 제외하고는 모두 같다. 그러나 사람의 시토크롬 c와 고래의 것 사이에는 45개의 아미노산이 다르다. 누구나 사람이 고래보다는 원숭이와 더 가깝게 연관되어 있다는 것을 알고 있다. 이 연구는 얼마나 가까운지 그 정도를 밝혀준다. 그러나 중요한 점은 사람과 고래처럼 서로 다른 종도 되돌아가면 공통선조를 가졌다는 것을 확신해 줄 정도의 충분한 구조를 시토크롬 c에서 공유한다는 점이다. 일반적으로 유전적으로 두 종이 멀리 떨어질수록 수형도에서 더 오래 전에 분화한 것이다. 유감스럽게도 돌연변이는 시간에 따라서 일정한 비율로 일어나는 것이 아니기 때문에 진화거리를 시간 거리로 환산하는 것은 쉬운 일이 아니다. 분기가 일어난 시점을 정확하게 말하는 것은 어렵다.

1970년대 후반까지는 미생물 뿐 아니라 고등 종들의 단백질과 핵산에도 서열결정법이 조직적으로 적용되었다. 일리노이 대학의 뵈제(CarlWoese)는 이 부분의 선구자이었으며, 그의 결과는 작은 센세이션을 일으켰다. 뵈제 이전에 생물학자들은 원핵생물이 진핵생물보다 수 십 억 년 더 앞선다고 자연스럽게 생각하고 있었다. 이에 따라서 수형도에서 원핵생물을 줄기에 위치하게 하고 진핵생물을 10억 년 정도 떨어진 가지쪽에 위치하게 하였다. 그러나 뵈제는 생물을 원핵생물과 진핵생물의 두 구역으로 명확하게 분류하던 것이 근본적으로 옳지 않다는 것을 보여주어서 이 가정을 뒤집었다. 그는 생물에는 두 가지가 아니라 세 가지의 커다란 구역이 있음을 발견하였다. 간단하게 "원핵생물"이라고 한 것은 유전적으로 전혀 다른 진정세균(eubacteria)과 고대세균(archaebacteria)의 두 가지 종류의 세포를 포함한다는 것이 알려졌다. 전에는 고대세균이 박테리아의 별종 균주의 일부로 잘못 알려진 것들이었다. 뵈제는 겉으로는 고대세균이 박테리아와 같이 보이지만 생화학적 면에서는 대장균(*E. coli*)과 사람 사이만큼이나 큰 차이가 있음을 보여주었다.

뵈제의 연구는 오늘날 고대세균령(archea), 진정세균령(bacteria), 진핵생물령(eucarya)이라고 알려진 세 가지 기본적인 구역을 암시하여 주는데 이들은 이미 30억 년 전에 분기되었다. 수형도에서 이미 오래 전에 세 갈래로 갈라졌으며, 생명이 시작된 후 곧 발생하였다는 것을 암시하였다(그림 3.2를 보라). 이것은 곧 세 가지 구역이 수형도에서 어떻게 위치하는가에 대한 중요하지만 여전히 해결되지 못한 의문을 일으켰다. 먼저 어느 것이 어디로부터 나왔는가? 독일 레겐스부르크 대학의 스테터(Karl Stetter), 인디애나대학의 페이스(NormanPace)와 반즈(Susan Barns)의 최근의 염기 서열 결정 증거에 의하면 그림 3.3과 같은 모양이 제일 그럴 듯하다고 생각된다.[3]

생물학자들은 공통선조로부터 세 가지 구역의 생물이 발생

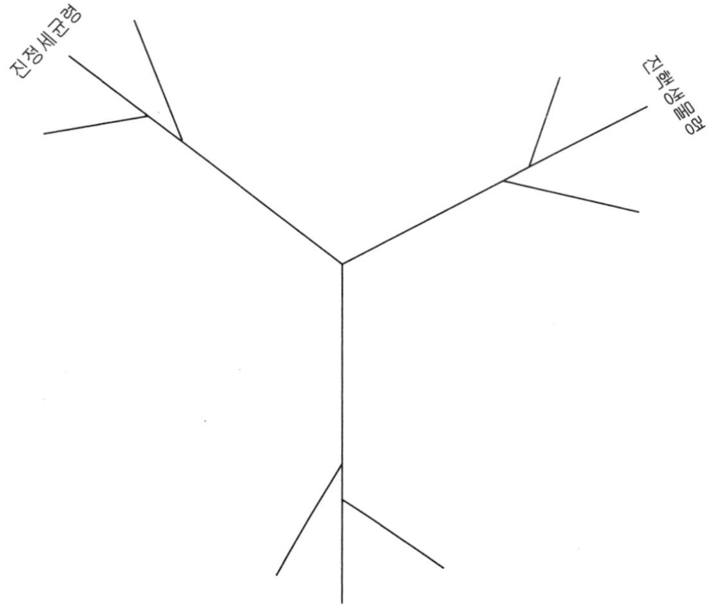

그림 3.2 분자 서열 결정 기술은 지구 생명체가 세 가지 구별되는 영역들로 나뉜다는 것을 보여준다. 모든 다세포 생물은 진핵생물령(eukarya)에 속한다.

하였다는 것에는 전혀 의심이 없다. 구역들 사이의 현재의 분기에도 불구하고 기본적인 유전장치와 대사장치는 똑같으며 그들은 완전히 특수화된 특징들을 많이 공유하고 있다. 그렇다면 분명히 공통선조는 이미 매우 복잡한 생물이었으며 최근에 등장하기 시작한 원시적 존재는 아니었을 것이다. 앞 절에서 최근의 공통선조가 최초의 생물체는 아니라는 점을 지적하였다. 세 구역을 발생시킨 선조 생물체가 이미 고도로 진

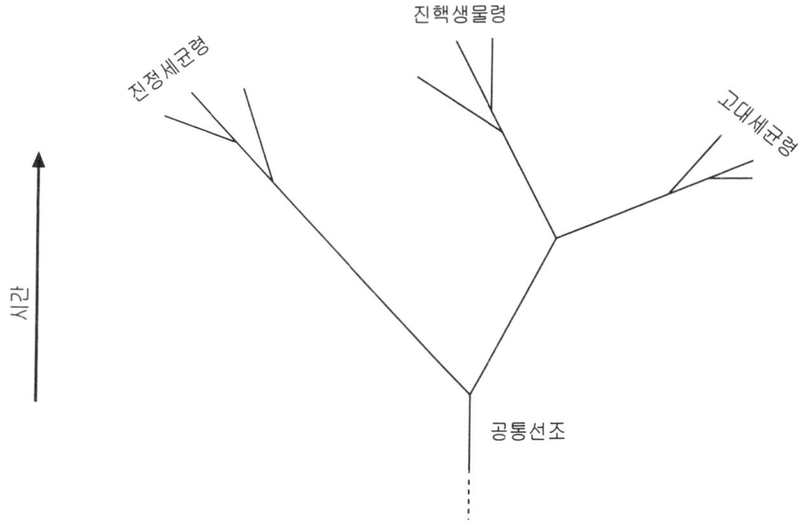

그림 3.3 미생물학의 중요한 과제는 그림 3.2에 나타낸 세 개의가지와 연관지어서 생명의 나무 뿌리 위치를 찾아내는 것이다. 위의 것은 그럴듯한 배열로서 공통 선조가 진정세균령과 고대세균령 사이의 중간쯤에 위치하고 있다.

화하였다면 수형도에서 위쪽에 놓여야 할 것이다.

분자 서열결정법 기술은 미생물학에 혁명을 일으켰으며 생명의 시작에 대한 의문들에 새로운 빛을 주고 있다. 실로 그것은 살아있는 세포 안에 놓인 분자화석을 이용하고 있는 것이다. 이 결과는 생명의 세 구역에 대한 매우 오래된 역사를 보여주는데 가장 오래된 분기가 30억년 전에 일어났다는 것을 나타낸다. 이런 발견들이 오래된 암석의 화석을 조사하는 더 전통적인 방법들과 얼마나 잘 맞아들어가는가?

가장 오래된 암석 화석

오스트레일리아의 필바라(Pilbara) 지역은 가장 덥고, 황폐한 지역으로 지구상에서 인구가 가장 적은 지역 중 하나이다. 마블바(Marble Bar)라는 작은 도시의 서쪽으로 약 40 킬로미터 지역에 노스폴(북극)이라는 이상한 이름의 장소가 있다. 그곳은 언덕이 많은 시골에 있으며 던롭(John Dunlop)이 1980년에 세계에서 가장 오래된 화석을 발견한 곳에서 가까운 곳이다. 확인되기 전까지는 그것이 화석 같아 보이지 않았다. 암모나이트나 삼엽충은 이곳에 없고 단지 스트로마톨라이트라고 하는 이상한 흙무더기만 있다. 이런 구조는 시아노박테리아 침전물이 광물 알갱이 매트 위에 층층히 쌓여서 방석모양의 혹을 형성할 때 형성된다. 스트로마톨라이트는 노스폴에서 약 500 킬로미터 떨어진 서부 오스트레일리아 해안의 샤크만(Shark Bay)에서 지금도 형성되는 것을 찾아볼 수 있다.[4] 화석화된 스트로마톨라이트는 화산 초호의 퇴적물에서 형성되며 35억년 정도 되었다고 생각된다. 던롭이 필바라 스트로마톨라이트를 발견한지 얼마 되지 않아서 쇼프(William Schopf)가 이끄는 캘리포니아의 고생물학 연구진은 개별적인 미생물화석의 흔적을 와라우나(Warrawoona) 언덕 근처에서 비슷한 연대의 암석으로부터 발견하였다.[5] 그들은 수암(chert)에 묻혀있는 작은 조각난 필라멘트처럼 보였으며 햇볕이 따사로운 고대 호수의 시아노박테리아처럼 생각되었다.

필바라에서 북쪽으로 향하면 위대한 과학자 이름을 딴 가장 번성한 도시인 다윈이 있다. 다윈은 약 6천 만 년 전인 선캠브리아기에 분명한 화석이 존재하지 않아서 당황하였다. 그 화석들은 존재하고 있었지만 대부분의 선캠브리아 생물들은 보통의 화석 채집꾼들의 주목을 끌기에는 너무나 작았다. 심지어 최신 장비로 무장한 경험이 많은 고생물학자들도 25억년 이상된 미화석을 함유하는 몇 곳을 찾아냈을 뿐이고 이런 발견물 중 많은 것이 논쟁거리가 되었다.

와라우나 미화석이 정말로 시아노박테리아로 밝혀진다면 생명이 35억년 전에 광합성을 발견하였다는 것을 의미한다. 광합성은 복잡하고 세련된 화학적 과정이며 따라서 와라우나 미생물은 이미 꽤 고도로 진화했을 것이며 이 시대 훨씬 이전에 더 원시적인 어떤 선구 생물이 살았던 것 같다. 이런 초기 미생물들은 어떤 흔적을 남겨 놓았을까?

서부 오스트레일리아에서 발견되는 것보다 더 오래된 완전한 미화석을 발견할 기회는 매우 적다. 다행스럽게도 생물이 암석에 흔적을 남겨 놓을 수 있는 또 다른 더 미묘한 방법이 존재한다. 그것은 화학적 조성을 변화시키는 것이다. 예를 들면, 얕은 바다의 초기 생태계는 유기물질을 바닥의 퇴적물에 침전시켜서 미생물 묘지와 같은 탄소 광물이 풍부한 층을 만들었을 것이다. 이런 종류의 일부가 그린랜드의 이수아(Isua)에서 매우 오래된 띠모양의 철 형성으로 나타났다. 이런 암석의 탄소 함량을 조사해보면 생명체가 필바라 화석이 생기기 전인 약 3억년 전에 살고 있었다는 것을 알 수 있다. 이런 연구는 독일의 막스플랑크 화학연구소의 쉬들로우스키(Manfred Schidlowski)에 의하여 개척되었다.

이수아에서 생명에 대한 증거는 탄소 동위원소비의 정밀한 연구에서도 나타난다. 전형적인 탄소원자는 6개의 양성자와 6개의 중성자로 이루어져 있으며 C^{12}라고 나타낸다. 그런데 일부 탄소 원자는 6개 대신 7개의 중성자를 가지고 있으며 C^{13}으로 나타낸다. 화학적으로 두 가지는 똑같으며 동위원소라고 한다. 생명체는 C^{12}를 선호하는데 조금 더 가벼워서 빠르게 반응하기 때문이다. 그 결과 생물체들은 더 가벼운 동위원소를 분리하여 축적시키는 경향이 있으며 따라서 파묻힌 퇴적물은 가벼운 동위원소가 더 풍부하다. 필바라 화석의 C^{12}는 보통의 것보다 약 3% 더 높으며 이수아의 것은 약 1% 더 높다.

최근 캘리포니아의 스크립스 해양연구소의 아레니우스(Gustaf Arrhenius)가 이끄는 연구진은 이수아 암석의 탄소-동위원소 비를 연구하는 데 개량된 방법을 사용하였다. 이온 미세탐침 질량분석계라는 기기를 사용함으로써, 연구진은 직경 10 ㎛, 무게 1조분의 20 그램의 작은 알갱이에서 탄소의 양을 측정함으로써 더 강력한 생명의 신호를 발견하였다. 이 암석은 이수아 근처의 아킬리아섬에서 수집하였으며 연대는 최소한 38억 5천 만 년 된 것이었다.[6] 방사능 연대법으로 측정한 45.5억년의 지구 나이와도 비교될 만하다. 생명이 38.5억년 전에도 존재했다면 우리 지구는 최소한 그 역사의 85% 동안 생물이 거주한 것이다.

화석 기록을 찾는 것은 생물발생의 연구에서 위에서 아래로 접근하는 방법을 생각할 수 있다. 오늘날 생명에 대하여 알려진 것으로부터 출발하여 기록이 불분명하여 소멸될 때까지 가장 단순한 생물체와 최초의 흔적까지로 시간을 거슬러 올라가고, 크기를 줄여서 진화경로를 찾아보고자 한다. 35억년 전에도, 38억 년 이전에도 최초의 지구의 생명체는 지구의 어딘가에 살았을 것이다. 그것은 무엇 같았을까? 나는 6장에서 위에서 아래로 향하는 경로로 이 질문들을 다루겠지만 지금은 다른 방법인 바닥에서 위로 향하는 접근법을 사용하겠다. 여기에서의 생각은 초기 지구의 환경에 대하여 우리가 아는 것이 무엇인가에 대하여 묻고 싶고, 그 당시에 생명의 시작에 불꽃을 당겼던 물리적 사건과 화학적 사건들을 재구성하려고 시도하는 것이다.

자발적 발생

과학은 기적을 배척한다. 생물발생이 많은 사람들에게 기적과 같은 일이라고 생각하겠지만, 모든 과학적 연구의 출발점은 생명이 자연적으로 정상적인 물리적 과정들을 통하여 등장하였다는 가정이어야 한다. 정확하게 어떤 일이 일어났는지를 발견하는 것은 어려울 것 같지만 간단한 화합물에서 생명에 이르는 그럴듯한 화학적 경로를 추정할 수는 있다. 물론 우리가 알고 있듯이 생명에 이르는 여러 가지 경로와 다양한 형태의 생명체가 있을 수 있다. 심지어 과학자들이 어느 날 실험실에서 어떤 종류의 생명을 창조하여서 기적이 필요하지 않다는 것을 확실하게 증명할 수도 있다. 그러나 현재의 지식 상태에서 우리가 희망하는 것은 관련된 중요한 화학적 단계들에 이르는 몇 가지 이정표이다. 일부 사람들은 단순한 이정표는 필요 없으며 그 주제는 너무나 미심쩍은 것이어서 추구할 만한 가치가 없는 것이라고 반대할지 모른다. 그것은 매우 단견이다. 생명의 기원에 대한 연구는 실제로 생명이 어떻게 시작되었는지 상세하게 설명하지 못하더라도 귀중한 정보를 제공할 수는 있다. 특히 우리는 생명의 자발적인 발생이 얼마나 가능한지 또는 그렇지 않은지에 대하여 대답할 수 있을 것이다. 그럴 듯하다고 밝혀진다면 생명이 우주의 다른 곳에서도 발생할 수 있다고 기대할 수 있다. 반면에 화학적 단계들이 매우 그럴 듯하지 않다고 판명된다면 우리는 우주에서 혼자인 것이다.

정확한 화학적 서열이 무엇이든지 간에 생명은 어떤 종류의 분자 자기조립의 결과로서 형성되었음에 틀림없다. 예를 들면 은하와 결정들은 자기조립에 의하여 자발적으로 발생한다. 즉 스스로 무질서한 상태 또는 평범한 초기 상태로부터 만들어진다. 그것들의 구성성분이 마지막 형태로 되는데 정렬시키는 생명력은 전혀 존재하지 않으며 단지 정상적인 물리적 힘만이 필요하다. 생물학자들은 아주 간단한 형태의 생명이라도 매우 복잡하기는 하지만 똑같은 것이 생명의 형성에도 적용된다고 생각한다.

생명의 자발적 발생에 대한 믿음은 오랜 역사를 가지고 있으며, 최소한 플라톤까지 거슬러 올라간다. 17세기에는 살아있는 많은 종류의 생물이 적당한 조건에서 새로 발생될 수 있다고 믿어졌다. 예를 들면 어미 쥐는 땀에 젖은 셔츠와 밀로부터 나타난다고 했다.[7] 썩은 고기와 헌 양말로부터는 이, 파리 및 구더기가 틀림없이 나타난다는 다른 비법도 있었다.

오늘날 이런 이야기들은 우습게 들리지만 사실을 밝히기 위해서는 파스퇴르 같은 과학자가 필요하였다. 1862년에 공개적인 상을 걸고서 파스퇴르는 생물체가 다른 생물체에서만 온다는 것을 증명하는 일련의 조심스러운 실험을 하였다. 그는 진짜로 멸균된 배지는 영원히 멸균된 채로 유지되어야 한다고 주장하였다. 파스퇴르는 자신있게 말하였다.[8] "자발적 발생 원리는 이 간단한 실험의 결정적 타격을 받아서 결코 회복되지 못할 것이다."

이 실험이 중요하기는 하였지만 파스퇴르의 결론은 다윈의 진화이론과 직접적으로 부딪히게 되었다. 파스퇴르의 실험보다 3년 앞서서 발행된 다윈의 존경스러운 책 "종의 기원"은

한 종이 어떻게 다른 종으로 변천되는가를 보여 주어서 종을 창조하는데 신의 필요성을 의심하게 만들었다. 그러나 다윈의 설명은 어떻게 최초의 생명체가 나타났는가에 대한 문제를 남겨 두었다. 생명이 항상 존재하지 않는다면, 즉 최초에 한 종이라도 존재하지 않는다면 무생물로부터의 변천에 의하지 않고는 다른 종으로 변천도 할 수 없을 것이다. 다윈 자신은 몇 년 후에 이렇게 적었다.[9] "소위 자발적 발생이라는 것을 지지해 준다고 생각되는 어떤 증거도 만날 수 없었다." 그러나 기적이 없다면 생명은 어떤 종류의 자발적 발생에 의해서만 생길 수 있었을 것이다. 다윈의 진화이론과 생명체만이 생명체를 생기게 한다는 파스퇴르의 이론은 완전히 옳을 수만은 없다.

다윈 자신도 생명의 기원 주제에 대해서는 좀 수줍어하였지만 (이장 맨 앞의 인용문을 보라), 1871년에 쓴 유명한 편지에서 생각의 단초를 제공하였다. 이 편지에서 "모든 종류의 암모니아, 인산염, 빛, 열, 전기 등을 갖춘 작고 따뜻한 연못"을 상상하였다.[10] 다윈은 이 간단한 혼합물에서 오랜 시간이 지나는 동안 화학적 복잡화 과정에 의하여 생명이 생길 수 있다고 추측하였다. 이 일반적인 추측은 다음 세기 내내 이 주제를 생각하는 틀을 제공하였다.

그 당시 생명이 무생물적인 화학적 혼합물에서 자발적으로 튀어나왔다는 개념은 신학자들과 심지어 일부 과학자들로부터도 신랄한 비판을 받았다. 영국의 유명한 물리학자인 켈빈 경은 그런 생각 전체를 "매우 오래된 억측"이라고 치부하면서 "과학은 이런 가설에 대항하는 많은 귀납적 증거들을 가지고 있다"고 의견을 발표하였다. 그는 단호하게 "죽은 물질이 앞서 살아있던 물질의 영향을 받지 않고서 살아있는 물질이 될 수 없다"고 하였다.[11] 이것은 생명이 항상 존재하였다거나 아니면 생명의 기원이 기적이라는 단지 두 가지 가능성만을 남겨 놓는다.

1920년대에 러시아의 오파린(Alexander Oparin)과 영국의 홀데인(J.S.Haldane)의 연구가 이루질 때까지는 이 분야의 발전이 없었다. 두 과학자는 단 한번에 놀라운 반응으로 갑자기 생명이 생성될 수 있다는 제안은 억지 믿음이 될 것이라는 것을 인정하였다. 다윈으로부터 암시를 받아서 그들은 점차로 최초의 미생물에 이르는 화학 단계들의 서열인 오랜 발달 단계가 존재하였다고 가정하였다. 이 선생물적 단계 동안 아직 알려지지 않은 반응들이 연속적으로 분자 혼합물을 점점 더 복잡한 배열로 전환시켜서 결국 생물체의 기본적 특징을 가진 것이 형성되었다.

다윈의 "작은 연못" 대신에 홀데인은 지구 전체를 대양으로 상상하였다. 불모의 대지를 흠뻑 적시는 비는 모든 화학물질들을 바다로 씻어내려 갔을 것이며, 그곳에서 홀데인의 표현대로 하자면 액체가 "뜨겁고 묽은 수프의 밀도"에 도달할 때까지 농축되었다. 그의 말을 인용하여서 그때부터 "원시수프"라는 용어가 굳어지게 되었다.

시간이 흐르는 동안 원시수프가 어떤 것인지, 어디에서 생기는지에 관하여 많은 변화가 있었다. 실제로 그것은 대양이었는가, 아니면 다윈의 생각처럼 단순한 연못이었는가? 말라가는 석호, 동굴의 연못, 또는 지하의 통로일 수가 있었을까? 끓어오르는 간헐천이나 해저의 화산은 어떨까? 공기 중의 물방울은 어떨까? 그 수프는 지구상에 전혀 존재하지 않았을 수도 있고 혜성이나 작은 행성의 내부에 있었을 수도 있다. 이런 모든 생각들이 신중하게 제안되었고 대부분은 순수한 추측으로 남아있다. 제안들은 넓은 영역에서는 다르지만 모두 공통 주제를 가지고 있다. 그곳에는 모두 적당한 물질이 포함되어 있으며 화학반응을 유도하는 에너지원에 노출되어야 하는 물을 필요로 한다.

홀데인과 오파린은 정확한 사건의 순서에 대해서는 서로 다른 의견을 가지고 있었으며 오늘날까지도 이어지는 분파를 만들어냈다. 문제는 세포의 형성에 관한 것이었다. 모든 미생물은 막이나 세포벽으로 주위와 분리되어 있다. 실제로 어떤 형태의 경계가 없는 생명을 상상하기는 어렵다. 문제는 이 세포-우선주의자이었다. 그는 유성물질과 물은 섞이지 않으며 계들의 전에, 도중에, 아니면 후에 발생하였는가?

홀데인이 수프의 화학에 초점을 맞춘 반면에 오파린은 세포-우선주의자이었다. 그는 유성물질과 물이 섞이지 않으며 때때로 코아셀베이트라고 하는 현탁물을 만들어서 기름이 작은 방울들로 된다는 사실에 감명을 받았다. 그 기름방울은 피상적으로는 생물학적 세포를 닮아 있었다. 오파린의 이론은 세포의 물리적 구조가 먼저 생기고 그 속에서 어떤 분자적인 기적이 진행할 수 있는 천연적인 용기를 제공하였다는 것이다. 이 생각은 일종의 소포를 생성하는 많은 물리적 과정들이 존재하기 때문에 매력적인 이론이라고 볼 수 있다. 또 유체 세포와 방울들은 불안정하여 둘로 쪼개질 수 있어서 번식의 조잡한 형태를 나타낸다. 화학물질이 가득 찬 가방이 물에 불어서 분열을 한다면 각 "딸" 가방은 부모의 화학물질 혼합물을 물려받을 것이다. 이것은 자연선택이 작동하는 초보적 유형으로 충분할 것이다. 그러나 막은 좀 특별한 성질을 필요로 한다. 예를 들면, 세포 안에 생명-유지 분자들을 가두어야 하지만 바깥으로부터 원료물질이 통과하여 들어오게 해야 한다.

오파린의 세포 형성에서 생명의 기원을 찾으려는 생각은 당시의 지식 상황을 반영하고 있다. 당시 과학자들은 유전자의 본질에 대하여는 아주 희미한 생각만을 지닌 채 여전히 대사 과정의 연구와 세포 내에서의 단백질의 기능에 대하여 열심히 연구하고 있었다. 분자생물학과 DNA에 대한 지식은 전혀 존재하지 않았다. 오파린이 생명의 유전적 측면을 중요시하지 않고 더 잘 알려진 세포 형성과 구조 같은 물리적 측면에 우선하는 것은 당연할 것이다. 그것이 세포-우선설을 틀리게 만든 것은 아니지만 우리가 아는 것을 이론의 중심에 두려는 충동이 일의 순서를 뒤바꿔 놓는 위험을 감수한다는 것을 경고하고 있다.

1920년대에 생명의 기원에 대한 이론을 만드는 것은 매우 추상적인 일로 생각되었으므로 오파린과 홀데인의 생각에 주의를 기울인 사람은 거의 없었다. 그러나, 주의를 기울인 한 사람이 있었으니 그는 중수소 발견으로 노벨상을 수상한 미국의 화학자 유리(Harol Urey)였다. 유리는 실험실에서 원시수프 이론을 시험하는 것이 가능할 수도 있다는 것을 깨달았다. 수년 후 1953년에 그는 바로 그 일을 하였다.

원시수프 다시 만들기

유리의 유명한 실험은 개념이 몹시 단순하다. 실험실에서 원시지구에 널리 존재하던 환경을 다시 만들어서 어떤 일이 일어나는지를 알아보고자 하였다. 그러므로 수십억 년 전에 지구가 어떠했는지를 추측하였다. 액체 물이 존재하리란 것은 그럴 듯 하였지만 대기의 성분은 알 수 없었다. 어떤 기체를 사용할 것인지 결정하기 위하여 유리는 지구의 현재 대기가 생물체에 의하여 매우 크게 변화되었다고 생각하였다. 특히 산소 함량은 광합성의 산물이었다. 그래서 유리는 산소를 제외하였다. 이것은 현명한 선택이었다. 사람들은 생명과 산소를 결부시켜서 생각하지만 위험하게도 산소는 부식성이 강한 원소이며 대부분의 유기분자들을 위협하며 신속하게 파괴한다. 선생물적 단계가 홀데인과 오파린이 상상한 것과 비슷하였다면 자유 산소는 전혀 존재하지 않았을 것이다. 유리는 메탄, 수소, 암모니아의 혼합물로 결정하였다.

유리는 밀러(Stanley Miller)라는 시카고대학의 젊고 똑똑한 대학원생을 고용하여 실험을 돕게 하였다. 밀러는 유리 플라스크에 선택한 기체들과 약간의 물을 채웠다. 그는 장치를 닫고서 햇빛의 효과를 모방하기 위하여 혼합물에 전기 방전을 시켰다. 일주일이 지난 후 장치를 순환하는 물이 붉은 갈색으로 변화하는 것을 유심히 관찰하였다. 밀러는 용기를 얻었다. 이 간단한 실험이 원시수프와 비슷한 것을 재생산해내는데 성공한 것 같다는 느낌을 주었다. 그는 유체를 열심히 분석하기 시작하였고, 그것이 단백질의 구성성분인 아미노산 같은 몇 가지 유기 화합물과 지구상 생물의 기본이 되는 성분들을 함유한다는 것을 알아냈다.

밀러의 흥미있는 결과는 "시험관 안에서" 생명을 창조하는 길로 나가는 첫 단계로서 광범위하게 환영을 받았다. 아미노산이 일주일만에 만들어진다면 실험이 훨씬 더 오래 지속되면 어떤 일이 일어날까 하는 추측이 이루어졌다. 붉은 갈색 액체에서 살아있는 어떤 것이 기어나오는 것은 단지 시간의 문제일 것 같았다. 많은 과학자들이 이끌어낸 결론은 생명을 창조하는데 필요한 것은 몇 가지의 공통되는 화학물질들과 에너지의 공급이라는 것이었다.

그러나 유리-밀러의 실험에 대한 칭송은 여러 가지 이유 때문에 좀 성급한 것으로 판명되었다. 첫째로 지질학자들은 초기 대기가 밀러의 플라스크의 기체 혼합물과 같다고 더 이상 생각하지 않았다. 지구는 첫 10억 년 동안에 몇 가지 서로 다른 대기를 가졌겠지만 메탄과 암모니아가 풍부하게 존재하였던 적은 없었을 것으로 생각되었다. 그리고 한 때 지구 대기에 상당량의 수소가 있었더라도 그것은 오래 지속되지 못하였을 것이다. 수소는 가장 가벼운 원소이기 때문에 곧 우주공간으로 달아나 버렸을 것이다. 유리가 그런 기체들을 선택한 이유는 모두가 수소를 포함하고 있기 때문이었다. 화학자들은 그런 기체를 "환원성"이라고 한다. 환원은 산화의 반대이며, 유기물에는 수소가 풍부하기 때문에 생성하는 데는 환원성 대기가 필수적이었다. 그러나 지구의 초기 대기에 대한 현재의 가장 그럴듯한 추측은 환원성도 산화성도 아니었으며 오히려 이산화탄소와 질소의 중성 혼합물이었다는 것이다. 이런 기체에서는 아미노산이 쉽게 생성되지 않는다.

밀러-유리 실험의 의미에 대한 두 번째 의문의 이유는 아미노산만이 만들어지기 어려운 것이 아니라는 점이다. 원래의 시카고팀 장치를 변경시킨 많은 시도들이 이루어졌는데 그들은 전기방전을 전기로, 자외선 등, 충격파 또는 에너지가 큰 화학적 혼합물로 대치한 것이었다. 아미노산을 만드는 것은 확실한 일이었다. 실제로 그것들은 운석에서도 천연적으로 발견되며 심지어 우주 공간에서도 발견된다.

왜 밀러-유리 실험이 더 이상 앞에서와 같은 위치를 차지하지 못하는가에 대한 개념적 이유도 있다. 생명에 이르는 길을 화학물질의 수프가 시간의 흐름에 따라서 틀림없이 운반되는 일정한 고속도로처럼 생각한 것은 커다란 실수였다. 아미노산은 단백질의 구성 단위일 수 있지만 구성 단위와 조립된 구조물 사이에는 엄청난 차이가 있다. 벽돌 더미를 찾는다고 해서 그 부근에 집이 있었다는 보장이 되지 못하듯이 아미노산의 집합이 생명이 필요로 하는 단백질 같은 크고 특수한 분자에 이르기까지는 멀고도 먼 길이 존재한다.

원시수프로부터 생명을 향해서 진보하는 데는 두 가지 중요한 장애가 존재한다. 하나는 대부분의 시나리오에 있는 수프가 많은 것을 이루기에는 너무 묽다는 것이다. 홀데인의 대양 액체에서는 동시에 같은 장소에서 적절한 성분들이 만나는 일은 거의 일어나지 않을 것이다. 화학물질들을 훨씬 농축시키는 어떤 메커니즘이 존재하지 않는다면 아미노산보다 더 복잡한 물질의 합성은 막막해 보인다. 액체를 농축시키는 것에 대하여 상상력이 풍부한 많은 제안들이 이루어졌다. 예를 들면, 다윈의 작고 따뜻한 연못은 증발되어서 가능성이 있는 찌꺼기를 남길 수도 있다. 그렇지 않다면 점토같은 광물 표면이 액체 매질로부터 지나가는 화학물질을 붙잡아서 농축시킬 수도 있다. 그러나 이런 제안들이 초기 지구의 조건에서 실제적이었는지는 전혀 분명하지 않으며, 우리가 알고 있는 암석에는 수프 같은 것이 전혀 보존되어 있지 않다.

다른 장애는 더 심각하며 열역학 제2법칙으로 돌아가야 한다. 이 법칙이 질서와 복잡성을 제거하는 분해와 부패에 대한 자연적 경향을 어떻게 나타내는지 생각해 보자. 복잡한 생체분자의 합성은 열역학적으로 말하면 "조류에 대항하는" 것이다. 아미노산이 여러 가지 조건에서 쉽게 생성되기 때문에 처음에는 이것은 모순으로 생각된다. 그러나 실제로 제2법칙과는 전혀 모순이 없다. 이미 2장에서 설명했듯이 더 큰 무질서나 엔트로피가 주위로 전달된다면 한 곳에서 질서가 나타날 수 있다. 이것이 용질로부터 결정이 생길 때 일어나는 것이다. 결정성 고체는 액체보다 더 질서를 가진 원자 배열이며 따라서 엔트로피가 더 작다. 그러나 결정의 형성은 주위로의 열의 방출이 수반되며 이것이 엔트로피를 증가시킨다. 두 번째 효과가 첫 번째 효과보다 더 크다. 똑같은 것이 아미노산 합성에서도 적용되며 결정 형성과 같이 열역학적으로 유리하다. 이에 대한 이유는 자유 에너지의 역할과 상관된다. 어떤 과정이 계의 에너지를 낮추어준다면 즉 "내리막길"로 간다면, 그것은 제2법칙의 축복을 받는다. 반대로 "오르막길" 과정은 제2법칙에 도전하는 것이다. 물은 위로 올라가지 않고 아래로 흐른다. 일을 할 때만 물을 위로 끌어올릴 수 있다. 자연적으로 일어나는 과정은 항상 내리막길 과정이다. 아미노산 생성은 이런 내리막길 과정의 특징을 가지며 아미노산이 왜 쉽게 만들어지는가 하는 이유이다.

그러나 우리는 이제 암초에 부딪치게 된다. 생명에 이르는 길의 두 번째 단계 또는 최소한 단백질에 이른 길은 아미노산들이 서로 연결되어서 펩타이드라고 하는 분자를 형성하는 것이다. 단백질은 기다란 펩타이드 사슬 즉 폴리펩타이드이다. 무기 화학물질의 혼합물로부터 아미노산의 자발적 합성은 허용된 내리막길 과정이었지만 아미노산이 서로 결합하여 펩타이드를 형성하는 것은 오르막길 과정이다. 따라서 열역학적으로 말하면 방향이 잘못된 것이다. 각 펩타이드 결합이 생성되려면 사슬로부터 물분자가 제거되는 것이 필요하다. 원시수프와 같은 수용성 환경에서 이것은 열역학적으로 불리하다. 결론적으로 그것은 자발적으로 일어나지 않는다. 새로 추출된 물분자를 물로 포화된 수용성 환경으로 넣어주려면 일을 해주어야만 한다. 분명히 펩타이드 형성은 생물체 안에서 일어나고 있기 때문에 불가능하지는 않다. 그러나 생명체 안에서는 필요한 일을 공급할 수 있는 에너지를 갖춘 맞춤분자를 이용하여 오르막길 반응을 유도한다. 단순한 화학적 수프에서는 반응을 일으키는데 필요한 특별한 분자들이 존재하지 않았을 것이다. 그러므로 수용성 수프는 분자 해체를 위한 방법은 되지만 자기조립의 방법은 아니다.[12]

확실히 초기 지구에서 펩타이드 결합을 형성하는데 필요한 일을 제공해주는 이용 가능한 에너지원이 결핍되지는 않았을 것이지만, 그 문제에 에너지만을 던져 주는 것은 결코 해결 방법이 아니다. 유기분자를 생성시키는 에너지원은 또한 파괴시키기도 한다. 건설적으로 일을 하기 위해서는 에너지는 특정한 반응이 요구하는 대로 초점이 맞추어져야 한다. 단순한 열과 같은 조종되지 않은 에너지 투입은 건설적이라기보다는 파괴적이기가 쉽다. 이 상황은 한 장씩 그 위에다 벽돌을 쌓아올려서 벽돌기둥을 쌓고 있는 벽돌공과 비슷하다. 벽돌기둥이 높아질수록 흔들리고 부서지기 쉽다. 마찬가지로 아미노산으로 연결된 긴 사슬도 매우 부서지기 쉽다. 일반적으로 여러분이 유기물에 막무가내로 열을 가하면 교묘한 기다란 사슬 분자보다는 타르 덩어리를 얻게 될 것이다. 이것은 바베큐를 만들면서도 시험할 수 있다.

열역학 제2법칙은 단지 통계적인 법칙이다. 이것은 물리계가 "잘못된 길" (오르막 방향)로 가는 것을 절대적으로 허용하지 않는 것은 아니다. 그러나 허용하지 않는 쪽에 훨씬 더 비중을 둔다. 예를 들면, 벽돌 더미에서 발사기로 벽돌을 튕겨올려서 벽돌기둥을 쌓는 것도 가능하지만 매우 어려울 것이다. 여러분은 벽돌 두 장이 나란히 쌓여서 끝이 들어맞은 것을 보면 놀라지 않겠지만 세 장의 벽돌의 경우에는 놀랄 것이며, 열 장의 경우에는 기적이라고 생각할 것이다. 자발적으로 열 장의 벽돌이 기둥으로 쌓이려면 매우 오랜 시간을 기다려야 할 것이다. 열역학적 평형 근처에서 일어나는 보통의 화학반응에서 분자들은 마구잡이로 운동하며 따라서 깨지기 쉬운 분자 사슬이 우연히 생성되기 위해서는 매우 오랫동안 기다려야 할 것이다. 사슬이 길어질수록 기다림은 길어질 것이다. 그 자신의 방법대로 그대로 둔다면 열역학적 조류에 대항하여 자발적으로 작은 폴리펩타이드를 만들기 위해서는 우주 크기 정도 부피의 농축된 아미노산 용액이 있어야 한다고 추정된다. 방향성이 틀린 방향을 가리키고 있을 때 분명히 무작위적인 분자의 섞음은 거의 소용이 없다.

제2법칙의 구속으로부터 탈출하는 한 가지 방법은 열역학적 평형 조건에서 멀어지는 것이다. 미국의 생화학자 폭스(Sidney Fox)는 아미노산 혼합물을 강하게 가열하면 어떤 일이 생기는지 조사하였다. 물을 수증기로 빼내면 아미노산들이 펩타이드로의 결합이 훨씬 더 잘 일어난다. 열에너지 흐름은 제2법칙에 상응하는 필요한 엔트로피를 발생시킨다. 폭스는 이 방법을 사용하여 "프로테노이드"라고 하는 꽤 기다란 폴리펩타이드를 만들었다. 불행하게도 폭스의 프레테노이드와 실제 단백질 사이의 유사성은 피상적이다. 예를 들면 실제 단백질은 왼손잡이 아미노산만으로 만들어지지만 프로테노이드는 같은 양의 왼손잡이와 오른손잡이 아미노산으로 만들어진다.

단백질의 마구잡이적인 자기조립이 출발물질로 생각되지 않는 더 근본적인 이유가 있다. 이것은 그러한 화학결합의 형성과 관계가 있는 것이 아니라 아미노산들이 서로 결합한 특별한 순서와 관계가 있다. 단백질은 오래된 펩타이드 사슬로 구성되는 것이 아니라 생명에 필요한 특별한 화학적 성질을 가진 매우 특별한 아미노산 서열로 구성되어 있다. 그러나 아미노산 혼합물에 이용 가능한 서로 다른 순열의 수는 엄청나게 크다. 작은 단백질도 20가지 서로 다른 아미노산을 백여개 이상 함유하고 있다. 이 길이의 분자에서 아미노산을 배열하는 방법은 10^{130} 가지나 된다.[13] 즉 1 다음에 0이 130개나 붙는다. 우연히 옳은 것을 선택하는 것은 결코 일어날 법하지 않다.[14]

셀 수 없이 많은 소용없는 조합들 가운데서 유용한 아미노산 조합을 얻어내는 것은 거대한 정보-회복 문제로서도 생각될 수 있다. 이것은 마치 검색 엔진이 없이 인터넷에서 사이트를 추적하려는 것과 같다. 어려움은 2장에서 설명한 정보와 엔트로피 사이의 연관을 회상하여 열역학적 항으로도 나타낼 수 있다. 단백질의 매우 특별한 정보 함량은 분자가 생성될 때 엔트로피의 커다란 감소를 내포하는 매우 특별한 아미노산 서열로 나타났다. 여기에서도 조종되지 않은 단순한 에너지의 투입은 필요한 순서를 가진 결과를 얻지 못할 것이다. 벽돌쌓기 비유로 다시 돌아가면 에너지를 투입하여 단순히 단백질을 만드는 것은 벽돌 더미 밑에서 다이나마이트를 폭발시켜서 집이 만들어지기를 기대하는 것과 같다. 여러분은 벽돌을 들어올리는데 충분한 에너지를 공급하겠지만 에너지와 벽돌이 조종되고 질서를 가진 방법으로 짝지어지지 못하였기 때문에 무질서한 더미 이외의 것이 생성되는 것을 기대하기는 어렵다. 마찬가지로 마구잡이로 아미노산을 흔들어서 단백질을 만드는 것은 열역학적으로 이중의 어려움에 도달한다. 분자들을 "오르막"으로 흔들어야 할 뿐 아니라 가능한 전체 조합들 가운데서 극소수의 비율을 갖는 배열로 흔들어야 한다.

지금까지 아미노산을 펩타이드로 연결시켜서 단백질을 만드는 것에 대해서만 얘기하였다. 그러나 단백질은 생명의 미묘한 조직물 가운데 작은 일부일 뿐이다. 지질, 핵산, 리보솜 등등이 더 존재한다. 그리고 여기서 우리는 또 다른 장애를 만나게 된다. 과학자들이 복잡하고 교묘한 실험 절차들을 이용하여 생명의 기본적 구성성분들을 단편적으로 합성할 수 있을 지 모른다. 그러나 더 어렵게 생각되는 것은 필요한 조각들을 동시에 모두 만들어냈겠느냐 하는 것이다.

여기에 무엇이 관련되어 있는지를 자세하게 설명해 보자. 이미 생물체에서 발견되는 복잡한 분자들 자체가 살아있는 것이 아니라고 강조하였다. 분자는 단지 분자일 뿐이다. 살아있거나 죽었거나 할 수는 없다. 생명은 수백만 개의 분자가 놀랍고도 새로운 방법으로 협동하고 있는 특별한 분자들의 총체적 공동체와 결합된 현상이다. 어떠한 단일분자도 생명의 불꽃을 운반할 수 없고, 어떠한 원자의 사슬도 단독으로는 생명체를 구성할 수 없다. 심지어 생물학적 초분자인 DNA도 살아있는 것은 아니다. 살아있는 세포에서 DNA를 끄집어내면 그것은 익숙한 역할을 수행할 수 없는 기다란 실 모양이 될 것이다. 고도로 복잡한 분자적 환경의 맥락 안에서만 주어진 분자는 생명에서의 역할을 수행한다. 적절하게 기능을 수행하기 위해서는 DNA는 각 분자가 협동적 방법으로 서로 의존하여 맡은 임무를 수행하는 커다란 팀의 일부가 되어야 한다.

생물체 안에서 구성 분자들의 상호 의존성을 인정하면 우리는 곧 어려운 철학적 문제에 도달한다. 모두가 다른 모두를 필요로 한다면 처음에 분자 사회는 어떻게 생겨났을까? 생명을 위해서는 대부분 커다란 분자들이 필요한데 그것들이 세포 외부에는 존재하지 않기 때문에, 중간에 개입하는 과학자의 도움이 없이 처음에 어떻게 존재하게 되었을까? 우리는 유리-밀러 유형의 수프가 마구잡이 성질의 화학에서 일시에 만들 것으로 기대할 수 있을까?

앞의 내용을 통해서 생명의 기원이 거의 불가능할 뿐 아니라 생명 그 자체도 불가능하다는 인상을 받았을 것이다. 깨지기 쉬운 분자가 끊임없이 공격을 받고 분해된다면 틀림없이 우리 신체는 빠르게 화학적 손상을 입고 죽음을 가져오지 않겠는가? 다행스럽게도 세포는 정교한 화학적인 수선과 구축 메커니즘, 오르막 과정을 유도하는데 필요한 화학적 에너지의 손쉬운 원천 및 조각들을 복잡한 분자로 조립할 수 있는 특별한 성질을 가진 효소들을 갖추고 있다. 또 단백질들은 물분자가 그들의 미묘한 화학 결합을 공격하지 못하도록 방어적인 구형으로 접힌다. 제2법칙이 우리를 아래쪽으로 끌어내리려 하는 만큼 빠르게 이러한 특별한 분자들의 협동적 집단은 반대 방향으로 끌어당긴다. 우리가 열린계에 남아있는 한 즉 에너지와 엔트로피를 우리 주위와 교환하는 한 제2법칙의 파괴적 결과를 피할 수 있다. 그러나 원시 수프는 이런 편리한 협동적 화학물질 집단이 결여되어 있었다. 제2법칙에 맞설 분자 수선 집단이 전혀 존재하지 않았으며 매우 두려운 조건들에 맞서서 수프 혼자서 전투를 치러나가야만 하였다.

그래서 답은 무엇인가? 결국 생명은 기적인가? 4장에서는 어떻게 화학물질 혼합물이 효과적으로 복잡한 분자의 자발적 조립을 못하게 하는 막대한 조건들을 효과적으로 감소시키는지를 설명하려는 최근의 시도들을 조심스럽게 살펴볼 것이다. 여기서는 단지 일반적 관점만을 제시하겠다. 분명히 최초의 생명체는 오늘날의 미생물보다 훨씬 더 원시적이었을 것이다. 여러분은 미세조절되고 특수화된 대사를 갖춘 현존하는 박테리아를 볼 수 없으며, 원시수프에서 존재하는 형태로 모든 구성성분이 만들어지고 조립되었다고 기대할 수도 없다. 오늘날의 미생물은 조잡한 물질로부터 시작하여 오랜 기간에 걸친 진화적 개선 이후 점차적으로 등장한 것이다. 초기생명은 오늘날의 것들보다 훨씬 더 생화학적으로 지저분하였을 것이다.

이것은 중요한 일반적 원리를 보여준다. 조잡한 기계는 정교한 기계보다 더 튼튼하다. 기계가 더 정교해질수록 구성성분들에 의하여 더 취약해진다. 디젤 연료를 정교하게 조절된 경주용 차에 넣으면 그것은 덜커덩거리고 비정상적으로 푸푸 소리를 내겠지만 트랙터는 만족스럽게 칙칙거리며 나아갈 것이다. 마찬가지로 현대의 DNA를 원시수프에 떨어뜨리면 그것은 아무 소용이 없을 것이다. 그러나 덜 개선된 DNA 선구물질은 더 잘 지내고 성공적으로 복제를 할 수도 있다. 생명은 아무렇게나 만든 덜컥거리는 과정에 의하여 시작되었으며 시간이 흐름에 따라서 개선되고 합리화되었다고 생각된다. 트랙터에 해당하는 미생물의 자기조립에 대항하는 조건은 이겨내기 어려운 것이 아닐 수도 있다.

우연과 생명의 기원

간단한 질문을 해보자: 40억년 전 지구에 적절한 조건이 주어졌을 때 어떻게 생명이 발생하였겠는가?

다음과 같은 답은 안 된다: “우리가 여기 존재하고 있기 때문에 생명은 필연적이다.” 분명히 생명은 생겨났다-우리의 존재가 그것을 증명한다. 그러나 과연 생겨나야만 하였느냐? 다시 말해서 수백만 년이 주어진다면 화학적 용액으로부터 생명이 등장하는 것이 피할 수 없단 말인가?

이 질문에 대하여는 아무도 그 답을 알지 못한다. 생명의 기원은 결코 일어나기 힘든 완전히 요행일 수도 있다. 전 우주에 걸쳐서 두 번 다시 결코 일어나지 않을 것 같은 화학적 사건이다. 그렇지 않으면 그것은 소금 결정의 형성처럼 의견을 말할 수 없거나 미리 결정된 것일 수도 있었다. 우리는 어느 설명이 옳은지 어떻게 알아낼까?

화학적 요행설을 조사해 보자. 이 장의 앞부분에서 설명한 대로 지구상의 생명은 조심스럽게 정교한 구조를 갖춘 매우 복잡한 분자들에 기초를 두고 있다. 심지어 단순한 생물체에서도 DNA는 수백만 개의 원자를 함유하고 있다. 원자의 정확한 서열은 중요하다. 여러분은 임의적인 서열을 가질 수는 없는데, DNA는 생물체를 만드는데 필요한 지시서이기 때문이다. 몇 개의 원자를 바꾸는 것은 생명체의 구조를 위협하는 것이다. 너무 많이 교환하면 생명체를 전혀 갖지 못하게 된다.

이 상황을 소설의 단어 서열과 비유해 볼 수 있다. 여기저기에서 몇 개의 단어를 임의적으로 교환하면 아마도 문장을 망칠 것이다. 모든 단어를 뒤섞으면 더 이상 소설이 아닐 확률이 매우 높다. 서로 다른 조합의 비슷한 단어들로 된 다른 소설도 존재하지만 소설을 구성하고 있는 단어 서열 세트는 모든 가능한 단어 서열의 아주 작은 일부분이다.

앞에서 나는 아미노산을 무작위로 섞어서 우연히 바른 서열이 단백질 분자를 형성할 환상적인 환경을 제시하였다. 그것은 단일 단백질이다. 우리가 알고 있는 생명은 핵산은 말할 것도 없고 수십만 개의 특별한 단백질을 필요로 한다. 순수한 우연에 의하여 단지 단백질이 생성되는 가능성은 약 10^{40000}분의 1 정도이다. 이것은 1 다음에 0이 4만개 붙는 것으로 이 수를 완전히 표시하자면 이 책의 이 장 전체보다 더 길 것이다. 비교해 보면 카드에서 계속하여 천 번 완전한 짝패 한 벌을 나누는 것이 더 쉽다. 유명한 일화로서 영국의 천문학자인 호일(Fred Hoyle)은 생명의 자발적 조립보다 쓰레기장을 휩쓰는 회오리 바람이 보잉747제트기를 생성하는 것에 더 많은 가능성을 주었다.[15]

나는 흔히 외계 생명에 대하여 대중 강의를 한다. 항상 청중 중의 한두 사람은 아주 많은 별들이 가능성 있는 거주지를 제공하기 때문에 다른 행성에도 생명이 존재해야 한다고 주장한다. 그것은 흔히 사용되는 주장이다. 최근에 외계 생명체에 대한 회의에 참가하기 위하여 유럽을 방문하였는데, 나는 기내에서 오락안내 프로그램을 훑어보고 지구 밖에서 생명체를 찾는 것이 이런 프로그램의 일부로서 나와 있다는 것을 알았다. 선전 문구에는 이렇게 쓰여있었다. "은하수의 나선형 팔을 감고 도는 5000억개 별 가운데 그 중에 유일하게 한 세계만이 지적 생명체를 지탱해주고 있다고 생각하는 것은 비논리적이다.[16]" "비논리적" 이라는 용어를 사용한 것은 참 유감스러운데 그 논리는 매우 명확하기 때문이다. 실제로 굉장히 많은 별들이 존재한다. 관찰이 가능한 우주에는 최소한 10^{19}개의 별이 존재한다. 우리에게 매우 커 보이는 이 숫자는 단 한 개 단백질 분자의 마구잡이 조립에 대한 가능성과 비교해보더라도 하찮게 작은 것이다. 우주가 크다하더라도 분자 쓰레기장에서 마구잡이 흔들림에 의해서만 생명이 형성된다면 두 번 일어났을 확률은 아주 작게 존재한다.

일부 사람들은 우리 자신의 존재처럼 기본적인 어떤 것은 화학적으로 재미있는 경구의 탓으로 돌려질 수는 없으며, "우연"이라는 말로 문제를 감추는 것은 도피라고 느끼고 있다. 우주에서 우리의 위치에 대한 특별함이나 예외적인 것은 전혀 존재하지 않는다는 평범의 원리를 흔히 인용한다. 지구는 전형적인 은하에서 전형적인 항성 주위를 회전하는 전형적인 행성으로 생각된다. 그렇다면 왜 지구상의 생명이 전형적인 것이 되어서는 안 되는가?

불행하게도 이 논거는 통용될 수 없다. 우리 자신의 존재는 우리가 관찰한 것은 예외가 없다는 규칙의 예외가 되어야 한다. 우주에 생명을 가진 행성이 하나만 존재한다면 그것은 우리의 것이 되어야 한다. 정의에 의하여 분명히 우리 자신이 생명이 없는 행성에 살고 있다고는 하지 않을 것이다. 그렇다면 지구는 바로 우리 자신의 존재에 의하여 선택하였기 때문에 우주 시료에서 마구잡이로 선택된 행성이 아닐 것이다.

이런 부정할 수 없는 사실에도 불구하고 과학자들은 세계를 가능한 법칙들과 원리들로 설명하고자 노력해야 한다. 여러분은 토성의 고리가 독립적으로 운동하는 입자들의 우연한 모임에 의하여 생겼다는 논거를 가지고 결코 빠져나갈 수는 없다. 요행에 의지하는 것은 최후의 수단으로서 생각되어야 한다. 이것은 요행이 결코 일어나지 않는다거나 중요하지 않다는 것은 아니다.[17] 지구상의 생명은 요행일 수도 있다. 그러나 최소한 생물발생을 정상적인 물리적 과정으로 설명하려는 노력을 해야한다. 다음 장들에서는 생명의 자발적 발생에 대한 그럴듯한 가능성들을 요약하기 위하여 몇 가지 제안들을 살펴볼 것이다.

참고문헌

1. D. S. Bendall, ed., Evolution from Molecules to Men (Cambridge: Cambridge University Press, 1983), p. 128.
2. Adrian Desmond and John Moore, Darwin (London: Michael Joseph, 1991), p. 230. 생명의 나무는 시간의 전진 방향으로 퍼져 있으며, 반대로 가계도는 시간의 후퇴방향으로 퍼져 있음을 유의하라.
3. 예를 들어서 다음을 참조하라. Gregory R. Bock and Jamie A. Goode, eds., Evolution of Hydrothermal Ecosystems on Earth (and Mars?) (New York: Wiley, 1996), chaps. 1, 2.
4. 현대의 스트로마톨라이트는 조류 뿐 아니라 다른 미생물의 활동도 필요로 한다. 무엇이 화석을 만드는지는 정확하게 말하기 어렵다.
5. 최근의 총설은 다음을 참조하라. J. William Schopf, "The Oldest Known Records of Life: Early Archaean Stromatolites, Microfossils, and Organic Matter," in S. Bengtson, ed., Early Life on Earth (New York: Columbia University Press, 1994), p. 193.
6. S. J. Mojzsls et al., "Evidence for Life on Earth Before 3,800 Million Years Ago," Nature 384(1996):55.
7. Gerald Feinberg and Robert Shapiro, Life Beyond Earth (New York: William Morrow, 1980), p. 113.
8. Charles Thaxton, Walter Bradley, and Roger Olsen, The Mystery of Life's Origin (New York: Philosophical Library of New York, 1984), p. 12.
9. Bendall, ed., Evolution from Molecules to Men, p. 128.
10. Andrew Scott, The Creation of Life (Oxford: Blackwell, 1986), p. 49에서 인용.
11. Svante Arrhenius, Worlds in the Making (London: Harper, 1908), p. 216에서 인용.
12. 반응이 수용성 수프 안에서가 아니라 점토나 암석의 표면에서

일어난다면 분자들이 이차원으로 제약되기 때문에 열역학적 고려 사항은 합성이 유리한 쪽으로 좀 변화한다.

13. 이것은 우주에서 관찰 할 수 있는 원자수보다 훨씬 더 큰 것이다.
14. 폭스는 올바른 것은 우연으로 이루어지지 않지만 화학 자체는 생물학적으로 관련된 작은 부분의 펩타이드 사슬을 유리하게 해준다고 주장하였다. 다음을 참조하라. S. Fox and K. Dose, eds., Molecular Evolution and the Origin of Life (New York: Marcel Dekker, 1977). 화학이 어떻게든 생물학에 대하여 "알고 있다"는 주장은 10장에서 다시 설명할 포괄적이고 자극적인 것이다.
15. Fred Hoyle, The Intelligent Universe (London: Michael Joseph, 1983), p. 19.
16. Omnia (British Airways in-flight magazine), September-October 1997, p. 26.
17. 아슬아슬한 상태에 의존하는 설명은 불가능하지는 않지만 본래부터 받아들이기 어려운 것이다. 우리는 요행수 이론에서 우리의 불신이나 확신 부족에 대한 정량적 측정치로서 그런 상황에 대한 제안을 받아들일 수도 있다.

4장

기계 속의 메시지

1997년 7월에 코넬 대학의 과학자들은 사람의 혈액 세포보다 작은 기타 사진을 공개하였다. 그 기타 줄의 두께는 100개의 원자 두께에 불과하였다. 이 난쟁이 기타는 규소 결정으로부터 전자빔을 이용한 에칭기술로 조각된 것이었다. 이것은 새 시작품으로 의도된 것이었지만 중요한 기술적 발달을 극적으로 보여주는 것이었다. 이제 맨 눈으로는 볼 수 없을 정도로 작은 기계를 만들 수 있게 된 것이다. 과학자들은 눈에 보이지 않는 바늘 끝 크기의 톱니바퀴, 모터와 눈에 보이지 않는 분자 크기의 전기스위치를 만들어냈다. IBM의 기술자들은 원자를 하나씩 움직여서 결정 표면에 IBM 글자를 새길 수도 있었다. 나노기술(10억분의 1 미터 크기의 조립구조와 장치)의 출현은 우리 생활의 혁명을 약속하고 있다. 이런 미소기술의 발달은 그 의의가 놀랄 만한 일이지만 거기에 먼저 도달한 것은 자연이었다는 사실을 간과해서는 안

된다. 세계는 이미 살아있는 세포라고 하는 나노기계들로 가득 차 있다. 각 세포는 기술자의 지시서로부터 바로 만들어진 작은 구조로 차 있다. 작은 집게, 가위, 펌프, 모터, 지렛대, 밸브, 관, 사슬 및 심지어 운반장치까지 풍부하다. 그러나 세포는 기계장치 이상의 것이다. 여러 구성 성분들은 정교한 공장의 생산라인처럼 서로 맞물려서 전체적으로 부드럽게 기능을 수행한다. 생명의 기적은 세포가 나노기구들로 만들어졌다는 것이 아니라 작은 다양한 부품들이 고도로 조직화된 방법으로 통합되어 있다는 점이다.

이 놀라운 조직화의 비밀은 무엇일까? 어떻게 원자들이 그렇게 할 수 있을까? 개별적으로 원자들은 조건이 좋다면 이웃과 밀치거나 결합만을 할 수 있다. 그러나 총체적으로는 아직 인간의 기술이 도달하지 못한 미세조종과 복잡성을 가지고 건설과 조절의 정교한 경이로움을 이룰 수 있다. 어떻게든 자연은 이것을 수행하는 방법을 스스로 발견하였다. 자연은 뒤범벅이 된 기초 재료들만을 이용하여 우리가 살아있는 세포라고 부르는 정교한 기계를 구성하는 방법을 발견하였다. 자연은 이런 위업을 날마다 새로운 세포가 만들어질 때마다 우리 신체 안에서 반복한다. 참으로 놀라운 위업이다. 더욱 경이로운 것은 자연은 출발선에서부터 최초의 세포를 만들어 냈다는 점이다.

그것은 어떻게 이루어졌을까? 단순한 물리학자로서 내가 분자 수준에서 생명을 생각할 때 품게 되는 질문은 이것이다: 이런 모든 무심한 원자들이 무엇을 할 것인지 어떻게 알게 되었을까? 살아있는 세포의 복잡성은 굉장하며 정교한 활동성 수준에서는 도시와 비슷하다. 각 분자는 전체적인 구조 안에서 특별한 기능과 지정된 장소를 가져서 올바른 물체를 만든다. 수많은 의사소통이 이루어지고 있다. 분자들은 그 목적을 적절하게 수행하기 위하여 적당한 장소와 시간에 다른 분자를 만나기 위하여 세포를 가로질러서 여행도 해야 한다. 이 모든 것이 주위의 분자들에게 명령을 내리고 적절한 곳으로 나가게 방향을 잡아주는 지휘자가 없이 일어난다. 그들의 활동을 감시할 감독관도 전혀 없다. 분자들은 단지 분자들이 해야할 일을 하는 것이다. 서로 부딪치고, 두드리고, 되튀어 나오고, 껴안고 하는 것이다. 그러나 총체적으로는 어떻게든 이런 원자들이 함께 모여서 더 없이 훌륭하고 정교하게 생명의 춤을 춘다.

이제까지 과학이 그런 놀랍도록 자기 조화적인 과정을 설명할 수 있었는가? 일부 사람들은 그것을 단호하게 부정한다.[1] 그들은 세포가 마구잡이 물리적 힘만의 생성물이기에는 너무나 정교하며, 부자연스럽다고 믿고 있다. 과학은 이런 저런 개별적 특징에 대하여 훌륭한 설명을 할 수도 있다. 그렇지만 결코 전체적인 조직화, 또는 최초의 세포가 처음에 어떻게 조립되었는지에 대해서는 결코 설명하지 못할 것이다.

그렇지만 내 의견은 다르다. 그 문제를 두 가지 수준에서 접근만 한다면 과학이 결국은 생명의 기원에 대하여 확실한 설명을 해줄 것으로 믿는다. 첫 번째는 분자 수준에서인데 이것이 이 장의 주제이다. 이 부분은 진보가 가장 눈부신 부분이다. 지난 수십년 동안에 분자생물학은 어떤 분자가 어떤 분자에게 무슨 일을 하는지에 대한 거대한 진보를 이룩하였다. 항상 자연의 나노기계는 완전하게 일반적인 물리적 힘과 법칙에 따라서 작동한다는 것이 알려지고 있다. 결코 요행스러운 사건은 발견되지 않는다. 그러나 생명이 존재하게 하는데 분자들만이 전부라는 가정은 옳지 않을 것이다. 어떻게 신경

세포가 작동하는지를 알아내어서 모차르트나 아인슈타인의 천재성을 설명할 수 없는 것처럼 분자 활성만을 나열하여서 생명을 설명할 수는 없다. 진부한 표현을 사용한다면 전체는 부분의 합과는 다르다는 것이다. 바로 생물체라는 단어는 단독적인 구성 성분의 연구에 의해서는 밝혀질 수 없는 전체적 수준의 협동성을 내포하고 있다. 그것의 총체적인 활성을 이해하지 못한다면 생명을 설명하는 일은 단지 부분적일 수밖에 없다.

복제하라, 복제하라!

제1장에서 번식을 생명의 성질을 정의하는 목록 중 맨 위에 올려놓았다. 번식이 없다거나 영원히 살 수 있지 않다면 모든 생명은 조만간 없어질 것이다. 오랫동안 과학자들은 생물체가 어떻게 자신을 번식시키는가에 대하여 거의 알지 못하였다. 한 세대에서 다음 세대로 생물학적 메시지를 운반하는 눈에 보이지 않는 유전자에 대한 희미한 개념은 실제로 세포가 어떻게 그 일을 하는지에 대하여 거의 알려주는 것이 없었다. 그러나 분자생물학의 발전과 DNA의 발견으로 마침내 의문이 풀렸다.

결국 요점만 이야기하면 번식의 비밀은 분자 복제에 놓여 있다. 자신을 복사하여 만드는 분자에 대한 생각은 마술처럼 생각되지만 실제로 매우 간단하다는 것이 밝혀졌다. 실제로 그 아래에 놓여 있는 원리는 기초기하학 연습문제이다. 파악해야 할 첫 번째 요점은 명백할 수도 있지만 매우 중요한 것이다. 그것은 분자는 일정한 모양을 가진다는 것이다. 유기분자들은 단순한 구형 덩어리가 아니다. 그것들은 팔, 팔꿈치,

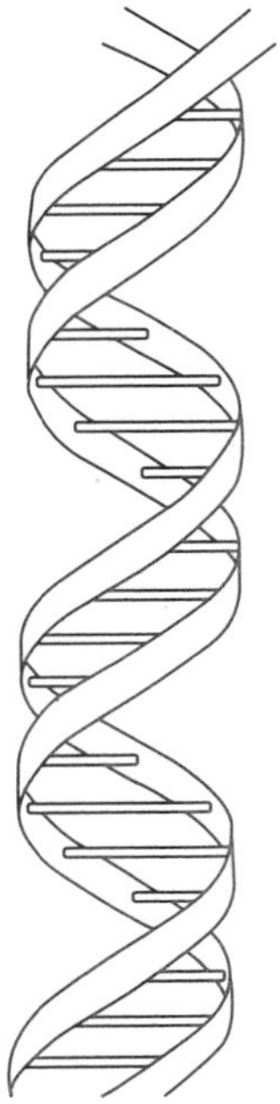

그림 4.1 이중나선. 여기에 DNA 분자의 구조를 도식적으로 나타내었다. 쌍둥이 나선 가닥이 교차결합에 의하여 연결되어 있다는 것을 주목하라. 이것은 생물학적 정보를 저장하는 데서 중요한 역할을 한다

홈, 고리 등의 모든 종류의 장식물을 가지고 있다. 분자 상호간 힘은 어떤 것이 어떤 것을 밀치고 어떤 것과 결합할 것인지를 지시하지만, 유기분자의 전체 삼차원 구조가 레고 조각 같은 그것들의 생물학적 능력을 대부분 결정한다. 기하구조가 우주의 열쇠라고 믿었던 피타고라스 학파들이 듣는다면 기뻐할 것이다.

DNA는 유전적 자료은행이고 이 거대분자의 복제는 생물학적 번식의 중심에 놓여있다. 간단한 기하학을 이용하여 DNA가 어떻게 자신을 복사하는지에 대하여 설명해 보자. DNA의 구조는 1950년대 초기에 크릭과 왓슨이 발견한 유명한 이중나선이다. 그 형태를 도식적으로 그림 4.1에 나타내었다. 두 나선형 가닥이 교차결합에 의하여 연결되어 있는 점에 유의하라. 나선형 모양은 내 설명에 중요하지 않기 때문에 더 간단하게 설명하기 위하여 감겨진 코일을 펼쳐서 사다리 모양을 만들자(그림 4.2를 보라). 사다리의 난간은 두 개의 풀어진 나선이며 가로대는 교차결합에 해당한다. 난간은 순전히 뼈대 역할을 수행하여 서로를 붙들고 있다. DNA의 작용 부분은 가로대에 놓여있다.

모든 가로대가 같지는 않다. 그것들은 뉴클레오사이드 염기 또는 그냥 염기라고 하는 4가지 종류의 분자로 만들어진다. 염기의 이름은 아데닌, 구아닌, 사이토신, 티민이며 간단하게 A, G, C, T로 나타낸다. 실제로 각 가로대는 끝이 서로 맞닿아 있는 한 쌍의 염기로 이루어진다. 이곳이 바로 기하학이 등장하는 점이다. A는 T와 잘 들어맞게 만들어져 있으며 C와 G도 서로 잘 맞아들어간다. 열쇠-자물쇠식 맞춤에서 이런 염기들을 결합시키는 힘은 실제로는 비교적 약하다. 사다리 중심으로 길게 톱질을 하여서 두 난간을 서로 떼어내 모든 염기쌍들이 부서지는 경우를 생각해 보자(그림 4.3을 보라). 각 난간에는 돌출된 팔들(쌍을 이루지 못한 염기들)이 남아있을 것이다. 그런 가닥 하나가 서열이 TGCCAGTT...라고 하자. 그러면 반대편 가닥은 상보적 서열인 ACGGTCAA...가 될 것이다. 여러분은 적당한 염기쌍들을 죽 늘어놓고 상보적인 열린 끝들을 모두 잠가서 사다리를 다시 조립할 수 있다. DNA 분자를 따라서 늘어선 모든 염기들이 이런 방법으로 짝을 짓기

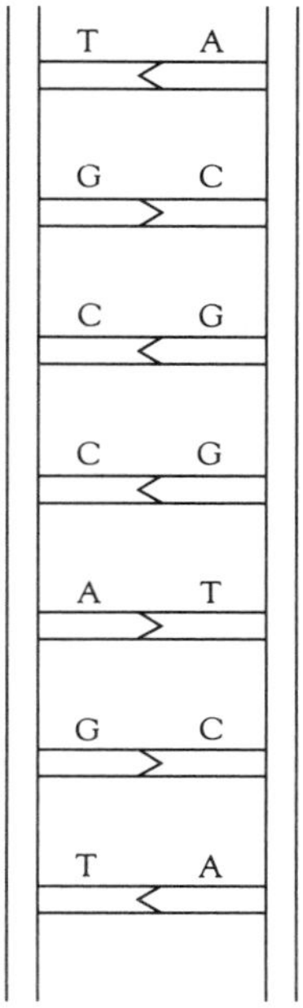

그림 4.2 풀어진 DNA. 여기서 이중나선을 사다리 형태로 나타내기 위하여 풀어서 나타내었다. 사다리의 가로대는 열쇠와 자물쇠처럼 서로 맞아 들어가는 형태의 상보적인 분자쌍으로 구성된다.

때문에 각 가닥이 다른 것들에 대한 주형이 될 수 있게 된다. 여러분이 단지 한 가닥만을 가지고 있어도 걱정할 필요는 없다. 여러분은 A와 T, C와 G라는 염기쌍 규칙을 이용하여 다른 가닥 구조를 만들어 낼 수 있다.

복제 과정의 기본이 되는 것은 이런 주형 또는 상보성이다. 위에 나타낸 것과 같이 이중 나선의 일부에서 지퍼가 열렸다고 하면 각 가닥에는 짝을 이루지 못한 염기들이 늘어서 있

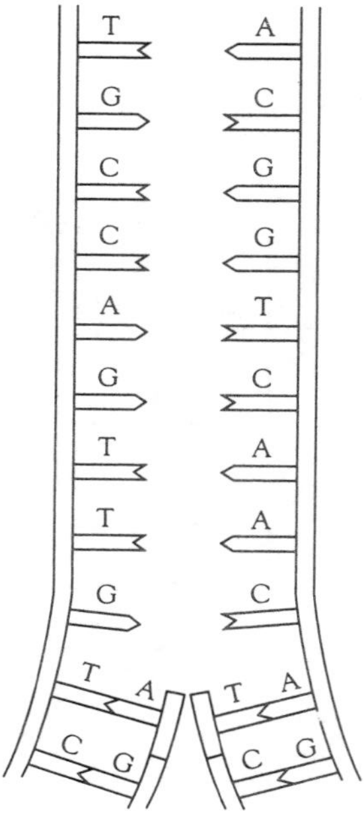

그림 4.3 복제 생명의 중요한 성질. DNA 분자의 교차결합이 서로 떨어지면 튀어나온 남은 부분들은 각각 적당한 염기들을 끌어당길 수 있어서 새로운 가닥을 만들 수 있게 된다. 원래 DNA 분자의 각 반쪽이 이렇게 하면 분자는 자신을 복제하게 된다.

게 된다. 주위에 자유롭게 떠다니며 운동하고 있는 A, G, C, T가 있다면 A는 T에, C는 G에, T는 A에, G는 C에 맞아 들어가게 될 것이다. 따라서 자동적으로 새로운 상보적 가닥이 다시 생성된다. 염기 짝짓기 규칙이 올바르게 작동하는 한 새로운 가닥이 원래의 가닥과 같다는 것은 보장이 된다. 따라서 DNA 분자가 서로 떨어지면 노출된 각 가닥은 스스로 새로운 상대편 가닥을 만들어서 한 분자 대신에 두 분자의 DNA가 만들어지게 된다. 가닥들이 서로 상보적이라면 이런 종류의 주형 복제는 복사기와 비슷하다기보다는 음화를 이용하는 사진과 더 비슷하다고 할 수 있다.

이와 같이 DNA의 구조적 복제는 쉽게 설명될 수 있다. 그러나 여전히 유전자와 유전의 문제가 남는다. DNA는 어떻게 유전 정보를 저장하고 전달하는가? 이것은 4종류의 염기에 달려 있다. 여러분은 A, G, C, T를 4가지 문자로 생각할 수 있다. 문자의 정확한 서열은 메시지를 적기 위하여 사용될 수 있다. 유전자란 이런 메시지의 일부를 운반하는 염기쌍(문자)의 기다란 줄이다. DNA가 복제되면 똑같은 서열이 복사물에 만들어져 들어간다. DNA는 이중 가닥으로 되어 있고 그 가닥들이 서로 상보적이기 때문에 실제로 각 DNA 분자는 +와 −의 두 벌의 메시지를 포함한다. 완전한 DNA 분자를 만드는데 필요한 모든 정보는 이 가닥들 중 하나에 들어있다.

복제 과정은 지퍼를 열고 결합시키는 작업을 도와주는 몇 가지 특별한 효소들에 의하여 매우 효율적으로 진행된다. 그 기본적 구조를 유지한 DNA가 30억 년 이상이나 생존해 왔다는 사실에서도 얼마나 복제가 효율적이었는지 알 수 있다. 그러나 완벽한 복제 과정이란 있을 수 없다. 때때로 실수가 생기는 것을 피할 수는 없다. 이런 실수들은 염기 서열을 변화시킬 것이다. 즉 A, G, C, T 문자가 흩뜨러지게 된다. DNA는 생물체를 만드는 메시지이기 때문에 복제 동안에 메시지가 조금이라도 왜곡되면 그 결과 생기는 생물체는 돌연변이를 겪게 된다. 복제 실수는 자연 선택이 이용하는 세대들 사이의 변이의 원천이 된다. 유전 메시지는 매우 길다. 대장균(*E. coli*) 같은 간단한 박테리아도 1000 페이지짜리 책 한 권 분량은 된다. 사람의 DNA는 도서관 하나가 필요할 것이다. 1장에서 설명한 대로 DNA는 생물체를 만들고 작동시키는 모든 정보를 포함하고 있다. 이런 관점에서 본다면 생명은 4-문자 언어의 연속에 지나지 않는다.

생물 만들기

지금까지 생명을 DNA, 유전자 및 복제에 대한 모든 것으로 생각하게 만들었다. 좁은 생물학적 의미에서는 생명은 단순한 유전자 복제 사업이라는 것은 사실이다. 그러나 DNA는 단독으로는 무력하다. 실제로 복제 과정을 효율적으로 진행시키기 위해서는 모든 특별한 화학물질들을 가지고 세포를 만들어야만 한다. 소위 고등 생명 형태에서는 DNA를 복제하기 위하여 전체 생명체를 만들어야만 한다. 게놈의 입장에서 본다면 생물체는 DNA 복사를 위해 우회하는 길이다.

왜 유전자는 도와줄 수 있는 생물체를 필요로 할까? 왜 그것들은 스스로 복제하지 못할까? 이에 대한 답은 생물체가 위험을 제거하고 기초물질을 찾아다니는 것과 같은 일을 할 수 있기 때문이다. 이것은 DNA가 더 효율적으로 복제되도록 도와준다. 그러나 생물체를 만들고 일을 하는데는 다른 뼈대가 필요하다. DNA는 이런 목적에는 합당하지 않다. 그 다른 뼈대는 주로 두 번째로 중요한 특별한 유기분자 부류인 단백질 형태로 나타난다. 앞에서 설명한대로 우리가 알고 있는 생명은 DNA와 단백질 사이에 일어난 서로 이익이 되는 거래의 결과이다.

단백질은 DNA에게는 뜻하지 않은 선물이다. 왜냐하면 그것은 세포벽과 같은 것을 만드는 구성 물질과 화학반응을 감독하고 가속시키는 효소로서도 사용될 수 있기 때문이다. 효소는 생물학적 기계에서 "바퀴의 윤활유"로 작용하는 화학적 촉매이다. 효소가 없다면 대사 과정은 삐그덕 거리다 멈추고, 생명의 유지에 필요한 에너지를 전혀 얻을 수 없게 될 것이다. 따라서 당연히 DNA 자료은행의 많은 부분이 단백질을 어떻게 만드는가에 대한 메시지를 저장하는데 사용된다.

이런 메시지들이 어떻게 인식되는지 알아보자. 단백질은 폴리펩타이드 형태로 서로 연결된 수많은 아미노산으로 이루어진 기다란 사슬 분자라는 것을 기억하자. 각기 다른 아미노산 서열은 서로 다른 단백질을 생성한다. DNA는 생물체가 필요로 하는 모든 단백질의 요청목록을 가지고 있다. 이 정보는 목록에 있는 각 단백질을 지정해주는 특별한 아미노산 서열을 기록하여 저장한다. 그것은 DNA의 네 문자 A, G, C, T를 사용하며 문자들의 정확한 서열이 아미노산 배열 즉 단백질의 제조법이 되는데 보통 수백 개의 염기쌍으로 구성된다.

이 아미노산 서열을 조립된 기능을 가진 단백질로 전환하기 위해서 DNA는 RNA(리보핵산)라고 하는 밀접하게 연관된 분자의 도움을 얻는다. RNA도 역시 A, G, C, U의 4가지 염기로 이루어진다. 여기서 U는 우라실을 나타내며 구조가 T와 비슷하여서 알파벳에서는 같은 목적으로 사용된다. RNA에는 몇 가지 종류가 있는데 여기서 관심을 가져야 할 것은 메시지 RNA(줄여서 mRNA)이다. 이것의 기능은 DNA로부터 단백질의 처방을 읽어서 단백질을 만드는 세포의 조그만 공장에 운반하는 것이다. 리보솜이라고 하는 이 작은 공장들은 여러 가지 RNA와 단백질로 구성된 복잡한 기계이다. 리보솜은 mRNA를 빨아들이는 좁은 홈을 가지고 있는데, 마치 초창기 컴퓨터에서 사용되던 펀치 테이프와 유사하다. mRNA '테이프'는 리보솜을 관통하여 나아가며, 그 동안에 자신의 정보를 하나씩 전달한다. 이 특정한 서열에 따라서 전체 단백질이 완성될 때까지 아미노산들을 하나씩 붙잡아맨다. 지구상의 생물들은 20가지의 아미노산으로 단백질을 만들며[2], mRNA는 정확한 배열을 기록하고 있어서 리보솜은 그것들을 바른 순서로 결합시킬 수 있다.

리보솜이 아미노산을 어떻게 사슬로 결합시키는지 알아보면 놀랍다. 자연적으로는 아미노산은 옳은 순서를 따라서 나타나지 않으며 사슬 끝에 붙들어맬 준비도 되어 있지 않다. 그렇다면 리보솜은 어떻게 각 단계마다 mRNA가 특정한 아미노산을 얻게 할 수 있을까? 그 답은 전달 RNA(tRNA)라고 하는 또 다른 종류의 RNA 분자들에 있다. 각 특정한 tRNA 분자는 한 종류의 아미노산만을 리보솜 공장에 운반하여 생산라인의 끝 쪽에 전달한다.

단백질 조립의 각 단계에서 올바른 아미노산이 부착된 올바른 tRNA는 성장 중인 단백질 사슬의 끝에 아미노산을 내놓아서 그것을 전달하게 하지만 나머지 19가지에 대해서는 아미노산을 내놓지 못하게 한다. 이것은 다음과 같이 이루어진다. mRNA(이것은 메시지를 운반한다는 것을 기억하라)가 정보를 약간 (즉 "문자" 한 세트) 내보이면서 "이러이러한 아미노산을 첨가하라"고 말한다. 메시지는 올바르게 실행되는데 원하는 아미노산을 가진 목표가 되는 tRNA 분자만이 그 모양과 화학적 성질에 따라서 노출된 mRNA에 인식되고 결합되기 때문이다. "틀린" 아미노산을 운반하는 다른 tRNA 분자들은 결합자리에 적당하게 맞아들어가지 않을 것이다. 일단 올바른 tRNA 분자가 생산라인의 결합자리로 유도가 되면, 다음 단계는 리보솜이 새로 도착된 아미노산 짐을 단백질 사슬의 끝에다 결합시키는 것이다. 리보솜에 있는 사슬은 앞 회전에서 선택된 tRNA 분자의 끝에 매달려서 기다리고 있을 것이다. 이 시점에 나중 분자를 들어가게 해서 전체사슬을 새로 들어온 tRNA 분자에 전달하게 한다. 사슬은 새로운 tRNA가 가지고 있는 아미노산에 결합된다. 그러므로 사슬은 꼬리가 아니라 머리에 아미노산을 하나씩 더해서 성장하는 것이다. 여러분이 이것을 한 번 읽고 이해하지 못했다고 걱정하지는 마라. 무엇이 일어나는가를 이해하는 것이 중요한 것은 아니다. 단지 어느 정도 상세하게 관련시킬 만한 가치가 있을 만큼 충분히 흥미롭다고 생각했을 뿐이다.

단백질 합성이 완결되면 리보솜은 mRNA "테이프"로부터 "종결" 신호를 받고 사슬을 잘라낸다. 이제 단백질은 조립이 되었으며 뱀처럼 기다랗게 늘어선 모습은 아니다. 오히려 혹처럼 둥그렇게 감겨있으며 잡아당겼다 다시 수축하는 탄력성 고무 같다. 접히는 과정은 수초가 걸릴 수도 있으며 단백질이 어떻게 적절한 최종적인 모습을 갖게되는 지도 의문이다. 단백질이 제대로 기능을 수행하려면 단백질의 삼차원 형태는 튀어나온 부분과 들어간 부분이 모두 제자리에 위치하고 바깥쪽으로 향한 원자도 올바르게 배치되어야 한다. 최종적인 삼차원 구조 및 이에 따른 단백질의 물리적 성질과 화학적 성질을 결정하는 것은 사슬을 따라서 늘어선 특별한 아미노산 서열이다.

이 중요한 사건 순서들은 세포 내에 흩어져 있는 수천 개의 리보솜에서 수만 가지의 단백질을 생산하며 반복된다. 목적이 있는 것처럼 보일지라도 참여하고 있는 분자들은 전혀 생각이 없다는 것을 다시 한번 강조한다. 그것들은 계획적인 것처럼 총체적으로 조직적인 협동을 나타내지만 개별적으로는 단지 운반체에 불과하다. 세포내의 분자 교통은 필연적으로 마구잡이이며 화학적 인력과 반발력에 의하여 유도되며 계속적으로 열에너지에 의하여 요동을 하고 있다. 그러나 이런 맹목적인 혼돈 속에서 질서가 자발적으로 나타난다.

위의 설명은 감동적이기는 하지만 복제와는 별개로 단백질을 생산하는 것이 생명이 존재하는 모든 것이라는 인상을 준다. 실로 분자생물학 교과서를 읽으면 이런 인상을 받기 쉽다. 그러나 "단백질을 만들어라!"는 DNA의 역할의 작은 일부분이다. 틀림없이 생명에는 그것 이상이 존재하지 않을까? 짝짓기 의식, 둥지 건설 그리고 사회 구조는 어떨까? 철새의 이동이나 거미줄 망짜기 같은 감탄스러운 행동들은 어떨까?

생명을 장대한 복잡성에서 이해하려는 것은 단순한 분자의 차원을 넘어서는 것이며, 수준의 위계성 및 대형 조직화와 함께 생물체를 전체로서 생각함을 의미한다. 그것은 구조와 기능 사이의 구별도 필요로 한다. 분자생물학의 성공은 주로 모양의 해명과 염기와 단백질 같은 분자들의 화학적 친화성을 해명하는 곳에서 유래한다. 그러나 생명은 우연히 함께 던져진 정적인 모습들의 집합으로 환원될 수는 없다. 생명체의 조직력은 많은 분자들을 포함하고, 그들의 행동을 조리있는 단위체로 통합시키는 협동적 과정을 필요로 한다. 그렇다면 중요한 무엇인가가 설명되지 않고 남아있는 것이다. 그것이 무엇일까?

대답은 앞서의 단백질 생성 설명에 숨어 있다. 앞에서 분자의 기하학적 형태, DNA의 구조 및 염기쌍의 서열을 설명하며 시작했다. 그리고 서서히 메시지, 정보 및 지정화를 설명하기 시작하였다. 간단히 말해서 하드웨어 언어에서 소프트웨어 언어로 옮겨간 것이다. 유전자는 삼차원 공간의 특별한 물체 형태이지만 동시에 어떤 것을 하게 하는 메시지이다. 생명의 비밀은 이런 생물학적 성분들의 이중 기능에 놓여있다. 그리고 유전암호보다 이 이중성을 더 잘 나타내주는 것은 없다.

유전암호

생명을 핵산과 단백질 사이에 맺어진 거래로 설명하였다. 그러나 이런 분자들은 서로 매우 다른 환경에 자리잡고 있다. 실제로 그것들은 서로 거의 말을 걸지도 못한다. 이것은 정보 전달의 수학에서 가장 명확하게 나타난다. 단백질을 조립하는데 필요한 자료는 A, G, C, T의 4문자 알파벳을 사용하는 DNA에 저장되어 있다. 반면에 단백질은 20가지 종류의 아미노산들로 만들어진다. 분명히 20가지가 4문자 속에 들어가지는 않는다. 그렇다면 핵산과 아미노산은 어떻게 의사 소통을 할까?

지구상의 생물은 이 수학적 불일치에 대해 염기를 삼중자로 포장하여 해결하는 멋진 방법을 발견하였다. 4가지 염기는 3개씩 나열하면 64가지의 서로 다른 조합을 만들 수 있다. 그러면 20가지가 64가지 속에 들어갈 수 있고, 구두점과 중복을 위한 여유도 좀 생긴다. DNA 사다리의 가로대 서열 3개씩이 단백질의 정확한 아미노산 서열을 결정하게 된다.

64개 삼중자를 20개 아미노산으로 번역하는 것은 각 삼중자(코돈이라고 함)가 아미노산을 지정하는 것을 의미한다. 이 지정을 유전암호라고 한다. 생명이 암호를 사용한다는 생각은 1950년대 초반에 가모브(George Gamow)에 의하여 최초로 제안되었다. 그는 우주의 대폭발설(Big Bang theory)을 주장한 물리학자이기도 하다. 모든 번역에서와 마찬가지로 두 가지 언어를 아는 누군가 또는 무엇인가가 있어야 한다. 이 경우에는 핵산 언어로 쓰여진 암호화된 메시지를 아미노산 언어로 바꾸는 것이다. 앞에서 설명한 것으로부터 이 중요한 번역 단계는 살아있는 세포 안에서 단백질 조립이 일어나기 전에 적당한 아미노산이 각자의 tRNA 분자에 부착될 때 일어난다는 것은 분명하다. (미안하지만 여러분은 앞으로 돌아가서 105-107 페이지를 결국 읽어야할 것이다.) 이런 부착은 RNA 서열과 서로 다른 아미노산을 인식할 수 있어서 그것들을 올바르게 지정하여 결합시킬 수 있는 일련의 똑똑한 효소들에 의하여 수행된다.

최근에 몇 가지 변종이 발견되기는 하였지만 유전 암호는 지금까지 알려진 모든 생명형태에 공통적이다. 암호가 보편적이라는 것은 그것이 모든 생명의 공통 조상에서 사용되었고, 수십억년의 세월을 통해서 충분히 생존할 만큼 강건하였다는 것을 암시하기 때문에 매우 중요하다. 암호가 없다면 단백질의 생성은 가망이 없는 마구잡이 사건이 되었을 것이다.

의문이 생길 것이다. 유전 암호 같은 복잡하고 특별한 계가 처음에 어떻게 생겨났을까? 삼중자를 이용하는 10^{70}가지 암호들 가운데 자연은 왜 한 가지 보편적인 것만을 선택하였을까? 다른 종류의 암호도 똑같이 작용할 수 있을까? 화성에 생명체가 존재한다면 그것도 지구의 생물과 똑같은 유전 암호를 가졌을까? 우리는 상호 의존적인 분자들이 그들의 화학적 친화성에 따라서만 서로 직접 거래를 하는 암호가 없는 생명도 상상해 볼 수 있지 않을까? 그렇지 않다면 유전 암호의 기원 자체(최소한 하나의 유전 암호라도)가 생명의 기원의 열쇠가 될 수 있을까? 영국의 생물학자 스미스(John Maynard Smith)는 암호의 기원을 진화생물학에서 가장 복잡한 문제라고 하였다. 공동저자인 스자드메리(Eörs Szathmáry)와 함께 저술한 저서에서 "현존하는 번역기구는 너무나 복잡하고, 보편적이고, 중요해서 동시에 그것이 어떻게 등장할 수 있었는지 혹은 그것이 없이도 생명이 어떻게 존재할 수 있었는지 알기 어렵다"고 하였다.[3]

왜 유전 암호가 그렇게 수수께끼인가 하는 것에 대한 아이디어를 얻기 위하여 관련된 수에 특별한 것이 있는지 고려해 보자. 왜 생명은 20가지 아미노산과 4가지 뉴클레오사이드 염기만을 사용할까? 말하자면 16가지 아미노산만을 사용하고 4가지 염기를 삼중자 대신 이중자로 포장한다면 훨씬 더 간단해 질 것이다. 컴퓨터처럼 두 가지 염기만을 사용하여 이진법 암호를 사용하면 더 간단해 질 것이다. 더 간단한 계가 발생했다면 더 복잡한 삼중자 암호가 어떻게 그것을 이어받을지는 알 수 없다. 대답은 "그것은 당시에는 좋은 생각이었다"의 경우가 될 수 있다. 암호가 선생물적 단계 같은 생명의 역사에서 매우 초기 단계에 발생하였다면 4와 20이라는 숫자는 그 단계에 적절한 화학적 이유들을 위한 가장 좋은 방법이었을 수 있다. 생명은 원래의 목적을 잃어 버리고 단순히 그후부터 이 숫자들을 고정시키게 되었다. 그렇지 않다면 아마도 4와 20이라는 수가 그것을 하기에 가장 좋은 방법이었을 것이다. 생명이 많은 종류의 아미노산을 사용하면, 많은 방법으로 더 폭넓은 단백질을 선택할 수 있게 해주기 때문에 이익이 있다. 그러나 그에 대한 대가도 있다. 아미노산 수가 증가하면 번역 실수의 위험이 증가한다. 너무 많은 아미노산을 사용하면 단백질 사슬에 잘못된 것이 채워져 들어갈 확률이 더 커질 것이다. 그래서 20이 좋은 타협점일 수 있다.

암호 지정에 대한 더 어려운 문제도 있다. 즉 어떤 삼중자가 어떤 아미노산을 지정하느냐하는 것이다. 이런 지정은 어떻게 생기게 되었을까? 핵산 염기와 아미노산은 서로를 직접적으로 인식하지 못하고 화학적 중개물을 통해서 거래해야만 하기 때문에 특정한 삼중자가 특정한 아미노산을 지정해야 할 분명한 이유가 전혀 없다. 다른 식의 번역도 가능하다. 암호화된 메시지는 좋은 생각이지만 실제 암호는 꽤 임의적인 것으로 보인다. 아마도 그것은 더 이상의 깊은 의미를 가지지 못하고 마구잡이로 채워 들어간 것이 굳어진 우연한 일이었을 것이다. 반면에 왜 이 특별한 암호가 제일 잘 작용하는 지에 대한 미묘한 이유가 존재할 수도 있다. 한 암호가 다른 것에 비해서 우세하다면 진화는 우세한 쪽을 선호하였을 것이고 계속되는 개선에 의해서 최적의 암호에 도달하였을 것이다. 이것은 그럴듯하게 생각되지만 전혀 문제를 가지고 있지 않은 것은 아니다. 다윈 진화는 증가 단계, 즉 수 세대에 걸쳐서 작은 이익들이 축적되는 단계에서 잘 작용한다. 암호의 경우에는 이것이 적용되지 않을 것이다. 단 한 가지의 지정만 바꾸더라도 한 가지 단백질이 아닌 단백질 전체를 바꾸게 되기 때문에 치명적이다. 이런 단백질들 중에는 번역과정 자체를 활성화시키고 도와주는 것들도 존재한다. 그러므로 암호의 변화는 그것을 실행하는 번역기구 자체로 되먹임되는 위험이 따른다. 전체 과정을 파멸로 이끄는 실수의 대재앙을 가져오는 되먹임이 된다. 정확해지기 위해서는 세포가 먼저 정확하게 번역하여야 한다.

이 결론은 모순처럼 보인다. 뵈제(CarlWoese)에 의하여 그럴듯한 해결 방법이 제시되었다.[4] 그는 암호 지정과 번역 기구가 동시에 함께 진화하였다고 생각한다. 초기에는 단지 조잡한 암호만이 존재하였고 번역 과정도 매우 엉성하였다. 현재의 완전한 20가지 아미노산보다 더 적은 수가 필요하였을 것

같은 이 초기 단계에서 생물체들은 비효율적인 효소를 이용해야만 하였다. 오늘날 생명체가 사용하는 고도로 특이하고 개선된 효소는 아직 진화하지 않았을 것이다. 분명히 일부 암호 지정은 다른 것보다 우수하다는 것이 증명되고 가장 중요한 효소를 암호화하는데 가장 적은 실수를 유발하는 지정을 채용한 생물체가 승리자가 되었을 것이다. 그것은 더 정확하게 복제하는 과정에서 암호 지정은 다른 딸 세포들 가운데서 우세하게 될 것이다. 이런 맥락에서 "우수한" 암호 지정은 더 강인한 것을 의미하게 되고, 그래서 번역 실수가 있다하더라도 똑같은 아미노산이 만들어질 것이다. 즉 실수가 있어도 차이점이 안 생길 수 있는 충분한 모호성이 존재할 것이다. 그렇지 않고 다른 아미노산을 만드는 실수의 경우에는 의도적인 가까운 사촌이 될 것이고 그 결과 생긴 단백질도 거의 같은 정도로 임무를 잘 수행할 것이다. 이런 과정에 의한 연속적인 개선은 점점 초점이 맞아들어가는 사진과 같이 오늘날의 보편적인 암호를 가져왔을 것이다.

암호에 대해서는 더 자세히 설명할 수 있다. 암호 지정에 대한 표를 그리면, 만일 어떤 유형이 존재한다면 수학적으로 분석해 낼 수 있을 것이다. 타스매니아 대학의 자비스(Peter Jarvis)와 동료들은 보편적 암호가 원자핵 에너지 수준과 비슷한 추상적인 서열을 숨기고 있으며 초대칭이라고 하는 아원자 입자의 미묘한 성질을 포함하고 있을 수도 있다고 주장한다.[5] 이런 수학적 일치는 순전히 우연이거나 관련된 분자의 물리학과 암호의 조직화 사이에 놓인 어떤 연관관계를 지적할 수도 있다.

앞에서 생명의 신비 그 중심으로 곧 바로 들어가기 위한 일반적인 개념을 이해하도록 유전암호의 전문적인 면까지 독자들에게 설명하였다. 모든 암호화된 입력은 해석기나 열쇠가 이용가능하지 않는 한 쓸모 없는 자료에 불과하다. 암호화된 메시지는 이용될 수 있을 때만 유용하다. 다시 말하자면 그것이 무엇인가를 의미해야만 한다는 것이다. 2장에서 구문론적 정보와 의미론적 정보 사이의 구별을 했었다. 유전 자료는 그 자체로는 단순한 구문이다. 암호화된 유전 정보의 놀라운 유용성은 아미노산이 그것을 "이해한다"는 것에서부터 생긴다. DNA 가닥을 따라서 분포되어 있는 정보는 생물학적으로 적절한 것이다. 컴퓨터 용어로 말하면 유전 자료는 의미론적 자료이다.

이 점을 분명하게 하기 위하여 4가지 염기 A, G, C, T가 DNA에서 배열되는 방법을 생각해 보자. 설명한 바와 같이 이런 서열들은 알파벳 문자와 같아서 암호의 문자들은 단백질을 만드는 메시지를 나타낸다. 다른 서열의 문자는 거의 틀림없이 생물학적으로 소용이 없을 것이다. 매우 특별한 어떤 문자와 단어의 서열들이 의미있는 책을 만드는 것과 마찬가지로 모든 가능한 서열들 가운데 매우 작은 일부분만이 생물학적으로 의미있는 메시지를 나타낸다.[6] 이것을 다른 방법으로 표현하면 유전자와 단백질은 그들 구조에 매우 특별한 특이성을 필요로 한다고 할 수 있다. 1장에서 설명한 대로 살아있는 생물체는 그 복잡성 자체가 아니라, 단단하게 특이화된 복잡성 때문에 신비하다. 생명체가 최초로 등장한 환경이 아마도 분자 구성단위들의 마구잡이 혼합물이었다면, 무생물로부터 생명이 어떻게 발생하였는지 완전히 이해하기 위하여 우리는 어떻게 생물학적 정보가 농축되었는가 뿐 아니라 어떻게 생물학적으로 유용한 정보가 정해지게 되었는가를 알아야 한다. 간단히 말해서 어떻게 의미있는 정보가 뒤죽박죽인 뒤범벅에서 자발적으로 등장하게 되었을까?

이 장의 시작 부분에서 생체분자의 두 가지 성질을 강조하였다. 그것들은 특별한 삼차원 형태로서 하드웨어가 될 수 있고 소프트웨어도 될 수 있다. 유전암호는 단지 생체분자의 정보적 측면이 얼마나 중요한지만을 보여준다. 생명의 기원을 설명하는 일은 원시수프에서 그럴듯한 화학적 경로를 찾는 것 이상의 것이다. 우리는 어떻게 단순한 하드웨어가 소프트웨어를 발생시킬 수 있는지를 알 필요가 있다.

메시지 획득

지금 이 책은, 작은 화면에 탭세팅을 선택해야 하는 오래된 매킨토시 클래식 컴퓨터로 쓰고 있다. 대부분의 컴퓨터들처럼 내 컴퓨터는 주로 플라스틱으로 만들어졌지만 중요한 내부 부품은 금속과 반도체로 만들어져 있다. 선, 회로기판, 유리 스크린이 함께 모여서 이 컴퓨터의 하드웨어를 구성한다. 그러나 이 기계는 무엇을 할 것인가를 지시해주는 소프트웨어가 없다면 무용지물이다. 대부분의 경우 소프트웨어는 플로피 디스크에 실려서 온다. 물론 디스크도 하드웨어이지만 기계에 의하여 읽히는 정보는 그것의 표면에 암호화된 정보이다. 일단 올바른 소프트웨어와 하드웨어가 결합되면 작동을 하게된다. 그 후 프로그램이 실행될 수 있다.

생명은 이와 매우 유사하다. 살아있는 세포는 주로 단백질로 구성되어 있다. 이것이 하드웨어이다. 세포를 둘러싸고 있는 막은 내 컴퓨터의 플라스틱 껍데기와 비슷하거나 더 정확하게는 회로가 새겨져 있는 마이크로칩 기질과 유사하다. 그러나 한 무더기의 단백질을 상자 속에 던져넣고 생명이 나타나기를 기대해야 아무 소용이 없다. 심지어 필요한 원료물질이 있더라도 세포는 소프트웨어가 없이는 아무 것도 제대로 할 수 없을 것이다. 이것은 정상적으로는 DNA에 의하여 주어진다. 플로피 디스크처럼 DNA 자체는 하드웨어이지만 중요한 특징은 그 재료가 아니라 DNA는 염기쌍으로 적혀진 메시지로 구성된다는 점이다. 이 메시지가 올바른(의미론적으로 올바른) 분자 환경에 놓여지면 여러분이 알고 있는 생명이 나타난다!

그러므로 생명은 하드웨어와 소프트웨어의 교묘한 혼합이다. 복잡한 것 이상이며, 복잡성에 정보를 주거나 메시지를 내린다. 미묘하지만 매우 중요한 점을 두 가지 비유를 들어서 이야기 해보자. 19세기는 위대한 '기계의 시대'였다. 많은 훌륭한 기계들이 발명되었다. 예를 들면, 증기기관 조절장치인데 증기압력에 의하여 회전하는 속도가 달라지는 두 개의 공이 손잡이에 달려 있다. 압력이 너무 높아지면 공의 회전 속도가 빨라져서 원심력에 의하여 손잡이의 밸브를 열게 되어서 압력을 낮추어 준다. 오늘날 우리는 이런 유형의 메커니즘에 숨어 있은 원리를 "되먹임"이라고 한다. 이제 여러분은 이런 일을 더 이상 공을 가지고 하지 않을 것이다. 대신에 감지기가 압력에 대한 되먹임 자료를 전기적으로 작은 컴퓨터나 마이크로프로세서에 보내준다. 그러면 이런 전자 장치는 정보를 처리하고 모터를 이용하여 밸브를 열거나 닫을 것이다. 내 아내의 Holden Bernia 자동차는 연료 효율을 높이기 위하여 전자 장치를 장착하고 있다. 그것은 공회전 상태에서 엔진이 얼마나 빨리 회전해야 하는지를 결정한다. 밀고 당기는 기계적인 증기 조절기와 전자 마이크로프로세서 사이의 차이점은 앞의 것은 문제에 대한 하드웨어적 해결방안이고 뒤의 것은 정보가공과 소프트웨어에 의존한다는 즉 "디지털"이라는 점이 다.

소프트웨어의 힘을 예로 든다면 분필과 치즈-즉 서로 효과적으로 거래를 이룰 수 없는 다른 종류의 하드웨어들 사이에서 상호작용 수단으로 작용할 수 있다는 점이다. 연을 조종하는 것과 리모트 컨트롤에 의하여 모형비행기를 조종하는 것을 비교해 보라. 여기서 차이점은 하드웨어 대 소프트웨어로 귀착된다. 연줄을 잡아당기는 것은 직접적이지만 연의 하드웨어와 조종 하드웨어(지상의 조종자)를 짝짓는 것이 매우 서툴다. 처음에 메시지를 암호화하고 암호화된 자료를 해독될 다른 편에 전달하는 전파 시스템은 훨씬 더 효과적으로 작용한다. 물론 지상에서 비행기로의 정보 흐름은 하드웨어 측면에서도 생각할 수 있다. 전파는 전송기로부터 수신기로 전달되며 그곳에서 회로에 전류를 유발시켜서 비행기를 움직인다. 그러나 이 하드웨어 설명은 단지 비행기의 수행에 대한 부수적인 일일뿐이다. 전파의 역할은 단지 정보 통로의 역할을 한다. 전파 자체는 비행기를 밀거나 당기지 않는다. 대신에 암호화된 정보가 다른 것에 더 강력한 힘을 내어 그 일을 하도록 시키는 것이다.

나무로 된 연은 (문자 그대로) 단단한 유선 기구이며 더 효율적인 전파로 조종되는 비행기는 정보-조종 기구이다. 생물체에서 우리는 믿을 수 없을 정도로 잘 다듬어진 소프트웨어와 정보 가공의 힘을 볼 수 있다. 세포는 연과 같이 단단한 유선기구가 아니다. 오히려 정보흐름은 유전암호를 이용하여 핵산의 분필을 단백질의 치즈와 짝지어 준다. 그러면 저장된 에너지가 방출되어 전파로 조종되는 비행기에서처럼 프로그램된 메시지를 수행하도록 힘이 주어진다.

이런 방식으로 본다면 생명의 기원 문제는 하드웨어로부터 암호화된 소프트웨어가 어떻게 자발적으로 등장하였는가로 귀착된다. 어떻게 생겨났을까? 어떻게 자연은 "디지털화"를 이루었을까? 우리는 여기에서 개선과 적응, 복잡성의 증폭, 또는 정보의 절약 등에 관한 간단한 문제가 아니라 '개념의 근본적 변화'를 다루고 있는 것이다. 이것은 연이 어떻게 전파-조종 비행기로 진화하였는지를 설명하려는 것과 같다. 현재 우리가 이해하고 있는 것과 같은 자연의 법칙이 그러한 전환을 설명할 수 있을까? 나는 그렇지 못하다고 생각한다. 왜 그렇지 않는가를 알려면 생명의 정보 특성을 좀더 깊이 연구해 보아야 한다.

암호 안의 암호?

근본적인 점에서는 생명이 컴퓨터와 논리적 구조가 같다고 설명하였다. 이런 사실은 계산 이론을 적용하여 모호한 복잡성 개념과 생물학적 정보에 좀더 정확성을 부여할 기회를 제공해 준다. (그렇다고 여러분이 걱정할 필요는 없다. 고등수학을 다루려는 것은 아니다.) 생명에 대한 많은 곤혹은 "질서", "조직화", "엔트로피", "우연", "마구잡이", "정보", "복잡성" 같은 용어의 의미에 대한 혼돈에서 생긴다. 이런 단어들은 흔히 적절한 정의도 없이 아무렇게나 또는 모호하게 사용된다. 특히 "질서"와 "조직화"는 흔히 혼용된다.

먼저 무작위성에 대하여 살펴보자. 간단한 예로 0과 1로 된 문자열을 들어보겠다. 그림 4.4는 그런 문자열이다. 이것은 분명히 무작위가 아니며 반복적이다. 나타난 유형을 표시하는 유용한 방법은 정보를 이용하는 것이다. (물론 0과 1의 이진

10101010101010101010101010101010101010101010101010

그림 4.4 간단한 반복 유형을 갖는 이진법 서열. 이것은 그 구성을 간단한 절차나 컴퓨터 알고리듬으로 나타낼 수 있기 때문에 정보 함량이 매우 낮다.

법은 정보를 암호화하는데 이용된다. 이것이 대부분의 컴퓨터가 정보를 암호화하는 방법이다.) 그림 4.4의 총정보 함량을 "10을 25번 인쇄"라는 간단한 문장으로 요약할 수 있다. 만일 한 페이지 전체를 이진법으로 채우려고 하더라도 요약된 문장은 거의 더 길어지지 않을 것이다. 다시 말해서 반복적인 서열의 정보를 간단한 식으로 압축할 수 있다. 수학에서는 이것을 알고리듬이라고 한다. 컴퓨터 알고리듬은 어떤 결과를 얻어내기 위한 단순한 처방전, 또는 기계적 절차에 불과하다. 설명하고 있는 예에서 간단한 알고리듬 "10을 25번 인쇄"는 그림 4.4의 문자열을 만든다.

우리가 기다란 문자열을 몇 마디의 메시지로 압축할 수 있는 이유는 그 서열이 규칙적인 유형을 가지고 있기 때문이다. 우리는 여전히 비교적 짧은 식이나 알고리듬으로 나타낼 수 있는 더 복잡한 유형도 상상해 볼 수 있다. 반대로 1과 0의 문자열이 유형이 전혀 없다면, 즉 그것이 마구잡이라면 그것을 나타내는 요약문을 찾을 수 없을 것이다. 간단한 계산 과정의 결과로서 만들어낼 수 있는 작은 알고리듬이 전혀 존재하지 않을 것이다. IBM에서 일하는 컴퓨터 과학자인 채이

11001001000011111101101010100010001000010110100011...

그림 4.5 마구잡이일까? 이 이진법 서열은 마구잡이처럼 보이며 알려진 유형을 가지지 않지만 숨은 질서를 포함하고 있다. 실제로 이것은 간단한 알고리즘에 의하여 생성될 수 있는 파이(π)의 숫자이다. 따라서 이것은 전혀 마구잡이가 아니며 어떤 의미에서는 이 서열은 거의 정보를 함유하고 있지 않다.

틴(Gregory Chaitin)은 정보와 복잡성에 관한 강력하고 포괄적인 이론을 만들어내서 그것을 생물학적 계들을 비롯한 많은 물리적 예들에 적용하였다.[7] 그는 마구잡이 서열을 알고리듬으로 압축할 수 없는 것으로 정의하였다. 마구잡이 서열에 대한 가장 간단한 표현은 서열 그 자체가 된다.

이 "알고리듬"이나 컴퓨터 프로그램적인 마구잡이의 정의를 이용하면 마구잡이 서열은 정보 함량을 간단한 식으로 요약할 수 없기 때문에 정보가 풍부한 서열이라는 것이 분명해진다. 반대로 그림 4.4에 나타낸 규칙적인 서열같은 마구잡이가 아닌 서열은 간단하게 나타낼 수 있기 때문에 ("10을 25번 인쇄") 거의 정보를 가지고 있지 않다. 게놈에서처럼 서열 전체가 정보를 암호화하려면 유형은 좋지 않은 방식이다. 마구잡이가 진행 방향이 된다.

그림 4.5는 마구잡이처럼 보이는 1과 0의 유형을 보여준다. 그렇다면 마구잡이가 확실할까? 우리는 어떻게 그 서열에 미묘한 유형이 숨어있지 않다고 알 수 있을까? 실제로 유형이 존재한다. 보여준 서열은 이진법으로 표시된 파이의 처음 50개 숫자이다. 그것은 간단한 식에 기초한 컴퓨터 프로그램 몇 줄에 의하여 만들어질 수 있다. 그러나 여러분이 이것을 모른다면 아무 유형도 찾아낼 수 없을 것이다. 이 서열은 마구잡이에 관한 일상적인 통계학적 시험을 모두 만족시킨다. 그러나 알고리듬적 정의를 이용하면 파이는 마구잡이가 아니다.

지금까지 나는 수학적 논의만 하였다. 자연은 어떤가? 우리는 알고리듬적 마구잡이 개념을 강력하게 법칙을 표현하기 위하여 이용할 수 있다. 요점을 말하면 자연 법칙은 복잡한 행동을 단순한 방법으로 나타내는(또는 예측하는) 것이다. 잘 알려진 예로서 태양의 일식을 들어보자. 여러분이 연속된 각 일식 날짜를 이진법으로 적어 놓는다면 마구잡이로 보이는 1과 0의 문자열을 얻게 될 것이다. 그러나 그 모습은 속임수이다. 우리는 뉴턴의 법칙을 이용하여 일식 날짜와 모든 다른 행성 궤도의 특징을 예측할 수 있다. 뉴턴의 법칙은 작은 엽서에 적을 수 있는 간단한 수식이다. 따라서 일식에 대한 모든 정보, 매년 매달의 지구와 달의 위치에 대한 정보는 짧은 알고리듬에 포함되어 있다. 따라서 지구-태양-달 계는 비교적 정보가 적으며, 심오한 유형과 규칙성을 나타낸다.[8]

간단한 뉴턴식 알고리듬에 의해서 표현되는 행성의 운동에서 나타나는 유형 또는 질서는 물리법칙의 한 예이다. 일반적으로 법칙이 작용한다고 말할 때 우리는 계의 행동을 나타내는 자료가 마구잡이가 아니며 간단한 수식으로 계의 장래를 정확하게 예측할 수 있다는 것을 의미한다.

이제 우리는 생물학적 의문의 진실한 본성을 알게 된다. 그림 4.6은 또 다른 이진법 서열을 보여준다. 이것은 A=00, U=11, G=01, C=10으로 지정하여서 나타낸 바이러스 MS2의 게놈의 일부이다.[9] 그림 4.6에 나타낸 서열이 마구잡이인지 그렇지 않으면 계산 과정의 결과로서 그것을 만들어낼 수 있는 간단한 식이나 알고리듬이 존재하는지 질문해 보자.[10] 다시 말해서 "생물체"를 나타내는 유전암호 안에 암호가 존재하는가? 대부분의 사람들이 아니라고 답할 것이라 생각한다. 그들은 서열이 마구잡이이어야 한다고 직감적으로 느끼고 있다.

...0100011101110100100111001101011101110101000010...

그림 4.6 마구잡이 유전체? 이것은 바이러스 MS2의 유전체의 일부이다. 이것이 많은 유전 정보를 함유한다면 (거의) 마구잡이임에 틀림없다. 따라서 암호화하고 있는 단백질의 아미노산은 마구잡이 순서로 결합될 것이다.

왜? 내가 MS2 대신에 사람의 게놈을 나타냈다고 가정해보자. 우리의 인격을 비롯한 필수적인 구성 요소가 "단순한 식으로 환원"될 수 있다는 것을 제안하는 것은 모순되어 보일 것이다. 분명히 사람에게는 (심지어 바이러스에서도) 어떤 사소한 계산에서 알아낼 수 있는 것보다는 그 이상의 것이 있을 것임에 틀림없다. 여러분(말하자면 신체와 정신)이 4-문자 알파벳을 이용하는 분자기계에서 척척 만들어져 나오는 어떤 숫자의 제곱근에 불과하다고 생각해 보라.

게놈이 대개 마구잡이라고 믿는 감정이 덜 개입된 이유도 존재한다. 결국 게놈의 임무는 유전정보를 저장하는 것이다. 생물체에 대하여 복잡성과 거의 무제한의 다양성이 주어진다면 적응할 수 있기 위해서는 각 게놈에 포함된 특별한 많은 정보가 존재해야 한다. 그러나 게놈이 생물학적 기능이 필요로 할 만큼 정보가 풍부하다면 마구잡이(또는 거의 그렇게) 되어야만 한다.[11] 예를 들면 반복적인 유전 메시지를 가진 주기적인 게놈은 고장난 레코드처럼 절름거릴 것이다. 암호 안에 암호는 결코 존재하지 않는다.

이제 여러분은 생물의 조직화가 마구잡이라면 그 기원이 쉬울 것이라고 생각할 수도 있을 것이다. 결국 마구잡이 유형을 만드는 것은 단순한 일이다. 커피콩이 들어 있는 단지를 가져와서 마루에 쏟아보라. 분명히 자연은 게놈 같은 마구잡이 거대분자를 만들 수 있는 우연과 무질서한 과정으로 가득 차 있지 않을까?

이것은 좋은 질문이며, 우리가 경직된 방법으로 정말로 미묘하고 이상한 생명의 본질과 부딪히고 있다는 점을 나타내준다. 사실 하나: 핵산 분자의 가능한 서열 중 대부분은 마구잡이 서열이다. 사실 둘: 모든 마구잡이 서열이 그럴듯한 게놈은 아니다. 전혀 아니다. 실제로 마구잡이 서열 중에서 아주 작은 일부분만이 아주 멀게라도 생물학적으로 기능을 가질 것이다. 기능을 가진 게놈은 마구잡이 서열이지만 단지 마구잡이 서열만은 아니다. 그것은 마구잡이 서열 중에서 매우 특별한 집합에 속한다. 즉 그런 것은 생물학적으로 관련있는 정보를 암호화한다. 똑같은 길이의 모든 마구잡이 서열이 똑같은 양의 정보를 암호화하지만 정보의 질이 중요하다. 대부분의 경우에 생물학적으로 매우 까다로운 표현이 될 것이다.

우리가 도달한 결론은 명확하고 심오하다. 기능을 가지는 게놈은 마구잡이이며 매우 특별하다. 이런 성질들은 거의 모순처럼 보이기도 한다. 상당량의 정보를 함유하기 위해서는 마구잡이여야 하며 생물학적으로 관련된 정보이기 위해서는 특별하여야 한다. 그러면 우리가 부딪히는 문제는 그런 구조가 어떻게 등장하였겠는가 하는 것이다. 우리는 우연이 마구잡이를 생성할 수 있다는 것과 법칙은 특별하고 예측 가능한 최종 산물을 생성한다는 것을 알고 있다. 그러나 어떻게 두 가지 성질이 모두 한 과정에 결합될 수 있었는가? 어떻게 우연과 법칙의 혼합물이 협동하여 특별한 마구잡이 구조를 만들 수 있을까?

이런 진퇴양난으로부터 벗어나서 어떤 생각을 얻으려면, 단지에서 커피콩을 특별한 마구잡이 유형으로 쏟는 것이 더 좋을 것이다. 단순한 마구잡이 유형이 아니라 확정되고, 극도로 특별하고, 예정된 마구잡이 유형이다. 그것은 만만찮은 일로 보인다. 커다란 행운(기회)이 없이 법칙 그 자체로 그런 일이 일어날 수 있었을까? 특별한 마구잡이가 친숙한 물리학과 화학 법칙의 처분에 맡겨진 원시수프와 같은 결정적이고, 기계적이고, 법칙같은 과정의 보장된 생성물이 될 수 있을까? 아니다, 결코 될 수 없었다. 다음 장에서 살펴보겠지만 중요한 의미를 가지는 이런 것을 달성할 수 있는 자연법칙은 전혀 존재하지 않는다.

여러분이 앞서의 논의가 설득력이 있다는 것을 알았다면 게놈이 실제로 기적적인 물체라고 결론을 내릴 수 있을 것이다. 그러나 앞에서 요약한 대부분의 문제들은 오랜 기간에 걸쳐서 게놈 진화에 똑같은 힘으로 적용된다. 이 경우 우리는 그 문제에 대하여 다윈주의라고 하는 이미 만들어진 해답을 가지고 있다. 짧은 마구잡이 게놈을 오랜 시간에 걸쳐서 긴 마구잡이 게놈으로 연장시키는 마구잡이 돌연변이와 자연선택은 생물학적 정보를 발생시키는 확실한 길이다. 돌연변이라는 구실의 기회와 선택이라는 구실의 법칙은 "불가능한 물체"를 만드는데 필요한 마구잡이와 질서의 올바른 조합을 형성한다. 우리가 본 것처럼 필요한 정보는 환경으로부터 나온다.

다윈주의 진화는 길고도 어려운 과정이다. 생명은 이 방법으로 그 유전자 풀(pool)을 개선하기 위하여 열심히 싸워야 한다. 그렇다면 최초의 게놈은 어떠하였는가? 그것 역시 똑같이 끈질긴 진화과정의 산물이었는가, 아니면 그 복잡성은 공짜로 나타났는가? 컴퓨터 과학자들은 더 이상 줄일 수 없이 복잡한 어떤 계산 문제를 알고 있다. 즉 그것들은 간단하고 멋진 절차로 줄일 수 없다. 유명한 예는 여행하는 세일즈맨 문제라고 하는 것인데, 그것은 세일즈맨이 한 번씩만 방문하여서 일정한 수의 도시를 통과하는 가장 짧은 길을 찾는 문제이다. 이런 문제들은 계산학적으로 다루기가 어렵다고 밝혀졌는데, 풀 수 없기보다는 필요한 계산량이 그 크기(위의 예에서는 도시의 수)에 따라서 단계적으로 증가하기 때문이다.

게놈을 생성시키는데 필요한 정보 과정도 계산학적으로는

다루기 어려운 것으로 보인다. 모든 가능한 서열들 중에서 특정한 마구잡이 서열을 분류하는 것은 수백만 개의 도시를 방문할 세일즈맨과 같이 어려운 문제로 보인다. 이것은 다음과 같은 측면에서 생명발생의 중심적인 모순을 제거해버린다. 미생물로부터 사람까지 게놈을 진화시키는데 기다랗고 힘든 계산이 필요하다면 미생물의 게놈은 비교적 길고도 어려운 과정 없이도 등장할 수 있었을까? 다윈주의 진화가 시작되기 전에는 어떻게 특정한 종류의 정보가 무생물 환경에서 찾아질 수 있었고 게놈 같은 어떤 것에 저장될 수 있었을까?

이론적인 면에서 본다면 물리학자나 화학자의 눈을 통해서 보는 것처럼 생명발생 문제는 단지 복잡한 문제로만 보인다. 그리고 그 어려움은 순전히 기술적인 것만은 아니다. 곤란한 철학적 문제도 들어있다. 정보와 소프트웨어 개념은 자연과학에서는 전혀 등장하지 않지만 통신이론에서 등장하며(2장을 보라), 물리학자가 세상을 기술하는 것과는 매우 다른 문맥과 서술 방법 같은 한정어도 포함하고 있다. 그러나 대부분의 과학자들은 정보 개념이 합리적으로 생물계에 적용되며 그것들이 에너지 같은 자연적 양인 것처럼 기꺼이 의미론적 정보를 다룬다. 불행하게도 "의미"는 생물학에서는 완전히 금기인 목적에 가깝게 들린다. 따라서 목적을 가진 인간 활동(통신, 의도, 문맥, 의미)에서 유도된 개념을 틀림없이 목적론적으로 보지만, 실제로는 그렇지 않은 (또는 그렇지 않다고 생각되는) 생물학적 과정에 적용할 필요가 있다는 모순을 가지게 된다.

분명히 과학에는 인간 세상사에서 유도된 개념을 마치 그것이 자연 자체에 존재하는 것처럼 자연 범주에 투영하는 위험이 존재한다. 그러나 인간은 자연의 생성물이며 인간이 목적을 가진다면 어느 수준에서는 목적성이 자연으로부터 등장하여야만 하며 따라서 자연에 고유한 것이다. 목적성은 *Homo sapiens* 같은 비교적 높은 수준에서만 나타나는 성질일까? 아니면 다른 동물에도 존재할까? 개가 파묻힌 뼈를 찾아서 파낸다면 그것은 뼈를 구출하기 "원하는 것일까?". 아메바가 먹이 입자에 접근하여 삼킨다면 그것은 어느 의미에서는 그것을 삼키려고 "의도하였을까?". 목적은 세포나 세포 이하 수준까지도 이르는 자연의 진짜 성질일까? 이런 질문들에 일치하는 대답이 전혀 존재하지 않지만[12] 이 부분을 다루지 않고는 생명의 기원에 대한 설명을 완전하게 할 수 없다.

참고문헌

1. 물리적 계에 대하여 발견될 수 있는 것은 근본적 제한이 있다고 알려져 있다. 예를 들면 하이젠베르크의 양자역학의 불확정성 원리는 동시에 원자의 위치와 운동량을 알 수 없게 제한하고 있다. 그러므로 원자 수준의 자연에서는 근본적인 불가해성이 존재한다. 생명의 신비도 역시 불가해할까? 양자역학 창시자의 한사람인 물리학자 보어(Niels Bohr)는 한 때 그렇게 믿었다. 그는 생명이 원자와 똑같은 방법으로 그 비밀을 우리에게 숨기고 있다고 주장하였다. 그는 "이 생각에서 생명의 존재는 설명할 수 없는 기본이 되는 사실로 생각되어야 한다"고 하였다. 다음을 참조하라. Niels Bohr, "Light and Life," Nature 131(1933):421, 457.
2. 때로는 21가지 아미노산이 이용된다. .
3. John Maynard Smith and Eörs Szathmáry, The Major Transitions in Evolution (Oxford and New York: Freeman, 1995), p. 81.
4. Carl Woese, "Evolution of the Genetic Code," Naturwissenschaften 60(1973):447.

5. J. D. Bashford, I. Tsohantjis, and P. D. Jarvis, "A Supersymmetric Model for the Evolution of the Genetic Code," Proceedings of the National Academy of Sciences (NY) 95(1998):987.
6. 흥미롭게도 쓰레기 DNA라고 하는 분명히 무작위인 DNA 서열이 존재하는데 이것은 아무런 목적도 가지지 않은 것으로 생각된다.
7. 예를 들어 다음을 참조하라. Gregory Chaitin, Information, Randomness and Incompleteness Papers on Algorithmic Information Theory, second edition (Singapore: World Scientific Press, 1990).
8. 독자들은 카오스계에 친숙할 것이다. 이것은 계의 행동이 본질적으로 마구잡이이며 어떤 알고리듬 압축도 불가능한 예이다.
9. 일부 바이러스는 DNA가 아닌 RNA를 이용한다(제5장 참조). 이것이 Some viruses use RNA rather than DNA (see chapter 5). Bernd-Olaf Kuppers, Information and the Origin of Life (Cambridge, Mass.: MIT Press, 1990), p. 101에서 보여준 예이다.
10. 물론 대부분의 게놈은 단지 유전암호의 맞춤법 때문에 완전히 무작위는 아니다. 더욱이 전체적인 DNA가 복제되거나 특히 진핵세포에서는 역전될 수 있다. 그러나 우리는 이런 간단한 대형 규칙성은 밝힐 수 있지만 여전히 나머지가 무작위인지 알 수 없다. 개별적인 단백질 결정 서열에서는 어떤 체계적인 유형도 찾아낼 수 없다.
11. 슈뢰딩거는 게놈이 "비주기적 결정"으로 구성되어야만 한다고 추론하였다. 그는 정상적 결정과 벽지 무늬 사이를 비교하고 유전체는 융담벽거리에(태피스트리) 더 가까울 것이라는 것을 알아차렸다. Erwin Schrodinger, What Is Life? (Cambridge: Cambridge University Press, 1944), p. 64를 참조하라. 질서와 조직화 사이의 명쾌한 논의, 왜 게놈은 마구잡이이고 동시에 특이해야 하는가에 대한 상세한 설명은 Hubert Yockey, Information Theory and Molecular Biology (Cambridge: Cambridge University Press, 1992)를 참조하라. 이 주제는 10장에서 다시 설명할 것이다.

12. 단세포 생물체 수준에서의 긍정적 대답은 다음에 나와 있다. Stuart Hameroff in "Quantum Coherence in Microtubules: A Neural Basis for Emergent Consciousness?," Journal of Consciousness Studies 1(1994):91.

5장
닭과 달걀 문제

수 년 전에 BBC 텔레비전은 "생존자(The Survivors)"라는 매력적이지만 좀 우울한 공상과학 연재물을 방송하였다. 그것은 인류를 휩쓸고 가는 질병에 관한 것이었다. 단지 몇 명만이 살아남았으며 그들은 생명을 유지하기 위해 연명할 수밖에 없었다. 폐품이 줄어들게 되자 이 포위당한 사회는 곧 자원이 소멸되고 멸종에 부닥쳤다. 비관주의에서 두 사람의 주인공 배우가 말다툼을 하게 되었다. 여자가 물었다. 기본적인 필수품마저 다 바닥나면 무슨 일이 일어나겠는가 하고. 상대방은 용감한 얼굴을 하였다. 그는 다시 자신감을 가지고 사람들은 모든 것을 스스로 만들기 시작만하면 된다. 그에게 톱을 주라. 그러면 탁자를 만들 수 있을 것이라고 하였다. 그러나 여자가 반박했다. 마지막 톱마저 부러지면 어떻게 될 것인가? 당신은 연장을 만들 수 있는 연장도 없다.
생존자의 곤경은 현대 기술사회에서 우리가 서로간에 얼마나 의존적인가를 보여준다. 어떤 일이 진행되기 위해서는 모두가 다른 모두를 필요로 한다. 그런 것처럼 이 이야기는 모든 생명에 대한 비유이다. 세포는 스스로 유지되는 분자 사회이며 각각 다른 것들에게 서로 의존하고 있다. DNA를 생각해 보자. 매우 자랑스러운 긴 수명에도 불구하고 스스로에 대하여 많은 것을 할 수 없는데, 그것은 화학적으로 무력하기 때문이다. 이는 커다란 의사 일정을 가지고 있지만 실행하기 위해서는 단백질의 도움을 얻어야만 한다. 앞서 설명한 대로 단백질은 리보솜이라는 복잡한 기계에 의하여 mRNA를 통해 DNA로부터 받는 암호화된 메시지에 따라서 만들어진다. 문제는 어떻게 단백질이 그들을 암호화해주는 DNA, 메시지를 전사하는 mRNA, 그것들을 조립하는 리보솜이 없이 만들어질 수 있었는가 하는 것이다. 그러나 단백질이 이미 존재하고 있지 않았다면 어떻게 DNA, 리보솜 그리고 모든 나머지 장치들이 처음으로 만들어질 수 있었을까? 그것은 꼼짝할 수 없는 함정이다.

모든 알려진 생명은 소프트웨어인 DNA와 하드웨어인 단백질 사이의 안락한 거처 주위에서 선회하고 있다. 각각은 서로를 필요로 한다. 그렇다면 어느 것이 먼저 나타났을까? 우리는 2장에서 이미 이런 종류의 닭과 달걀 문제를 설명하였다. 즉, 유전 복제에서 실수를 복사하는 수를 제한해 주는 실수 파국에 관하여 설명하였는데, 그 문제는 훨씬 더 일반적이다. 생명에는 수수께끼 같은 순환, 즉 일부 사람들은 완전히 신비적으로 취급하는 복잡한 유형이 존재하는 것 같다.[1]

이 장에서 순환을 깨뜨리는 여러 가지들을 설명하겠지만, 우선 일반적 관점을 살펴보자. 앞의 BBC 연속물은 우리에게 복잡한 계는 자신을 비가역적으로 의존성 순환에 빠뜨릴 수 있다는 점을 상기시켜 준다. 오늘날 우리 모두가 서로를 필요로 하기 때문에 아무도 기술 사회가 점차적인 진화로부터 등장할 수 없다고 제안할 수는 없다. 간단한 경우를 생각해 보자. 대장장이는 철 공구를 사용하여 철 모양을 다듬는다. 그는 철공구를 만들기 위하여 철공구가 필요하다. 그렇다면 철공구는 어디에서 생겼을까? 그것은 이미 고도로 만들어진 상태로 그에게 넘겨졌어야 하는가? 물론 아니다. 예를 들면 초기 대장장이는 최초의 철망치 모양을 만들기 위하여 돌 망치나 다른 금속으로 된 도구를 사용하였을 것이다.

단순하고 조직적이지 못한 시초로부터 다른 방법으로 정교한 기술 순환으로 진화할 수 있다. 그러나 일단 순환이 확립되면 그것은 신속하게 개선된다. 그런 일이 일어나면 원시 기술 흔적은 거의 남지 않는다. 오늘날 생물들은 오래 전에 없어진 분자 더듬기로부터 어떻게든 등장하였을 고급 기술의 화학 회로들로 가득 차 있다. 우리는 이것이 어떻게 일어났는지 설명하는데 도움이 되는 일반적 원리를 어렴풋이 볼 수 있다. A가 B를 필요로 하고, B가 A를 필요로 한다면 인과-되먹임 고리 유형이 존재한다. A의 작은 변화는 B에 영향을 주고, 이것이 다시 A에 영향을 미치고, 등등으로 고리가 계속 순환된다. 인과 되먹임은 극적인 증폭 효과를 가져올 수 있다. 즉 우연히 A가 B를 개선시킬 수 있는 방향으로 개선이 이루어졌다면 다음에는 B가 A를 개선시키고, 이런 식으로 되어서 개선이 빠르게 증강된다.

앞에서 설명했던 핵산과 단백질의 상호 이익이 되는 성질도 기성품으로 만들어져 등장하였다고 생각하는 사람은 아무도 없다. 화학물질들의 적절한 결합이 먼저 일어났고 다윈주의 선택과 결합한 연속된 되먹임 고리에 의하여 현재의 형태로 연마되었을 것이다. 어떻게든 그 경로를 따라서 하드웨어와 소프트웨어, 즉 닭과 달걀의 분리가 일어났을 것이다. 거기에는 대체로 의견이 일치한다. 그러나 일치하지 않는 부분은 기본적 사건들의 순서이다. 무엇으로 시작하는가에 따라서 논쟁이 매우 거세다.

RNA 우선설

오늘날 세포의 명령 사슬을 살펴보면 DNA가 암호화된 메시지를 가지고 우두머리로서 좌지우지하고 있고, RNA는 모든 심부름을 하고 리보솜 다음에는 무슨 단백질을 만들어야하는지 말해주는 역할을 한다. 단백질은 완전히 맹종적인 역할을 하지만 실제적인 일꾼이다.

설명한 대로 DNA는 화학적으로는 실패작이지만 그것의 사촌격인 RNA는 좀더 강력하다. RNA는 실제로 매우 융통성이 있으며 세포에서 초기의 생명 형태로까지로 그 기원이 거슬러올라가는 것으로 보이는 몇 가지 필수적인 임무를 수행한다. RNA는 많은 기능 중 일부로서 DNA로부터 메시지를 전달한다. 따라서 RNA는 중요한 역할을 수행하지만 그 역할은 유전적으로는 부차적인 것이다. 그럼에도 불구하고 RNA는 DNA와 (거의) 같은 4문자 알파벳으로 구성되었으며 게놈 역할도 할 수 있을 것이다. 실제로 RNA는 때때로 게놈 역할을 하는데 일부 바이러스는 DNA 대신에 RNA를 사용한다. 따라서 RNA는 분명히 유전정보 저장 역할을 할 수 있다. 그것은 DNA보다 파괴되기 쉽지만 결코 소용없는 것은 아니다.

1960년대에 캘리포니아 라욜라에 있는 솔크연구소의 오르겔(Leslie Orgel)은 RNA가 DNA보다도 먼저, 그리고 단백질보다도 먼저 등장하였다고 제안하였다. 명백한 의문은 단백질이 존재하지 않는다면 무엇이 효소 역할을 하였느냐 하는 것이다. 그럴듯한 답이 1983년에 등장하였다. 콜로라도 대학의 체크(ThomasCech) 연구진과 예일대학의 알트먼(Sidney Altman) 연구진은 RNA가 자체적으로 약한 촉매로 작용할 만큼 화학적으로 활성이 충분하다는 것을 발견하였다.[2] 비록 단백질의 촉매 역량에는 미치지 못하지만 RNA는 다른 RNA 가닥들을 절단하고 연결하는 것을 쉽게 해주는 일부 효소를 모방할 수 있다. 생화학자들은 곧 RNA가 어떻게든 그 자신의 복제를 촉매할 수 있다면 생명은 RNA 분자의 수프로 시작하였을 것이라고 지적하였다. RNA 분자는 유전 정보 저장소로 뿐 아니라 적당히 삼차원적으로 접히면 촉매로서도 작용한다. 같은 종류 분자 안에 하드웨어와 소프트웨어가 존재하는 것이다.[3] 이 이론은 'RNA 세계'라고 알려지게 되었다.

RNA 세계 지지자들은 RNA 분자를 함유한 수프가 다윈주의 과정에 의하여 진화할 수 있다고 제안한다. 정상적으로 다윈주의는 세포와 같은 생물에 관련되어 있지만 원리적으로 필요로 하는 것은 복제, 변이 및 선택이다. 이런 것은 심지어 분자 수준에서도 일어나며, 생화학자들은 일어난 일을 나타내기 위하여 분자진화 또는 분자 다윈주의라는 용어를 사용한다. 우리가 다윈주의 방법으로 진화할 수 있는 모든 것을 살아있는 것으로 정의해야하는가 여부는 논쟁거리이다. 그렇다면 RNA 분자는 아마도 (적당한 화학 환경에서는) 이미 살아있는 것으로 간주될 수 있었을 것이다.

1960년대 후반의 유명한 실험에서는 어떻게 다윈주의가 분자 수준에서 작용할 수 있는가를 증명하려고 하였다.[4] 그것은 Q_β라는 작은 RNA 바이러스에 기반을 두었다. 바이러스는 간단하게 단백질 외투 안에 DNA나 RNA 한 가닥만을 가지고 있다. 바이러스는 유전정보를 저장하고 있지만 스스로 복제할 수는 없다. 복제하기 위해서는 세포로 침입해 들어가 번식 장치를 납치하여서 더 많은 바이러스를 만들도록 적응시켜야 한다. 게놈으로서 RNA를 사용하는 몇몇 바이러스들은 그들이 RNA 세계의 생존하고 있는 유물이 될 수 있음을 암시하고 있다.

Q_β 바이러스는 복제하기 위하여 세포처럼 복잡한 것을 필요로 하지 않는다. 적당한 화학물질이 들어 있는 시험관이면 충분하다. 일리노이 대학의 솔 스피겔만(Sol Spiegelman)이 실행한 실험은 바이러스 RNA를 RNA 자신의 복제효소를 함유하고 원료물질과 몇 가지 염들을 보충한 매질에 넣고 그 혼합물을 배양하는 것이었다. 스피겔만이 이렇게 하였을 때 그 계는 벌거벗은 RNA 가닥을 잘 복제하였다. 스피겔만은 이어서 새로 합성된 RNA를 추출하여서 새로운 영양 용액에 넣고 번식하게 하였다. 그후 RNA 일부를 따라내어서 또 다른 용액에 넣고, 이런 식으로 계속하였다.

제한되지 않은 복제를 허용한 효과는 더 빨리 복제할 수 있는 RNA가 승리하여서 계속적으로 다음 세대로 전달된다는 것이었다. 그러므로 따라내는 조작은 RNA에 직접 작용하여서 매우 가속된 방법으로 다윈 진화의 기본적 경쟁 과정을 대신하는 것이었다. 이런 관점에서 RNA 세계를 닮았다고 볼 수 있다.

스피겔만의 결과는 눈부신 것이었다. 기대한 대로 복제 도중에 복사 실수가 일어났다. 살아가기 위한 작업에 대한 의무와 단백질 외투를 만드는 것에 대한 필요성에서 해방된 과보호된 RNA 가닥은 가냘퍼지기 시작하여서 더 이상 필요하지 않거나 단순히 장애물이라고 판명된 게놈 부분들을 떼내버렸다. 단지 경쟁에서 가장 빠르게 번식할 수 있는 RNA 분자가 복제될 수 있었다. 74세대 후에 4500 뉴클레오타이드 염기로 시작하였던 RNA 가닥이 단지 220 염기의 난쟁이 게놈으로 끝나게 되었다. 이 기본적 복제물은 매우 빠르게 복제할 수 있었다. 이것을 스피겔만의 괴물이라고 한다.

스피겔만의 결과는 믿기지 않았지만 그 보다도 더 놀라운 일이 준비되어 있었다. 1974년에만 아이겐(ManfredEigen) 연구진도 Q_β 복제효소와 소금, 그리고 RNA 구성 단위를 만드는 4가지 염기의 에너지화된 형태들을 함유하는 화학적 배양액을 가지고 실험을 하였다.[5] 그들은 처음 혼합물에 넣어주는 바이러스 RNA의 양을 변화시켰다. 연구진은 넣어주는 RNA 양을 점점 줄여줌에 따라서 경쟁이 거의 없어지고 제한을 받지 않은 지수적 성장을 하게 된다는 것을 알아냈다. 심지어 배지에 넣어준 단 한 분자의 RNA도 폭발적인 집단을 만드는데 충분하였다. 그러나 정말로 놀라운 일이 발견되었다. 단 한 분자의 바이러스 RNA도 넣어주지 않았는데 RNA 가닥의 복제가 여전히 일어난다는 것이었다. 집짓기 비유로 한다면 그것은 벽돌더미를 거대한 혼합기에 던져넣자 집은 아닐지라도 최소한 차고는 지어졌다는 것이다. 처음에 아이겐은 결과를 믿기 어려워서 우연한 오염이 일어나지 않았는지 조사하였다. 곧 실험자들은 그들이 최초로 기본적 구성단위들로부터 RNA 가닥의 자발적 합성을 증명하고 있다는 것을 확신하게 되었다. 분석 결과 일부 조건에서는 만들어진 RNA가 스피겔만의 괴물과 유사하다는 것이 알려졌다.

일부 관측자들에게는 아이겐의 실험이 이미 시험관에서 생명을 창조한 것이나 마찬가지로 생각되었다. 그러나 스피겔만은 바이러스로부터 RNA를 추출하였다는 것을 기억해야 한다. 바이러스는 일부 정의에서는 생물체로 간주되었다. 연속되는 단계들에 따라서 그는 훨씬 작지만 여전히 복제를 할 수 있는 시험관 돌연변이를 생성하였다. 아이겐은 거꾸로 간단한 구성단위들로부터 분자들의 자기조립을 달성하여 스피겔만과 부분적으로 만나게 되었다. 그것은 스피겔만의 생물체에서 유도한 복제하는 RNA 분자와 유사하였다. 이 경로를 가로지르는 경계선은 존재하지 않는다. 무생물로부터 생물 영역을 구분할 수 있는 것은 아무 것도 없다. 간단한 화학혼합물로부터 살아있는 바이러스에 이르기까지 연속적으로 이어지는 경로가 확인된 것이다.

아이겐의 실험은 자연이 무생물로부터 생명을 만드는데 행한 단계들을 재창조하였을까? 분명히 아니다. 그 실험이 흥미롭기는 할지라도 고도로 계획된 것이며 초기 지구에 우세하였던 자연 조건과 동떨어진 세계인 것이다. 특히 RNA 합성을 달성하기 위하여 아이겐은 매우 조심스럽게 조제된 화학 혼합물을 사용하였다. 그 혼합물에는 생물체로부터 추출한 적당한 복제효소가 포함되어 있었다. 이 효소는 매우 특별한 것이며 생명체 이전의 지구에 널려있던 종류의 분자는 아니다. 아이겐이 원시 수프같은 핵산 염기들이 잘 알려지지 않은 혼합물에서 자발적으로 조립하여서 복제한다는 것을 증명하기에는 아직 멀었다.

많은 생화학자들은 이것과 실제로 RNA가 최초의 복제분자였는가에 대한 의문을 인정한다. 결국 주형 복제는 더 간단하고 더 쉽게 합성되는 구조가 포함된 많은 다른 종류의 분자들과 함께 작용하였을 것이다. 일단 주형 복제가 시작되자 그것은 분자진화에 의하여 계속적으로 개선되었다. 복제 과정의 효율을 증가시키는 돌연변이는 증식 효과에 의하여 화학적 수프를 통하여 빠르게 퍼졌을 것이다. 어느 단계에서는 이 꾸준한 개선 단계가 가장 나은 복제자로서 RNA를 생성하였을 것이다. 아마도 최초의 RNA 분자는 오늘날 사용되고 있는 4가지가 아닌 추가적인 염기를 포함하였을 것이다. 그러나 살아남은 4가지가 나타내는 2-2 상보성의 편리함은 복제 게임에서 그들이 선택되고 다른 것들은 탈락되는 결과를 가져왔다. 선생물적 암중모색 과정 동안 오늘날 기준으로 보면 복제는 매우 비효과적이었다. 그 이유는 배양액에는 그 과정을 진행시켜 나아가는데 필요한 중요한 효소가 없었기 때문이다.

오늘날 우리가 이 시나리오를 받아들인다면 다음 질문은 어떻게 제한된 RNA 세계가 핵산과 단백질이 유전암호로 연결된 현재와 같은 이중 체계로 진화하였겠는가하는 것이다. 연구자들은 원시 유전자가 현대적인 전달 RNA의 선구물질이었다고 추측하고 있다. 그들이 이 분자를 추적하는데는 두 가지 이유가 있다. 첫째는 tRNA가 시간에 따라서 거의 진화하지 않았다는 점이다. 사람과 개구리의 일부 tRNA는 똑같다. 이것은 tRNA가 오랜 역사를 가지고 있다는 것을 암시해 준다. 둘째는 tRNA의 역할이 단백질 재료인 적당한 아미노산을 연결시킨다는 점이다. 그러므로 어렴풋하게라도 결합을 이해하였다. 분명히 아미노산은 모든 원시수프에 풍부하였을 것이다. 아미노산과 상호작용할 수 있는 RNA 분자는 그것들을 단백질로 결합시킬 수 있는 가능성을 가진다. RNA 세계의 다음 단계는 이런 원시적 RNA 가닥들이 우연히 단백질을 만들기 시작한 것이었다. 어떻게 이 중추적인 과정이 등장하게 되었는지 전혀 알 수 없다. 이론들만 있지 확고한 증거는 거의 없다. 그것은 두 RNA 분자가 충돌하여 하나가 그 짐을 다른 것에 전달하여서 RNA에 매달린 두 아미노산 가닥을 만드는 것 이상으로 극적으로 시작되지는 않았을 것이다. 그후 세 번째 아미노산이 첨가되고, 등등으로 계속되었다. 이런 원시적인 폴리펩타이드의 일부는 분명히 RNA 복제에 유리한 효과를 주었을 것이고 따라서 자기 강화 회로가 생성되었다. 즉 RNA는 단백질을 만들고, 단백질은 더 많은 RNA 생산을 촉진하고, 더 많은 단백질이 생기고...등등으로 계속된다. 가장 효과적으로 RNA 복제를 도와주는 단백질은 자신의 수가 증가되는 보상을 받는다. 이런 방법으로 단계적으로 최초의 핵산과 단백질의 협력관계가 확립되었다. 최소한 이야기는 이렇다는 것이다.

이 이론에 의하여 해결될 수 있는 어려운 문제는 어떻게 실수-파국 덫을 우회할 수 있는가이다. (43면을 보라.) 기다란 RNA 사슬은 가장 복사 실수를 받기 쉽지만 짧은 것은 훌륭한 복사 기구를 만드는 정보를 충분하게 갖지 못한다는 것을 상기하자. 그러나 몇 개의 짧은 RNA 집합은 그들 사이에 협동을 하고 유전정보의 짐을 공유할 수 있을 것이다. 몇 개의 RNA가 서로의 복제를 촉매해 주는 화학반응의 닫힌계를 생각해 보자. 예를 들면, A가 B를 만들고, B가 C를 만들고, C가 D를 만들고, D가 A를 만든다. 그러므로 이런 계는 자기 강화 반응 고리를 형성하며 이것을 하이퍼 회로라고 한다. 이런 화학적 고리가 원시세포 유형같은 막 안에 가두어지면, 복제 과정 효율을 향상시키는 방법으로 돌연변이를 일으킬 가능성이 있다. 세포가 간단한 기계적 분리에 의하여 분열한다면 이 성공적인 화학혼합물은 딸 세포로 전달될 것이다. 이런 방법으로 다른 것을 능가하여 복제하는 더 효과적인 하이퍼 회로를 함유하는 세포로서 초보적 진화 유형이 가능해질 것이다.[6]

RNA 세계 시나리오가 희망적으로 보이지만 그것도 많은 결점을 가지고 있다. 험담가들은 이 이론이 아무리 훌륭하더라도 시험관 실험은 흔히 참담한 실패라는 점을 지적한다. 중요한 반응들은 조심스럽게 고안된 실험 절차와 특별한 촉매의 도움이 없이는 거의 진행되지 않는다. 핵산 사슬은 아주 깨지기 쉬우며 효소로서 작용하는데 필요한 염기쌍인 50개 정도에 도달하기 훨씬 전에 절단되기 쉽다. 물이 공격하여 핵산 중합체를 분해하며 이것은 RNA 세계에 대한 모든 수프 판들을 미심쩍게 만든다. 심지어 구성단위로서 필요한 4가지 염기의 합성조차도 문제가 없는 것이 아니다. 생화학자가 알 수 있는 한 무(無)에서부터 효과적인 RNA 복제자를 생성하는 길은 멀고도 어렵다. 실험실에서 수행되어야 하는 화학적 서열의 각 단계에 대하여 꼭맞는 비율로 특별하게 조제하고 정제한 화학물질을 사용한 매우 인공적인 조건에서만 커다란 극적 경과가 없이도 결국 길이 찾아질 것이다. 문제는 그런 단계들이 너무 많이 포함된다는 것과 서로 다른 특별한 조건을 필요로 한다는 점이다. 이런 모든 단계들이 '황무지'에서 차례차례로 잘 일어났는지는 매우 의심스럽다.

감독을 해야 할 숙련된 유기화학자 없이, 자연은 모든 그럴듯한 선생물적 조건에서 묽은 수프로부터 RNA를 만들기 위하여 애썼을 것이라고 결론지을 수 있다. 그래서 RNA 세계가 접시에 담아 우리에게 넘겨져서 (아마도 수프접시가 더 나은 비유가 될 것이다) 상상하건대 그것이 기능을 수행하고 생명을 향하여 진화할 수 있었다하더라도, 조잡한 화학적 혼합물로부터 RNA 세계에 도달하는 것은 전혀 별개의 문제이다.

이런 다양한 어려움에 더 첨가되는 문제는 키랄성(왼쪽 대 오른쪽, 3장에서 설명함)이다. 지구상의 모든 생명이 똑같은 키랄성에 기반을 두고 있다는 것은 단순한 호기심 이상의 것이다. RNA 복제는 왼손과 오른손잡이의 기본 물질이 같은 양으로 존재하는 환경에서는 위협을 받을 것이다. 그들의 모양에 따라서 상보적인 염기끼리 염기쌍을 형성하는 중요한 자물쇠-열쇠 주형 배열은 틈새에 잘못 들어가 갇힌 틀린 손잡이성 분자로 손상될 것이다. 오른손잡이가 임무를 수행하는 것을 왼손잡이가 방해할 것이다. 자연이 단지 한 가지의 손잡이성만을 가진 분자로 수프를 만들 수 있는 방법을 발견하지 못하는 한 자발적인 RNA 합성은 헛된 목적이 될 것이다.

RNA 세계 시나리오의 지지자들은 단지 화학자들 뿐 아니라 생물학자들로부터도 격렬한 비난을 받고 있다. 생명이 RNA 복제와 함께 시작되었다면 필요한 복제기구는 매우 오래되었을 것이며 따라서 모든 현존하는 생물에 공통적일 것이라고 생각할 수 있다. 그러나 유전적 분석 결과는 RNA 복제를 암호화하는 유전자는 생명의 세 가지 영역에서 매우 차이가 난다는 것이 알려져서 RNA 복제가 공통선조가 살던 이후로 개선되었다는 것을 암시해 준다.

이론적 근거에서도 비판이 존재한다. RNA 세계 이론은 대사를 희생하면서 복제에만 초점을 맞추고 있다. 이미 강조한 것처럼 생명은 천연적 번식 이상의 것이다. 생물체는 활동을 하고 있고 또 번식하고 생존하려면 활동을 해야만 한다. 활동을 하는데는 에너지가 필요하다. 생물체가 대사를 하기 위해 준비된 에너지원이 있어야만 한다. 시험관 실험에서 RNA 분자는 그 활성에 동력을 공급해주는 특별한 에너지가 높은 화학물질과 함께 공급된다. 자연에서 RNA는 주위에 널려있는 모든 것을 가지고 변통해 나가야만 할 것이다. 밀러-유리형의 실험은 현존하는 생물이 이용하는 에너지가 풍부한 화학물질을 만드는 데는 결코 성공하지 못하였다. 그런 물질들은 모두 세포 내부에서 만들어진다. 과보호된 RNA는 능숙한 복제자가 될 수 있지만 에너지를 내놓는 대사경로가 적당하게 존재하지 않는다면, 그런 풍부한 분자 가닥들은 곧 유전적 탈락자가 될 것이다.

이것을 확실하게 회피하는 방법은 모든 게임을 출발시키는 데 RNA보다 훨씬 더 간단한 자기-복제 분자를 찾는 것이다. 그렇게되면 RNA 세계는 훨씬 후에 등장한다. 충분히 충실하게 복제할 수 있었던 비교적 작은 분자가 발견될 수 있을 것으로 생각할 수 있다. 그후 복잡성 수준이 짧은 RNA 가닥 정도에 도달하는 수준까지는 단계별로 정보를 추가하고 분자진화가 되는 방법이 열릴 것이다. 이 계를 RNA가 이어받을 수 있을 것이다.[7]

이것이 어떻게 생명발생이 일어났는가에 대한 설명일까? 아마 그럴 것이다. 그러나 이 이론에는 작은 분자가 실수 파국을 피할 수 있을 만큼 충분히 정확한 복제자가 될 수 있는가와 같은 많은 장애가 존재한다. 현존하는 생물에서 매우 정확한 복제는 커다랗고 복잡한 계와 관련된 것으로 생각된다. 커다란 게놈은 그들의 편집과 실수 교정 절차를 가지고 있어서 훌륭한 복사물이 될 수 있다. 그렇다면 핵산 복제의 경향이 점점 더 작은 크기로 내려간다면, 간단한 분자로부터 좋지 않은 복제 정확성만이 기대된다. 더욱이 분자가 작을수록 모든 돌연변이 변화의 상대적 효과는 더욱 격렬해질 것이며 돌연변이가 복제자 자체의 성질을 전달해 주지 못할 확률이 커진다.

최근에 실험실에서 작고 간단한 복제분자를 만들어서 이를 환경적 압박에 노출시켜 더 나은 복제자로 진화할 수 있는지 알아보려는 시도가 있었다.[8] 상당한 성공이 주장되었다. 그러나 이런 실험들은 자연에서의 분자진화를 증명하지는 못한다. 그들은 아직도 실험실에서 주의깊게 설계되고 합성된 작은 복제자 종류들이 그럴듯한 선생물적 조건에서도 자발적으로 형성된다는 것을 보여주어야만 하며, 형성된다면 그것이 실수 파국을 피할 수 있을 정도로 충분히 잘 복제하는지를 보여주어야만 한다. 다시 말해서 천연적으로 미니-복제자가 가능한지, 그대로 놓아두면 성공적으로 진화를 하게 될 지에 대해서는 아무도 단서를 가지고 있지 않다.

RNA 나중설

달걀과 닭의 모순을 해결하는 완전히 다른 방법은 사건의 순서를 뒤집어서 단백질이 먼저 나타나고 핵산이 그 다음에 나타났다고 가정하는 것이다. 그러면 커다란 문제는 어떻게 단백질이 필요한 메시지를 연결시켜주는 핵산이 없이 복제할 수 있었는가를 이해하는 것이다. 단백질이 홀로 복제할 수 있을까? 최근에 샌디에고의 스크립스 연구소에 있는 가디리(Raza Ghadiri)는 작은 펩타이드 사슬들이 실제로 자기복제를 할 수 있음을 발견하였다. 더욱이 그것들은 스스로 의식을 가진 것처럼 분명히 복제 실수를 교정까지 할 수 있었다.[9] 또 다른 실마리는 영국의 소 숫자를 1할이나 감소시킨 유명한 광우병(BSE)에서부터 나왔다. 진전병이나 쿠루병처럼 BSE는 박테리아나 바이러스가 아닌 복제하고 전염될 수 있는 단백질 조각에 의하여 생긴다. 그런 조각들이 단백질에 기반을 둔 원시생명 형태의 살아남은 유물이 아닐까?

단백질 우선설의 가장 유명한 지지자는 전에 프린스턴 고등연구소에 근무하던 프리만 다이슨(Freeman Dyson)이다. 다이슨은 실제로 생명이 두 가지 기원을 가진다고 주장한다. 하나는 하드웨어에 대한 것이고, 다른 하나는 소프트웨어에 대한 것이다.[10] 하나는 단백질 대사는 할 수 있지만 적절하게 복제를 할 수 없는 것이고, 다른 하나는 복제는 할 수 있지만 대사를 가지지 못한 두 가지 종류의 원시 생명이 있었다고 가정한다. 우리가 알고 있는 생명은 두 가지의 융합 또는 공생으로부터 생겨났다. 다이슨은 그 단서를 생명을 향한 바로 첫단계가 일종의 세포 또는 소포(vesicle)의 형성을 필요로 한다는 오파린과 그 추종자들로부터 얻는다. 우리는 농축된 원시수프를 함유한 시험관에서 자연적으로 생기는 이런 원시세포(proto-cell)를 생각할 수 있다.

다이슨 세포는 게놈이 없기 때문에 다윈식 진화를 선택할 수 없지만, 여전히 화학적 수단에 의하여 진화한다. 다이슨은 복잡한 방법으로 화학물질들이 반응함에 따라서 시간에 따라 변화하는 아미노산 수프와 같은 화학적 혼합물을 나타내기 위하여 수학적 모형을 만들었다. 다이슨 모형에서 특별히 중요한 것은 분자들이 다른 분자들의 생성과 돌연변이를 촉매할 수 있다는 가정이다. 이 수학의 결론은 무질서에서 질서로의 자발적 전환에 대한 예측이다. 여기서 무질서는 분자들의 혼돈된 조립을 의미하고 질서는 대사를 떠오르게 하는 어떤 유리한 화학적 회로를 의미한다. 다이슨의 화학 주머니는 복제자는 아니다. 그들의 질서는 유전적 지정보다는 자발적으로 생겨난다. 따라서 세포 내부에서의 분자의 생성은 매우 부정확하다.

다윈식 진화가 어떤 형태의 유전적 복제와 자연적 선택을 필요로 할지라도 출발을 위해서는 기본적 종류의 진화를 생성하는데 도움을 주는 다른 더 약한 형태의 선택을 생각할 수는 있다. 일단 성장하는 독특한 세포 집단이 존재한다면, 비록 그것들이 부풀어서 쪼개지는 화학물질들의 방울일지라도 일종의 경쟁은 불가피하다. 어떤 세포는 그 내부의 더 훌륭한 화학 때문에 다른 것보다 더 빨리 자라서 분열하고 경쟁자들의 수를 능가하게 된다. 세포들이 최소한 그것들의 화학적 특징들 중 일부라도 전달할 수 있다면 그리고 자원이 제한된다면 (화학적 입장에서) 가장 성공적인 세포가 우세하게 될 것이다. 그렇다면 문제는 어떻게 이 치고 빠지는 선택법이 더 정확한 유전자에 기반을 둔 전통적인 다윈식의 자연선택으로 바뀌게 되었는가를 설명하는 것이 된다.

가능한 해법은 기생이다. 다이슨은 유전자가 없는 세포는 원시적인 핵산 복제자들의 침입을 받고 두 계가 서로 융합되었다고 생각한다. 핵산 기생물은 단백질 주머니가 그들의 복제 과정을 도와줄 수 있다는 것을 알아냈다. 분명히 그것은 복제자가 단백질을 복제하고 자신을 복제하는데 도움이 되었다. 세포구조가 주어지면 자연선택은 이 지점에서 끼어들고 세포 대 세포를 경쟁시키고 진화 개선 속도를 증가시킨다. 선택은 단백질 세포의 필수적인 구성물을 만드는 복제자들을 훨씬 유리하게 만들 것이다. 완전한 공생이 신속하게 등장하고 우리가 알고 있는 생명으로 이끌어 나갈 것이다.

이 모든 것이 어디에서 일어났을까? 오파린은 그의 코아세르베이트 세포를 어떤 연못이나 바다에서 상상하였지만, 최근의 증거들이 암시하는 것과 같이 생명이 바다 바닥의 위나 밑에서 시작되었다면 기름 방울은 답이 될 수 없을 것이다. 대양저의 다공성 현무암은 커다란 유기분자들을 가둘 수 있는 천연적인 작은 통로와 틈새를 제공해준다. 금속 표면도 편리한 촉매로서 작용하고 유기물질을 농축시킬 수 있었을 것이다. 불행하게도 암석 틈새는 분열에 의하여 증식할 수 없다. 런던대학의 니스베트(Euan Nisbet)는 작은 동굴에 갇힌 생물체들처럼 어떤 지질학적 변동에 의하여 적당한 방법으로 방출될 막이 틈새 안에서 형성될 수 있었을 것이라고 제안하였다.[11]

원시세포에 대한 또 다른 상상력이 풍부한 생각이 글래스고대학의 러셀(Mike Russell)에 의하여 제안되었다.[12] 그의 이론은 화산구로부터 좀 떨어진 대양저의 영역에 초점을 맞추었다. 그곳에서는 물이 암석으로 스며들어서 수 킬로미터까지 들어간다. 마침내 대류가 일어나서 다시 표면으로 나오고 풍부한 무기물이 녹아있게 된다. 분출되는 물은 염기성이며 매우 뜨거워서 아마도 고압 조건에서 200℃에 이를 것이다. 반대로 그 위의 해수는 이산화 탄소가 녹아 있어서 산성이며 훨씬 더 차다. 러셀은 두 가지 액체들의 접합부는 황화철로 만들어진 콜로이드막의 형성을 촉진한다는 것을 알아냈다. 나중에 살펴보겠지만, 철과 황은 초기 생명에 강력하게 연관된 두 가지 화학물질이다. 더욱이 막은 반투과성이다. 그것은 마치 살아있는 세포처럼 일부 화학물질은 들어가게 하지만 다른 것은 들어가지 못하게 한다. 러셀은 실험실에서 세포와 유사한 기포를 성장시켜서 아일랜드 암석에 화석화된 것과 유사한 구조에 대한 증거를 얻었다. 그는 삼투압과 수압이 기포를 부풀게하고 그것을 쪼갠다고 믿고 있다. 그의 이론에서 생기는 또 한 가지의 이점은 산성-막-유체의 접합부가 건전지처럼 작용하여서 초기 대사를 유도할 내적 동력원을 제공할 수 있다는 점이다. 오늘날의 세포에서도 막을 가로질러서 작은 전압차가 존재한다. 그렇다면 결국 전기가 최초의 생명력이 될 수도 있다.

.핵산이 나중에 나타났다는 신념을 가지고 있는 영국 글래스고 대학의 생화학자인 그래함 케언스-스미스(Graham Cairns-Smith)는 완전히 다른 이론을 제안하였다.13 실로 닭과 달걀(핵산과 단백질) 문제가 계속되는 동안에도 생명은 둘 중 어느 것에서도 등장하지 않았다고 생각한다. 케언스-스미스는 핵산이 일차적으로 소프트웨어(유전 정보의 저장소)로 작용하였다는 점을 상기시키고 있다. 그렇다면 그것들의 특별한 화학적 형태는 상관이 없다. 우리가 똑같은 디지털 정보를 마그네틱테이프에 저장할 수도 있고 플로피디스크에 저장할 수도 있는 것처럼 유전정보는 RNA나 DNA가 아닌 다른 물리적 구조에도 저장될 수 있었을 것이다. 아마도 생명은 어떤 다른 방법으로 암호화된 정보를 가지고서 시작되었으며 비교적 나중 단계에 유전적 기능이 핵산에 맡겨졌을 수도 있다.

어떤 구조가 최초의 유전 데이터베이스를 저장할 기능을 가졌을까? 케언스-스미스는 점토 결정이 매력적인 가능성을 보여준다고 제안한다. 결정은 핵산보다 덜 깨지기 쉽고 그럼에도 불구하고 그런대로 복제도 할 수 있다. 점토 입자는 불규칙적 방법으로 금속 이온들과 융합할 수도 있고, 정보는 원칙적으로 그 유형 안에 암호화될 수가 있어서 점토가 층층이 성장함에 따라서 증식될 수 있다. 여러분들은 먼지 결정이 생명체같다고 생각하지 않겠지만 진화에 필요한 필수적 조건들(복제, 변이, 선택) 모두가 점토에는 분명하게 존재할 수 있다.

일단 결정 진화가 시작되자 다음 단계를 위한 준비가 되었을 것이다. 다음 단계는 유기분자이다. 이것은 처음에는 점토 결정에 의하여 복제의 속도 증가, 결정 표면의 접합, 또는 여러 가지 이차 임무 같은 자신의 목적을 위하여 만들어졌을 것이다. 그것이 무엇을 위하여 사용되었든지 그것은 개선하는 진화에 어떤 선택적 이점을 제공할 필요가 있었을 것이다. 자기복제하는 핵산을 만드는 방법을 발견한 결정이 승리자가 되었을 것인데, 그때부터 이것은 이용가능한 손쉬운 물질을 쉽게 공급받을 수 있기 때문이었다. 그러나 이 선을 넘기 위해서는 결정형 생명은 자신에 대한 소멸의 씨를 뿌렸을 것이다. 일단 핵산이 결정 창조자로부터 벗어나 복제하기 시작하면 우세한 생명 형태가 된다. 불쌍한 잡동사니 결정들은 버려지게 될 것이다.

케언스-스미스의 점토설을 지지해주는 실험적 증거는 거의 없다는 것을 강조해 두어야 겠다. 초기 생명 골격으로서의 점토의 가능성이 어떻든간에 유전 전달의 기본적 원리는 여전히 그럴듯한 것이다. 모두 현존하는 핵산과 단백질계가 한꺼번에 모두 갖춰진 계로 등장하기에는 너무 복잡하다는데 동의하고 있다. 현존하는 모든 생명체가 핵산과 단백질에 기반을 두고 있다할지라도 생명이 그런 방식으로 시작하지는 않았다. 무생명에서 생명으로의 더 간단한 경로가 있다면 현재의 생화학적 배열들은 저급-기술 선구물에서 개선된 유도체일 수 있다.

케언스-스미스는 "저급 기술"에서 "고급 기술" 생명으로의 전환을 나타내기 위하여 석조 아치의 비유를 한다. 아치는 처음보면 매우 이해하기 어렵다. 조립된 구조물은 서로를 지탱하고 있지만 반쪽짜리 아치는 무너지고 만다. 그렇다면 아치는 어떻게 만들어질 수 있었을까? 대답은 그것을 만드는데 비계(scaffold)가 사용되었다는 것이다. 그렇다면 우리는 핵산을 만드는데 사용된 분자 비계를 찾아보아야만 한다. 아마도 점토 결정이 그 대답의 일부가 되거나 아니면 우리가 아직 생각하지 못한 다른 계가 필요할지도 모른다. 그러나 그것이 무엇이든지 일단 RNA 생명이 생겨나면 비계는 제거되고 그 후부터 흔적이 없어지게 된다.

그렇다면 생명의 기원에 대한 여러 가지 생각으로부터 어떤 결론을 얻을 수 있겠는가? 모두 한 가지 공통점을 가지고 있다. 일단 어떤 종류의 생명이 자리를 잡으면 그 다음은 다윈식 진화가 일어날 수 있기 때문에 순조롭게 된다는 것이다. 따라서 과학자들이 생명의 역사 초기에 다윈주의를 유발시키려고 하는 것은 당연하다. 그것이 시작되자마자 우연과 선택이라는 더할 나위없는 추진력을 가지고서 극적인 진보가 일어날 수 있다. 그러나 불행하게도 다윈식 진화가 일어날 수 있기 전까지는 최소한 수준의 복잡성이 필요하다. 그러나 이런 초기 복잡성이 어떻게 이루어질 수 있었을까? 대부분의 과학자는 압력을 받으면 그들의 손을 비틀며 "우연"이라고 주문을 외듯이 중얼거린다. 그렇다면 우연 한 가지가 최초의 자기복제 분자를 만들어냈을까? 아니면 그 이상의 것이 존재하였을까?

자기조직화: 무 대신에 유?

생명은 자연계에서 발견되는 복잡한 것 중 하나일 뿐이다. 우리 주위의 세계에는 많은 다른 예들이 있다. 창문에 생긴 번쩍거리는 서리의 유형, 해안선의 복잡한 모양, 목성 표면을 장식하고 있는 정교한 조각 모양의 소용돌이체, 급류를 이루는 강물의 혼잡 속에서도 복잡성을 볼 수 있다. 생명은 우연한 복잡성이 아니고 조직화되어 있다. 비조직화된 복잡성은 땅위의 빗방울의 튀김에서부터 컵 속의 찻잎에 이르기까지 모든 곳에서 볼 수 있다. 그러나 조직화된 복잡성은 드물기는 하지만 생물학에만 제한되어 나타나지는 않는다. 나선형 은하, 무지개, 레이저 광선의 회절무늬 등은 모두 복잡하고 조직화되어 있다. 그러나 그것을 지정해줄 유전자가 없거나 그것을 만드는 다윈식 진화가 전혀 없다. 무생물계가 단지 물리적 법칙만을 따라서 조직화된 복잡성을 자발적으로 만들 수 있다면 최소한 시초에서라도 생명은 그렇게 할 수 없었을까?

일부 사람들은 그렇게 할 수 있다고 생각한다. 벨기에 화학자 프리고진(Ilya Prigogine)은 생명체 같은 방법으로 작용하여서 정교한 나선이나 주기적 반복성을 만들 수 있는 화학 혼합물의 예를 들었다.[14] 이런 반응의 특징은 그것이 열역학적 평형에서 멀리 떨어진 곳에서 일어나며 생명처럼 연속적인 물질과 에너지의 투입을 필요로 한다는 점이다. 자발적인 질서화는 계가 열려 있기 때문에 열역학 제2법칙에 저촉되지는 않는다. 질서 증가를 보상하기 위하여 엔트로피가 주위로 나오게 된다. 그런 자기 조직화하는 계의 특징은 행동을 예측할 수 없는 임계 "분기점"이나 불확정점에 도달하려는 경향이다. 그것들은 갑자기 더 복잡한 새로운 상태로 도약하여 안정화되거나 혼돈으로 떨어지기도 한다. 프리고진과 그 추종자들은 자기조직화 전환의 서열을 상정하고 있는데 여기에서 에너지 흐름에 의하여 유도된 물질은 실제 생명에 도달할 때까지 점점 더 높은 복잡성을 가진 수준으로 올라가게 된다.

자기조직화에 대한 간단하고 유익한 예는 대류 세포의 형성이다. 냄비에 든 물을 난로에서 가열하면 바닥 근처의 액체는 위보다 더 데워지게 된다. 천천히 가열하면 물은 가만히 있는 듯이 보인다. 열은 천천히 전도에 의하여 위쪽으로 전달된다. 좀더 세게 가열하였을 때 어떤 일이 생길지 생각해 보

자. 바닥의 뜨거운 물층은 (더 가볍기 때문에) 위쪽으로 올라가려고 하지만 위쪽 차가운 물층의 무게 때문에 방해를 받는다. 결국 뜨거운 물은 솟구치는 기둥을 만들어서 대류가 시작된다. 조심스럽게 가열한다면 대류 유형은 스스로 육각형 세포의 질서있는 벌집 모양으로 정렬된다. 이런 안정한 형태는 대형 질서를 유지하기 위한 수많은 물분자들의 협동을 필요로 한다. 대류 흐름으로의 갑작스러운 전환은 계가 열역학적 평형으로부터 멀리 떨어져 있을 때 일어나며 결과적으로 생성되는 질서는 냄비에서 주위로의 엔트로피 흐름에 의하여 보상된다. 난로 가스가 자유에너지원을 제공하지 않는다면(즉 액체의 바닥과 위 사이의 열역학적 불평형을 유지한다면) 대류세포는 사라지고 물 상태는 곧 조용한 평형으로 가라앉게 된다.

복잡성에 대하여 연구하고 있는 산타페 연구소의 생물리학자 카우프먼(Stuart Kauffman)은 자체촉매화라고 알려진 화학현상에 초점을 맞추어서 생명에 이르는 자기조직화 경로를 상세하게 알아보려고 시도하고 있다.[15] 촉매란, 자기 자신은 변화하지 않으면서 반응을 촉진시켜주는 유형의 분자라는 것을 상기하자. 그렇다면 서로 다른 반응이 동시에 일어나고 있는 원시수프를 상상해보자. 다른 분자와 결합하거나 조각들로 분해되어서 복잡한 유기 분자가 생성되고 분해된다. 막대하고 정교한 반응 그물망이 이루어지고 있는 것이다. 소위 화학적 생태계라 할 만하다.

이제 이 소용돌이치는 국물에서 어떤 분자가 스스로 두 가지 역할을 하는 방법을 발견하였다고 가정해 보자. 한편으로는 어떤 화학반응의 반응물이나 생성물이 되고 다른 한편으로는 다른 반응의 촉매 역할을 한다고 하자. 우연하게도 특별한 분자 M이 M 자신을 생성하는 반응 계열을 촉매하는 효과를 가지는 경우가 있을 수 있다. 그렇다면 M의 존재는 더 많은 M의 생성을 촉진한다. 그렇기 때문에 자체촉매화이다. 이런 과정이 일어나면 자기 자신을 강화시키는 반응망을 형성하며 점점 더 강력하게 성장하는 되먹임 과정이 생성된다.

그 다음에는 어떻게 될까? 그물망에 분자들이 충분히 다양하게 존재하면 그 계는 임계값을 넘어서게 된다. 카우프먼은 조용한 액체가 갑자기 대류 세포로 전환되는 것과 비슷한 자기 조직화과정인 거대한 자체촉매회로로의 갑작스런 도약을 예측하였다. 상승되고 훨씬 복잡해진 회로는 대사의 조잡한 형태가 될 것이고 이것이 오파린과 다이슨이 그들의 화학적 소포 안의 내용물로 생각하던 조직화된 화학 과정 유형이다. RNA 같은 특별한 분자는 전혀 필요하지 않으며 특별한 유전장치도 필요하지 않다. 이런 모든 것은 나중에 나타난다.

비록 자체촉매 회로가 복잡하고 그럭저럭해나가는 것으로 생각되지만 그것은 매우 광범위하게 퍼진 현상의 한 예를 대표하고 있다. 컴퓨터 모형은 충분한 성분들과 상호작용을 갖는 모든 그물망이 자발적으로 조직화된 복잡성 상태로 도약하는 경향이 있다는 것을 보여준다. 물리학자들은 이런 형상을 자기물질을 연구하는데서 보았으며 경제학자들은 세계금융시장에서 보았다. 만일 카우프먼의 생각이 옳은 궤도라면 생명은 특별한 유기화학의 결과가 아니라 무엇으로 구성되었든지 간에 모든 복잡한 계의 행동을 지배하는 보편적인 수학적 규칙의 결과일 수 있다.

자기조직화는 매력적으로 보이지만 생명의 기원에 적용하려면 두 가지 중요한 문제에 부딪친다. 첫째는 확실한 실험의 부족이다. 기껏해야 대부분의 "실험"은 실제적인 것이 아니라 컴퓨터 모의실험들이다. 이 때문에 복잡성 이론은 생물학에서 신뢰할 수 없는 것으로 알려지게 되었다. 이제는 유명해진 카우프먼의 생각에 대한 강력한 반박에서 스미스(John Maynard Smith)는 그것을 한때 “사실에 근거하지 않은 과학”으로 심하게 몰아부쳤다.[16]

그러나 개념적 본질에서는 더 커다란 문제가 있다. 생명은 실제로 자기조직화의 예가 아니다. 생명은 실제로 특정화 된 (즉 유전적으로 지시를 받은) 조직이다. 생물체는 그들의 DNA (혹은 RNA) 안에 암호화 된 유전적 소프트웨어의 메시지를 받는다. 대류 세포는 자발적으로 자기조직화에 의하여 형성된다. 대류 세포에 대한 유전자는 전혀 존재하지 않는다. 여기에서 질서의 원천은 암호화된 소프트웨어에 들어 있지 않다. 대신에 액체의 경계 조건을 따라간다. 경계를 넘어서는 열과 엔트로피의 흐름이 자기조직화를 촉발하며 경계의 모양, 크기, 성질이 세포의 상세한 유형을 결정한다. 다시 말해서 대류 세포의 질서는 계의 주위에 의하여 외인적으로 주어진다. 반면에 살아있는 세포의 질서는 그 유전자에 의한 내적 조종으로부터 유발된다. 유전자는 화학적으로 그 메시지를 바깥쪽으로 방송하는 계 안에 깊숙하게 묻혀있다. 확실히 살아있는 세포의 막을 둘러싸고 있는 환경은 세포 안에서 일어나는 일에 어느 정도 영향을 미칠 것이다. 그러나 생물체의 중요한 특징은 유전자에 의하여 결정된다.

아직까지도 자기조직화 이론은 어떻게 자기조직화 또는 자기유도적 조직화에서 고도로 복잡하고 정보에 기초를 둔 생물의 유전적 조직화로 전환이 일어났는지에 대한 단서를 전혀 제공하지 못하고 있다. 이 유전적 전달에 대한 설명은 핵산의 기원과 더 나중 단계에서의 단백질과의 강력한 얽힘 이상의 것을 설명해야만 한다. 이런 거대 분자들이 어떻게 생겨나고 서로 상호작용하기 시작하였는지 아는 것만으로는 충분하지 못하다. 우리는 어떻게 계의 소프트웨어가 생기게 되었는가를 알 필요가 있다. 또한 자연이 그 소프트웨어 개념을 발견하게 되었는가도 알 필요가 있다. 4장에서 사용한 비유를 다시 생각해 보면, 어떻게 연이 전파로 조종되는 비행기로 변화하였는지 또는 증기기관 조절장치가 디지털 데이터 처리 조절장치로 진화할 수 있었는지에 대한 설명을 얻게 된다. 이것은 단순히 또 한 겹의 복잡성 층을 더하는 문제는 아니다. 그것은 계의 본질에 있어서의 근본적인 전환에 관한 것이다.

뒤의 비판에 관련지어서 질서와 조직화 사이를 조심스럽게 구별할 필요가 있다. 앞에서는 이 단어들을 서로 구별없이 사용하였지만 흔히 그것들은 서로 반대 의미를 갖는다. 말하자면 질서는 단순한 유형을 가리킨다. 예를 들면 그림 4.4처럼 1과 0의 규칙적인 서열은 질서를 가진 것이다. 마찬가지로 결정도 질서를 가진 것이다 두 가지 모두는 마구잡이가 아니며 따라서 앞서 말한 대로 게놈의 복잡한 조직화와 정보저장을 할 수 없다. 자기조직화를 통해서 생명에 이르는 길을 찾으려는 시도는 흔히 조직화와 질서를 혼동하는 덫에 빠진다. 인용한 자기조직화의 예는 흔히 아무 것도 아니며 오히려 자발적인 질서화를 포함하고 있다. 예를 들면 주기를 나타내는 화학반응들은 흔히 자기조직화를 설명하는데 이용된다.[17] 그러나 주기적인 행동은 분명히 마구잡이가 아닌 질서의 경우이다. 마찬가지로 앞에서 말한 육각형의 대류세포는 생물체의 조직화된 복잡성보다는 결정의 질서를 더 생각나게 해준다. 알고리듬의 복잡성을 생성하는 것을 유도하는 어떤 새로운 자기조직화의 원리가 없다면 생명발생 이야기의 중요한 부분이 빠지게 될 것이다.

생명의 기원으로 바닥에서부터 위로 접근하는 방법에 대해서는 그만해두자. 그것은 몇 가지 유용한 지표를 내놓았지만 풀리지 않는 의문들도 남겨두었다. 그러나 그것이 이용 가능한 유일한 접근법은 아니다. 우리는 위에서 아래로 향하는 길을 추적해 갈 수도 있다. 이 생각은 현존하는 생물로부터 시작하여서 어디서 어떻게 초기 생물들이 살았는지 추측할 수 있기를 희망하며 시간을 거슬러서 올라가는 것이다. 그러면 이런 생물들이 어떻게 등장하게 되었는가를 알아내는데 적용할 수 있다. 지구상의 최초의 생물체를 추적하여 내려가려면 먼저 우주를 조사해야만 한다.

참고문헌

1. 예를 들어 다음을 참조하라. Michael Behe, Darwin's Black Box (New York: Free Press, 1996).
2. 대중적인 설명은 다음을 보라. Thomas Cech, "RNA as an Enzyme," Scientific American 255, no. 5 (1986):64.
3. 생물학자는 세대 사이에 전달되어서 게놈 안에 들어 있는 정보를 나타내기 위하여 "유전자형"이라는 용어를, 살아있는 생물체에서 유전자형이 실제로 발현된 것을 나타내기 위하여 "표현형"이라는 용어를 사용한다. RNA 세계에서 유전자형과 표현형은 한 가지이며 똑같다.
4. 다음 총설을 참조하라. Sot Spiegelman, "An In Vitro Analysis of a Replicating Molecule," American Scientist 55(1967):221.
5. M. Eigen and P. Schuster, The Hypercycle: The Principle of Natural Self Organization (Berlin: Springer-Verlag, 1979), pt. 2, chap. 14.
6. Ibid.

7. 물론 우리는, 왜 세상이 이런 만들기 쉬운 소형 복제자들로 가득하지 않는지를 설명해야만 한다. 한 가지 설명은 그것들이 존재하지만 예를 들면 혜성 내부, 타이탄(토성의 위성)의 대기 같은 현재 생명이 번성하고 있는 것과는 매우 다른 영역에 서식한다는 것이다. 다른 설명은 그것들이 생기자마자 유기 생물체들에 의하여 파괴되었다는 것이다.
8. Julius Rebek, "Synthetic Self-Replicating Molecules," Scientific American 271, no. 1 (1994):34.
9. For a report, see Philip Cohen, "Can Protein Spring into Life?," New Scientist, April 26, 1997, p. 18. 이 연구 자체는 Nature 382 (1996):525에 발표되었다..
10. Freeman Dyson, Origins of Life (Cambridge: Cambridge University Press, 1985).
11. E. G. Nisbet, The Young Earth (London: Allen & Unwin, 1987), chap. 8.
12. Michael Russell, Roy Daniel, Allan Hall, and John Sherringham, "A Hydrothermally Precipitated Catalytic Iron Sulphide Membrane as a First Step Toward Life," Journal of Molecular Evolution 39(1994):231. 대중적인 설명은 다음을 참조하라. Michael Russell, "Life from the Depths," Science Spectra 1(1996):26.
13. 이 이론에 대한 대중적인 설명은 다음을 참조하라. A. G. Cairns-Smith, Seven Clues to the Origin of Life (Cambridge: Cambridge University Press, 1985). ,
14. Ilya Prigogine and Isabelle Stengers, Order Out of Chaos (London: Heinemann, 1984), chap. 5.
15. 대중적인 설명은 다음을 참조하라. Stuart Kauffman, At Home in the Universe (Oxford: Oxford University Press, 1995).

16. John Maynard Smith, "Life at the Edge of Chaos?," New York Review of Books, March 2, 1995, p. 28.
17. See, for example, Prigogine and Stengers, Order Out of Chaos, chap. 5.

6장
우주 연관성

남부 오스트레일리아에 포트 아구스타 마을이라는 눌라바 평원의 가장자리에 위치한 황량한 시골이 있다. 이곳으로부터 약 200 km 떨어진 곳에 커다란 말라붙은 호수가 있다. 원형에 가까운 아크라만이라고 하는 이 호수는 양쪽 호안 사이의 거리가 30 km에 이른다. 호주의 많은 염 호수들과 비슷하게 보이지만 아크라만은 결코 평범한 호수 바닥이 아니다. 약 6억년 전에 현재의 아이레 반도에 하늘로부터 거대한 운석이 떨어져서 커다란 구멍을 만들었다. 그 구멍 크기는 원래 최소한 너비가 90 km에 깊이가 수 km는 되었을 것이다. 오늘날의 아크라만은 이 무서운 충격의 흔적으로서 고대의 거대한 지각 격변을 말없이 증명하고 있다.

커다란 우주 충격으로 생기는 물리적 손상은 상상을 불가능하게 한다. 흔히 직경이 수 킬로미터에 이르는 침입체는 무게가 수천억 톤에 이르렀을 것이다. 그것은 초당 이삼십 킬로미터로 돌진하였을 것이며 최소한 1억메가톤의 TNT에 해당하는 충격을 주었을 것이다. 이것은 현재 지구상의 모든 핵무기를 합친 것보다도 훨씬 더 큰 양이다. 그것이 대기로 진입할 때 커다란 공기 기둥을 제거하여서 지구 전체를 감싸는 강력한 충격파를 생성한다. 지상에 도달하면 충격면에 싣고 온 많은 물질들과 함께 운석은 곧 증발된다. 거대한 양의 암석이 주위 지형으로부터 파헤쳐져서 소용돌이치며 공기 중으로 올라간다. 심지어 우주 공간까지도 올라가며 그 자리에는 거대한 분화구가 남는다. 없어진 암석의 대부분은 격렬하게 달아올라서 주위의 식물들을 모두 태워버리며 수백 심지어는 수천 킬로미터 떨어진 곳에서 비처럼 다시 내려온다. 일차 가격에 의한 지상의 충격은 매우 격렬한 지진을 능가하여서 훨씬 더 많은 손상을 준다. 운석이 바다로 떨어지면 수 킬로미터 높이의 해일이 대양 주위를 황폐화시키며 육지에도 거대한 면적이 범람된다. 충격에 의한 먼지는 지구 전체를 감싸서 수개월 동안 햇빛을 흡수하며 육지와 바다가 산성비로 해를 입는다. 그 치명적인 여파는 많은 생물체들에게 너무나 크게 미쳐서 곧 멸종에 이르게 된다.

아크라만 호수를 만든 충돌은 결코 한번만 일어난 일은 아니었다. 수백만 년마다 지구의 황폐화를 가져오는 데 충분한 힘을 가진 운석이나 혜성이 지구와 충돌하였다. 과거에는 그러한 충돌이 더 빈번하였다. 우주의 충격이 대량멸종을 촉발하여서 생명의 진화를 형성하는데 중요한 영향을 미친다는 것이 점점 더 분명해지고 있다. 우주 충격이 진화 경로를 변화시키지는 않았다 하더라도 생명의 기원에서 중요한 역할을 하였다는 것이 판명되고 있다. 최근까지 과학자들은 생명발생을 설명하는데 주로 화학과 지질학을 이용하였다. 지구를 고럽게로 취급하였다. 그러나 지난 십여 년 동안에 생명에 대한 우주적 차원의 중요성이 강조되었다. 생명이 어떻게 시작되었는지 알아보기 위해서 우리는 별을 보며 답을 찾아야만 할 것이다.

여러분 눈 속의 우주티끌

"원자가 무진장하다면
셀 수 있는 생명체 수의 지수승보다 더 클 것이니
자연의 창조력이 여전히 존재한다면
원자를 뭉쳐서 던져버리면 정확히 지금처럼 모이리
그런데 왜 당신은
하늘 저멀리 다른 세계가 존재하고
다른 종족의 인류와 다른 종류의 맹수가 존재한다고
고백하지 않는가?[1]"

로마의 시인이며 철학자인 루크레티우스는 이 시를 가지고 우리가 우주에서 홀로가 아니라고 설득하려는 것 같다. 루크레티우스는 우주가 똑같은 원자로 만들어지고 똑같은 자연법칙이 작용한다면 지구에 생명을 만들었던 동일한 과정이 다른 세계에도 생명을 만들 것이라고 추론하였다. 그리스의 원자론자 에피쿠루스까지 거슬러 올라가는 이 논쟁은 강한 흥미를 돋구는 것이다. 그러나 그것이 옳을까?

천문학자들은 분광학적 관찰로 우주 전체에 걸쳐서 원자가 모두 같다는 것을 확인하였다. 예를 들면 안드로메다 은하의 탄소 원자는 지구의 것과 똑같다. 탄소, 산소, 수소, 질소, 인의 5가지 화학원소가 지구생물학에서 중요한 역할을 한다. 이런 원소들은 우주에서도 가장 풍부한 것으로 보인다.

탄소는 실로 가장 중요한 원소이다. 독특한 화학적 성질 때문에 영광의 자리를 차지하는 자격을 얻는다. 탄소 원자는 서로 연결되어서 무한한 다양성과 복잡성을 갖는 커다란 사슬 분자, 즉 중합체를 형성할 수 있다. 단백질과 DNA는 이런 기다란 분자의 두 가지 예이다. 탄소가 존재하지 않았다면 우리가 알고 있는 생명의 생성은 불가능할 것이다. 아마도 어떤 종류의 생명도 불가능할 것이다.

우주가 대폭발로 시작되었을 때 탄소는 전혀 존재하지 않았다. 우주 탄생의 격렬한 열은 어떤 복합적인 핵도 존재하지 못하게 만들었다. 대신에 우주 물질은 양성자와 중성자 같은 기본입자의 수프로 구성되어 있었다. 대부분의 양성자는 결합되지 않은 채 남아있었고 수소 원자핵을 만드는 것이 계속되었다. 그러나 우주가 팽창하고 처음 몇 분 동안에 냉각되자 핵반응은 수소 일부를 헬륨으로 변환시켰고 아주 극소량이 탄소로 변환되었다.

대부분 우주의 탄소는 대폭발로부터 나타난 것이 아니라 별에서 나타난 것이다. 별은 보통 수소가 연소하여서 헬륨을 형성하는 핵융합 반응로이다. 커다란 별에서는 그 다음 단계가 헬륨을 탄소로 전환하는 것이다. 그 후 다른 친숙한 원소인 산소, 질소 등이 만들어진다. 이런 더 무거운 물질들은 별의 내부에 남아있지만 별이 폭발할 때 일부가 방출된다. 또 태양풍에서는 태양으로부터 물질들이 꾸준히 흘러나오며 다른 항성계에서도 마찬가지이다. 어느 방법으로든 흘러나온 물질은 성간 공간을 배회하는 주로 수소 기체로 된 구름과 섞이게 된다. 충분한 시간이 지나면 이런 기체구름들이 수축하여 새로운 별과 행성계를 형성하게 되는데 앞서 죽은 별의 탄소와 다른 원소들은 그 안에 섞이게 된다.

45억년 전에 태양계가 이런 방법으로 형성되었다고 상상해 보자. 무거운 원소로 장식된 막대한 수소 구름이 점차 수축된다. 여기저기에서 중력이 기체를 촘촘한 회전구로 잡아당길 것이다. 이런 물질의 집적화는 결국 새로운 별 무리가 된다. 그런 별의 하나가 태양이다. 그 주위에서 개스와 티끌은 복잡한 형태로 소용돌이쳐서 원반 모양의 성운을 형성한다. 가벼운 물질들은 성운 가장자리로 표류하여서 결국 토성과 같은 거대한 기체 행성으로 응축한다. 무거운 원소들은 원반의 안쪽에 집중되어서 지구나 그 이웃들에 편입된다. 따라서 지구를 구성하는 물질은 일차적인 것이 아니며 태양계가 존재하기 훨씬 전에 폭발하여 죽은 별의 잔해이다.

지구가 형성된 후 물질은 가만히 있지는 않았다. 탄소, 수소, 질소 및 산소는 지질학적 과정과 생물학적 과정에 의해서 끊임없이 대기와 지각을 통하여 순환한다. 생물체가 죽고 분해되면 원자들은 다시 주위로 돌아간다. 그들 중의 일부는 결국 다른 생물체의 일부가 된다. 간단한 통계학에 의하면 여러분의 신체 중에는 천년 이상 전에 죽은 유기물질에서 1 밀리그램마다 약 1개씩의 탄소가 들어있다는 것을 알 수 있다. 이런 간단한 사실에는 좀 놀라운 것이 내포되어 있다. 예를 들면 여러분은 한 때 예수, 케사르, 부처 또는 부처가 그 밑에 앉았던 보리수나무에 속했던 원자를 십 억 개 정도 지니고 있다.[2]

그러면 우리의 신체를 볼 때 결국 기나긴 원자의 역사를 상기하면서, 여러분이 보고 있는 살과 그것을 보는 눈 자체도 말 그대로 우주티끌로부터 생겼다는 것을 기억하게 될 것이다.

우주화학

화학이란 시험관에서 일어나는 것이라고 믿으면서 자랐다. 그래서 1969년에 암모니아와 물분자가 외계에서 발견되었다는 것을 알고서 매우 놀랐다. 그것들이 어떻게 거기에 있게 되었을까? 라는 의문이 생겼다. 물론 천문학자들은 오래 전에 우주가 완전히 비어있지 않다는 것을 알고 있었다. 별들 사이의 공간에는 많은 기체 구름과 티끌이 있다. 그러나 심지어 짙은 성간 구름이라도 입방센티미터 당 백만 개의 원자밖에 존재하지 않는다. 이 정도면 실험실에서는 아주 고진공으로 간주된다. 매질이 확산되고 온도가 초저온으로 떨어짐에 따라서 화학반응이 일어나기는 매우 어려울 것으로 보이지만 그렇지만은 않다.

역사적으로 우주공간에 분자들이 존재할지 모른다는 최초의 암시는 1920년대 초반에 헤거(H. L. Heger)라는 천문학자가 별 스펙트럼에서 "확산 성간 띠"라는 이상한 특징을 발견하면서 나왔다. 그것들은 결국 빛의 경로를 따라서 놓여 있는 알려지지 않은 분자에 의한 흡광 탓으로 여겨졌지만 그 생각은 인정받지 못하였다. 수십년 후 뜻하지 않은 성간 암모니아와 물분자의 발견 이후로 우주공간의 알려진 분자 목록은 급속하게 증가하기 시작하였다. 오늘날 주로 전파망원경과 적외선 망원경을 통해서 백가지 이상의 화학물질이 확인되었다.

많은 성간 분자들은 유기분자이다. 일산화탄소가 가장 흔하지만 아세틸렌, 포름알데히드 및 알코올도 흔하다. 아미노산, PAH(여러고리 방향족 탄화수소류) 같은 더 복잡한 유기물들도 검출되었다. 이제는 우주 전체에 걸쳐서 기본적인 생명 유발 원소들이 풍부할 뿐 아니라 생명이 실제로 이용하는 유기

분자들도 풍부하다는 것이 분명해졌다. 우주화학은 이런 물질들을 생성하기 위한 수십억 년의 시간을 이용할 수 있었으며 그것들이 그곳에서 별과 행성계가 등장할 수 있는 거대한 분자구름을 생성하기 위한 충분한 시간도 있었다.

성간 기체구름의 화학을 연구한 천문학자들은 티끌 입자가 중요한 역할을 하였다는 것을 확신하고 있다. 그 고체 표면에 달라붙은 화학물질들은 복잡한 방법으로 반응을 한다. 우주공간에서 티끌을 발견하는 것은 어렵지 않다. 밤에 백조자리 근처를 쳐다보기만 하면 은하수 가운데 커다란 검은 반점을 볼 수 있을 것이다. 그 검은 영역은 뒤에서 오는 별빛을 가리는 커다란 티끌 구름에 의하여 생긴 것이다. 원인이 되는 것은 아주 작은 입자인데 전형적으로 1 밀리미터의 천분의 1정도이지만 분자 크기 정도로 작은 것도 있다. 그 조성은 자외선 복사선, 성풍, 충격파, 우주선과 같은 많은 물리적, 화학적 영향을 받은 결과의 산물이다. 그 속에는 규산질, 얼음, 흑연 같은 탄소질 물질 뿐 아니라 많은 유기물도 들어있다. 성간 구름은 지름이 수 광년이 될 수도 있어서 전체 티끌의 양은 막대하다. 성간 입자들은 비록 작지만 부지불식간에 생명을 만드는 화학자가 될 수 있었다.

이상하게도 성간 티끌은 우주 뒷마당에도 영향을 미치고 있다. 우주선들이 발견한 것처럼 태양계 안쪽은 놀랍도록 티끌이 많은 곳이다. 적도에서 석양 후에 보이는 유명한 황도광은 우주공간의 작은 입자들의 태양광 산란 때문에 생긴다. 이런 물질의 대부분은 자체에서 생긴 부스러기들이지만 일부는 성간 공간으로부터 흘러온 것이다. 별에서부터 비오듯 오는 입자들을 그 속도로 구별할 수 있다. 전에 아델레이드 대학에 근무하던 스틸(Duncan Steel)과 그 연구진은 뉴질랜드의 지상레이더 시스템을 이용하여 지구를 때리는 성간 입자를 연구하였다. 그들은 작은 운석이 대기권으로 진입하면서 생기는 이온화 흔적을 분석하여서 이들 중 일부는 속도가 초당 70 킬로미터 이상임을 밝혀냈다. 이것은 태양계 궤도에 포획되기에는 너무나 빠른 속도이다.[3]

우주공간에서의 생성

1972년 3월 2일 케이프 케네디에서는 파이오니어 10호가 발사되었다. 그것은 태양으로부터 100억 킬로미터만큼 멀어져간 1997년 4월 1일 전파접촉에서 사라졌다. 이것은 인간이 만든 가장 멀리 보낸 물체였다. 여러분이 파이오니어 10호에 타서 태양계를 여행한다고 상상해보자. 여러분은 6개월만에 화성의 궤도를 지나고 계속하여 소행성대를 지날 것이다. 여러분은 1973년 후반에 목성을 지날 것이다. 10년 후에는 해왕성 궤도를 통과하여 행성공간을 완전히 떠나서 별들로 향할 것이다. 이미 태양 크기는 지구에서 본 것보다 30분의 1로 줄어들었고 점점 작아 보일 것이다. 앞에는 춥고 어두운 빈 공간이 놓여 있다. 가장 가까운 별까지도 4.3광년(1조 킬로미터) 떨어져 있다. 여러분이 그대로 계속 진행한다 하더라도, 그곳에 도착하기 위해서는 일만 년이 걸릴 것이다. 오랫동안 보지 못하게 될 것이다.

여러분이 수천 년 동안 우주공간을 계속 여행한다면 태양은 매우 밝은 별 정도로 줄어들 것이다. 이 때 바로 곁에서 활발한 것을 만나게 된다. 성간 공간의 어둠 속에 무엇인가가 존재한다. 어두운 물질 덩어리가 갑자기 나타나서 미끄러지듯이 지나간다. 모양은 대충 둥글고 폭은 10 킬로미터 정도 된다. 물체를 자세히 관찰하면 암석, 얼음, 타르의 뒤범벅이라는 것을 알 수 있다. 바로 혜성이다.

여행을 계속함에 따라서 더 많은 혜성들이 나타나고 스쳐 지나간다. 1조개의 더러운 눈송이가 모여서 태양과 행성을 둘러싸는 무리 형태를 이루면서 여러분 곁을 스쳐지나가는 물체들의 구름을 통과하고 있다. 중심으로부터 1광년 떨어진 이 곳에는 많은 수의 작은 물체들이 모여 있어서 태양계의 진짜 외각 경계를 나타내고 있다. 혜성이 아무리 밖으로 멀리 뛰쳐 나가더라도 태양의 희미한 중력장 안에 남아있다.

태양계를 둘러싸고 있는 혜성의 구름을 실제로 본 사람은 없지만 이의 존재는 1950년에 예언한 오르트(Jan Ort) 이래로 천문학자들에게 인정을 받고 있다. 오르트 구름의 반응이 적은 물질들은 하늘에서 빛나며 꼬리를 성장시키고 있는 일반적인 것과는 비슷하지 않다. 그러나 오르트 구름은 혜성들의 진정한 고향이며 거의 무제한의 혜성 공급원이다.

혜성은 비록 수세기 동안 친숙하게 관찰되어 왔지만 여전히 의문으로 남아 있다. 최근까지 대부분의 천문학자들은 혜성들을 장관이기는 하지만 과거 문화들에서 그들의 통과가 낳은 두렵고 불길한 전조에도 불구하고 하늘의 천문학 드라마에서 중요하지 않은 출연자로 생각해 버렸다. 그러나 의견이 바뀌기 시작하였다. 이제 혜성은 중요한 주제가 되었다. 한 가지 이유는 나이와 관련이 있다. 그것들은 태양 성운 물질의 거의 그대로 남은 시료이며, 더 오래된 성간 물질들과 융합된 태양계 탄생 때부터의 유물이다. 예를 들면 핼리 혜성에서 방출된 티끌은 과학자들이 분석한 것 중 가장 원시적인 물질이라고 생각된다. 우주 공간 깊숙이 얼어붙어 있는 이 원시적인 혜성 물질들은 거의 45억년 동안 변화없이 보존되어

왔다.

더욱 흥미로운 사실은 혜성이 생명의 기원과 진화에서 역할을 수행하였을 것으로 생각된다는 점이다. 이의 중요성을 이해하기 위해서는 태양계의 시초로 돌아가 볼 필요가 있다. 태양 성운의 소용돌이로부터 행성이 생성된 방법은 매우 복잡하다. 이 과정은 작은 입자들의 응결로부터 시작되었다. 이어서 이런 입자들이 충돌하고 합쳐지고 천천히 점점 더 커다란 고체덩어리로 성장하였다. 입자들은 태양계의 안쪽에서는 주로 열저항성인 규산염이었다. 더 바깥쪽에서는 유기물질을 비롯한 휘발성 물질도 응축되었다.

조각들의 크기와 질량이 증가함에 따라서 이들은 이웃에 중력을 미치기 시작하였다. 천체들이 커다란 힘으로 서로 당기면서 충돌은 점차 격렬해졌다. 약 일만년 정도의 충돌 후 이런 물체들은 크기가 수백 킬로미터인 미행성체들로 불어나게 되었다. 백만년 후 수많은 화성 크기의 행성들이 태양을 선회하게 되었다. 막대한 크기의 충돌은 피할 수 없었다. 어떤 점에서 초창기 지구는 그런 물체 중 하나에게 비스듬하게 충돌을 당하여 심각한 결과를 가져왔을 것이다. 거대한 덩어리는 지구의 중심까지 헤치고 들어가서 철핵을 만들었다. 가벼운 맨틀은 충돌하는 힘에 의하여 벗겨져서 우주 공간 속으로 사라져서 지구 주위에는 선회하는 부스러기들의 소원반이 생겼고 이것이 모여서 달을 형성하였다. 이 충돌의 막대한 에너지는 지구의 모든 휘발성 물질을 말려버렸다.

바깥쪽 태양계에서는 사건의 속도가 덜 격렬한데 그곳은 물질이 더 희박하기 때문이다. 온도가 낮은 조건 때문에 물이나 황과 같은 물질은 고체화되었다. 원래 기체 구름의 미묘한 탄화수소들은 이 지역에서는 원시태양의 열로부터 살아남았을 것이다. 작은 티끌 입자들은 얼음 결정들을 쓸어 담으며 눈송이처럼 모여들었다. 때때로 눈송이들은 충돌하여서 서로 결합하였다. 이 얼음 입자들은 더 광범위하게 퍼져 있기 때문에 쉽게 행성으로 뭉치지는 못하였지만 크기가 수 킬로미터의 혜성에서부터 수백 배 더 큰 얼음 미행성체에 이르기까지의 작은 얼음 천체의 군단을 형성하였다. 약 천만년 후 이런 얼음 천체들이 모여서 거대 행성인 목성의 씨를 만들었다. 일단 지구 질량 열 배 정도의 임계 크기에 도달하게 되자 목성은 급속하게 성장하기 시작하였다. 이의 강력한 중력장은 성운의 넓은 띠에서 잔해물들을 빨아들이거나 소산시키게 되었다. 이것은 별개의 행성을 만들 수 있는 소행성 띠의 충분한 물질들을 빼앗았고 화성을 왜소한 행성으로 만들었다. 똑같은 방식의 성장이 토성, 천왕성, 해왕성에서도 반복되었지만 바깥쪽 성운의 낮은 밀도 때문에 더 느린 속도로 진행되었다. 해왕성 너머의 궤도에서는 행성을 만들기에는 미행성체들이 너무 띄엄띄엄 분포되어 있었다. (명왕성은 진정한 행성이 아니다.) 많은 얼음 미행성체들이 아직도 태양계 주위의 희미하고 눈에 잘 뜨이지 않는 소위 쿠이퍼 띠(Kuiper belt)라고 알려진 곳에 존재하고 있으며 태양 주위를 선회하고 있다.

오랜 세월 동안 거대한 외행성의 중력장은 많은 작은 얼음 천체들을 성간 공간으로 내던졌다. 그들 중 대부분은 태양계로부터 뛰쳐나가서 영원히 되돌아오지 않았으며 나머지는 결국 오르트 구름이 된 곳까지만 내던져졌다. 이 중력 산란은 완전히 마구잡이였으며 수백만 개의 얼음 덩어리는 태양계 안쪽으로 던져졌고 그들 중 일부는 행성들과 충돌하게 되었다. 지구도 끊임없이 충돌을 받았는데 처음에는 화성과 목성 사이에서 온 소행성들과, 나중에는 목성 영역에서 온 혜성들과 충돌하게 되었다. 기다란 시간 척도에서 본다면 바깥쪽의 얼음 천체들은 토성, 천왕성, 해왕성에 의하여 내던져졌으며 내행성들과도 충돌하였다. 바깥쪽 태양계에서 온 이런 천체들은 지구 지각에 가벼운 암석 물질 층을 더해주었다. 더 중요한 것은 그것들이 현재 대양의 몇 배에 해당하는 막대한 양의 물을 운반해주었다는 사실이다. 초기 지구가 가지고 있지 않았던 많은 휘발성 물질들도 물과 함께 왔는데 그 중에는 특히 생명을 촉진하는 유기물도 들어 있었다. 이 단계까지는 원래 태양 성운의 수소, 헬륨, 다른 기체들은 강력한 태양풍에 의하여 불려 날아가 버렸다. 일부는 목성의 대기에 축적되었고 대부분은 성간 공간으로 사라졌다. 지구에는 원시대기가 거의 남아있지 않거나 전혀 남아있지 않았을 것이다. 그러나 혜성 물질의 유입에 따라서 지구는 다시 한번 두꺼운 기체 담요로 덮이게 되었으며 용융된 내부에서 나오는 화산 기체로 더 증가되었다.

1억 년 후 지구의 형성은 거의 완전해졌을 것이다. 그러나 5억 년 이상 동안은 오늘날 우리가 알고 있는 잔잔한 푸른 행성과는 거의 닮지 않았다. 표면은 뜨거웠고 대양은 훨씬 더 깊었으며 대기는 압력이 높았다. 화산 활동이 격렬하였으며 달은 더 가까이 위치하고 있었고 조류는 거대하였다. 지구는 지금보다 훨씬 더 빠르게 자전하였다. 몇 시간만에 밤과 낮이 교대되었다. 그러나 가장 커다란 차이점은 우주로부터의 끊임없는 위협이었다. 어린 행성의 표면 조건을 만드는데 도움을 주었던 소행성과 혜성의 활동이 갑자기 멈추지는 않았다. 이들이 얼음과 유기물질을 가지고 뒤이어서 계속 들어왔다. 실제로 그것들은 지금도 들어오고 있다. 생명의 역사에 대한 공헌은 단지 시작되었을 뿐이었다.

충 돌

"혜성이 그것을 주었고 혜성이 그것을 가져갔다."
- 칼 세이건 [4] -

성경이 잘 읽히는 이유 중의 하나는 그것이 불과 유황, 천국의 징표, 홍수, 갈라지는 바다, 전염병과 흑사병 같은 극적인 것과 장관으로 가득 차 있다는 것이다. 한 때 많은 기독교인들이 믿었던 대로 (지금도 여전히 그렇게 믿는 사람도 있지만) 세계가 6천 년 전에 창조되었다면 신은 실로 산과 바다를 만들고, 계곡들을 씻겨 내리고, 빙하들을 운반하며 우리 지구의 형태를 만들기 위하여 매우 바빴을 것이다.

18세기 지질학자들이 신의 섭리보다는 물리적 과정으로 산과 강의 계곡, 소금이 녹아있는 대양, 빙하, 지층과 화석을 설명하려고 시도하자 그들은 이런 것들이 형성되기 위해서는 6천 년보다 훨씬 더 오랜 시간이 필요하다는 것을 깨달았다. 1785년에 현대 지질학의 창시자로 여겨지는 스코틀랜드의 허튼(James Hutton)은 지구의 지질학적 역사에 대하여 "우리는 시작에 대한 증거도 끝에 대한 예측도 전혀 발견하지 못하였다"고 단언하였다.[5] 허튼은 지구 표면의 모습은 오랜 기간에 걸친 점증적인 변화에 의하여 형성되었다고 믿었다. 그는 암석 퇴적물이 축적되고 산맥을 융기시키고 침식시키는데 수백만 년이 필요하다는 것을 알아냈다.

허튼의 생각을 균일설이라 하게 되고, 반대로 더 성경에 마음을 둔 학자들의 생각을 격변설이라고 하게 되었다. 격변론자들은 지구의 형성을 노아의 홍수, 화산의 대혼란, 번개 등에서 찾으려고 하였다. 라이엘(Charles Lyell)은 허튼의 이론을 받아들여서 1830년에 발간된 지질학원론(Principles of Geology)은 균일론의 의미를 사람들에게 알렸다. 이 단계에 이르러서는 과학자들에게는 지질 변화가 완결되기 위해서는 수백만 년이 아니라 수십 억 년을 필요로 한다는 것이 명확해지기 시작하였다. 그러한 결론은 생물학적 진화가 오랜 시간에 걸쳐서 축적되는 오래 걸리는 일련의 느린 적응으로 생각한 다윈을 만족시켰다.

이제 와서 보면 균일론이 자연의 종교적 해석에 대항하는 반응으로서 관념적으로 유발된 것이라는 것을 알 수 있다. 그 결과 상당히 강경한 원칙을 입증하였다. 갑작스런 생물학적 및 지질학적 격변에 대한 증거는 오랫 동안 분명하였지만 대개 무시되었다. 이 분야에 관심을 둔 사람들은 괴짜로서 내쫓기는 경향이 있었다. 존경받던 천문학자 핼리가 1694년에 혜성이 가끔 행성과 충돌한다고 생각하였으나 그의 제안은 무시당하였다. 1873년에 영국의 천문학자 프록터(H. A. Proctor)는 달의 분화구가 운석에 의한 충돌의 결과라고 감히 제안하였지만 지구에 유사한 분화구가 존재하지 않는다면서 주장을 재빨리 철회하였다. 심지어 1960년대에도 일부 천문학자들은 달의 분화구가 대부분 화산 활동 때문에 생겼다고 확신하였다. 아폴로의 달 착륙은 마침내 달의 분화구가 우주공간의 무수한 공격 때문에 생겼다는 것을 증명하였다.

다른 행성이나 달의 사진들은 많은 분화구 생성의 비슷한 그림을 보여준다. 수성과 화성이 대표적인 예이다. 이런 천체들은 충돌의 기록을 오랫동안 보관하였는데 두꺼운 대기가 없고 거의 지질학적 활동이 없었기 때문이다. 반대로 대부분의 지구 충돌의 분화구들은 침식에 의하여 소멸되었다. 그러나 전부는 아니다. 호주에서만 최소한 25개의 충돌자리들이 양성으로 확인되었다. 미국에는 아리조나의 윈슬로우 마을 근처에 가장 유명한 분화구가 있다. 운석 분화구 또는 배링거 분화구라고 하는 이것은 폭이 1.2 킬로미터이고 깊이가 100미터로서 삼만 년 정도 된 것이다. 앞서 언급한 아크라만 호수 같은 상당히 오래되고 더 큰 분화구들도 알려져 있다.

지구의 충돌 기록을 재구성하는 가장 좋은 방법은 달을 연구하는 것이다. 천문학적으로 그것은 매우 가까이 있기 때문에 우리의 작은 이웃이 받았던 모든 대접에 지구도 목표가 되었다고 확신할 수 있다. 그리고 그것은 꽤 격렬하였다. 심지어 쌍안경으로 보더라도 달에 일부의 커다란 분화구들을 볼 수가 있다. 가장 오래된 것은 그 연대가 40억 년 이상으로 거슬러 올라간다. 더 작은 많은 것들은 더 최근의 것이다. 나중 충돌로 생긴 분화구들은 흔히 그전의 상처에 겹쳐져서 나타난다. 커다란 충돌은 그전의 기록을 없애버리는 경향이 있기 때문에 초기 오천만 년의 기록을 상세하게 채우는 것은 주로 추론적인 것이다. 수학적 모형과 남아있는 달의 기록에 의하면 안쪽 태양계의 모든 천체들은 지역적인 파편들과 소행성들 그리고 바깥쪽 태양계로부터 오는 거대 혜성에 의하여 두들겨 맞았을 것으로 생각된다. 이런 충돌은 수억 년 동안에 걸쳐서 점차적으로 가늘어졌으며 약 40억 년과 38억 년 사이에 다시 좀 격렬해졌다. 이 나중의 격렬한 단계에 용암으로 채워진 어둡고 편평한 바닥으로 침묵의 시기에 비교적 매끄럽게 남아있는 친숙한 달의 바다들이 만들어졌다. 나중의 격렬한 충돌에 대한 원인과 정도에 대해서는 의견들이 서로 다르다. 일부 천문학자들은 그것이 지구 주위에 제한되어 있었다고 믿으며 다른 학자들은 전체 태양계에 걸쳐있었다고 생각한다. 그것은 위성이나 괴물 혜성의 파괴 때문에 생겼을 수도 있다.

생명의 관점에서 보면 이런 격렬한 연속 충돌의 의미는 유기물 전달이다. 1986년에 우주선 지오토가 핼리 혜성에 접근했을 때, 탄소, 수소, 질소 및 황을 함유하는 타르형의 검은 핵을 발견할 수 있었다. 우주선 앞부분에서 흘러나온 티끌 입자를 분석해보면 삼분의 일이 유기물질이었다. 벤젠, 메탄올, 아세트산 같은 일반적인 물질이 검출되었을 뿐 아니라 핵산의 구성 단위 중 일부도 검출되었다. 핼리가 기준이 되는 것이라면 혜성들은 쉽게 지구에 전체 생물권을 만들 만한 충분한 탄소를 공급할 수 있었을 것이다. 같은 상황이 태양계 언저리의 훨씬 더 커다란 얼음 천체에서도 등장한다. 최근에 천문학자들은 쿠이퍼 띠에서 와서 방랑하고 있는 켄타우르스라는 이름의 몇 가지 이상한 물체들을 발견하였다. 이 미행성체들은 검붉은 색이며 탄수화물이 풍부한 원시적인 끈적끈적한 것이 덮여 있는 것으로 보인다.

충돌하는 혜성, 소행성, 미행성체들이 처음에는 불모이던 지구를 유기물질과 물 층으로 덮어서 결국은 생명이 탄생한 원시 수프를 형성하였다고 결론을 내리는 경향이 있다. 그러나 이 이론에는 문제가 있다.

혜성 충돌은 매우 격렬한 사건이었으며 유기물질을 전달하기보다는 오히려 그것을 파괴하였을 것 같다. 빠른 속도로 대기권에 들어오는 작은 물체들은 완전히 타버린다. 더 커다란 물체들은 폭발에 의하여 대부분이 증발할 정도의 힘을 가지고 지각과 충돌한다. 유기물질이 살아남으려면 들어오는 물체는 운이 좋아야 할 것이다. 9장에서 살펴보겠지만 적당한 질량과 각도를 가지고 들어오면 외계 유기물질은 지상에 상처 없이 도달할 수 있지만 지극히 드문 일이다. 일부 연구자들은 티끌 입자들이 커다란 암석보다 더 잘 살아남을 것 같으며,

지구의 대부분의 유기물질은 이런 특정한 형태로부터 공중에서 떠다니다 하늘에서 떨어지는 만나빵처럼 내려앉은 것이라고 생각한다. 다른 사람들은 들어오는 혜성의 충격파가 충돌이 파괴한 것을 상쇄할만한 새로운 유기물질을 생성하였다고 생각한다.

극단적인 경우로 매우 커다란 천체가 지구에 주는 것보다 더 많은 물질을 없애버릴 정도로 강력하게 지구와 충돌할 것이다. 이것을 완곡하게 충돌 침식이라고 한다. 심한 충돌 시대 동안 커다란 충돌들은 대기와 대양을 벗겨낼 정도로 충분한 충격을 주었을 것으로 생각된다. 따라서 혜성 충돌은 물과 유기물질에 대해서는 양면을 가진 칼과 같다. 행성이 승리자가 될지 패배자가 될지는 환경에 크게 의존한다. 화성, 수성, 달 같은 작은 천체들은 충돌침식에 의하여 손해를 보게되지만 지구와 금성은 물질을 얻게 될 것이다.

양면을 가진 칼은 우리 행성 위에 다모클레스의 칼처럼 균형을 유지하며 남아있다. 혜성, 소행성, 운석들은 계속하여 지구를 위협한다. 이러한 이유는 태양계 너머로 가는 길에 영향을 끼치는 것들을 추적하여 밝힐 수 있다. 사람의 눈에 별들은 하늘에 고정되어 있는 것처럼 보이지만 태양은 실제로 은하를 회전하고 있으며 약 2억 5천만 년마다 일 회전을 한다. 이 느린 운동의 결과로서 때때로 다른 별이나 거대한 기체 구름이 태양계에 다가온다 이런 일이 일어나면 중력장이 오르트 구름을 흩트려 놓는다. 일부 혜성들은 태양계 밖으로 튀어 나가고 일부는 안쪽으로 구부러져 행성들을 향하게 된다.

새로운 혜성이 발견된다면 그것은 오르트 구름의 바깥 경계로부터 수백만 년의 여행을 통해서 우리를 방문하는 시대를 벗어난 방문자일 확률이 크다. 때때로 혜성이 안쪽 태양계를 통과할 때, 그 궤도가 목성이나 다른 행성에 의하여 교란되어 주기적으로 돌아오게 된다. 많은 주기적 혜성이 알려져 있으며 가장 유명한 것이 핼리이다. 이들이 태양에 접근하면 휘발성 물질은 증발하기 시작하고, 혜성은 태양풍에 의하여 분명한 꼬리로 끌리는 기체 구름과 티끌을 방출한다. 이런 물체의 최종적인 운명은 태양으로 떨어지거나 행성과 충돌하거나 다시 한번 안쪽 태양계로부터 추방되는 것이다. 대신에 혜성은 "죽음"을 맞을 수도 있다. 즉 위의 사건들이 일어나기 전에 모든 휘발성 물질을 잃고 빛나는 것을 멈추고 붕괴하는 것이다.

계산에 의하면 오르트 구름의 교란은 수억 년 후에 대부분의 혜성들을 방출하여야 한다. 여전히 혜성들이 규칙적으로 나타나고 있기 때문에 어떤 재보충 과정이 작용하고 있음에 틀림없다. 천문학자들은 이의 원인이 되는 안쪽 구름 또는 공급 띠가 존재하지 않을까 생각하고 있다. 그 띠는 전체적으로 지구 질량의 2배 정도가 되고 해왕성 너머 영역에서부터 점차적으로 엷어지는 것이다. 지난 수년 동안 몇 개의 커다란 얼음 천체가 태양계의 행성 가장자리인 쿠이퍼띠 근처 혹은 그 너머에서 발견되었다. 아마도 수명이 짧은 혜성들은 더 멀리 있는 오르트 구름보다는 여기에서 생겼을 것이다.

심지어 오늘날에도 혜성이나 소행성이 대부분의 생명체를 파괴하는 데 충분한 힘을 가지고 지구와 충돌할 수 있다. 오늘날 대규모 충돌들이 지질학적 연대에 걸쳐 있는 수 차례의 중요한 멸종 사건의 원인이었을 것으로 생각되고 있다. 가장 유명한 대량멸종은 6500만 년 전에 일어났다. (지질학적 연대로서는 비교적 최근이다.) 이때 공룡들과 함께 많은 종들이 갑자기 사라졌다. 거대한 우주 충돌이 원인이었다는 증거는 희귀원소인 이리듐층의 전세계적인 발견인데, 이것은 그 당시의 점토층에 축적되어 있다. 이리듐은 거의 틀림없이 충돌체에 의해서 전달되었을 것이다. 이러한 이론의 극적인 확인은 1990년에 멕시코에서 석회층 아래에 묻힌 당시의 거대한 분화구를 발견함으로써 이루어졌다. 그것은 너비가 최소한 180 킬로미터 이상이 되어서 직경이 약 20 킬로미터가 되는 물체의 충돌 때문에 만들어졌을 것이다.

우주 충돌은 생물학자들이 우발 사건이라고 하는 것의 예이다. 지구생물학에서는 전혀 설명을 하지 못한다. 그것은 지구생명체의 진화와는 어떤 인과관계도 없이 우연하게 일어났을 뿐이다. 그것은 창조적일 수도 있고 파괴적일 수도 있으며 선일 수도 있고 악일 수도 있다. 다른 행성에서도 마찬가지이겠지만 지구상에서의 생명의 기원은 휘발성이 풍부한 물질에 의존하였을 것이다. 공룡의 죽음은 포유류 증가를 위한 길을 열어주었으며 결국 인류에 이르게 되었다. 우리의 존재는 천문학적 재앙 때문일 수도 있다고 생각된다. 언젠가는 인류가 공룡의 길을 걷게 될 것인지는 더 알아보아야 할 것이다.

시시포스 효과

지구와 달이 38억 년 전까지 우주 폭격의 벌을 참아내고 있었다는 것은 우리에게 중요한 의문을 제시해 준다. 만일 화석 기록이 믿을 만하다면 생명체는 틀림없이 35억 년 전에도 번창하고 있었고 아마도 38억 5천만 년 전에도 틀림없이 존재하였을 것이다. 커다란 충돌의 무시무시한 결과를 생각한다면 생명은 후기의 심한 폭격시대를 견디어낼 수 있었을까? 불행하게도 증거의 궤적은 이 문제의 흥미만큼이나 희미해진다. 지질학자들은 42억 년 전의 지르콘 결정을 분리하고 어떤 종류의 고체 지각이 그 당시에도 존재하였다고 추론하고 있지만 지금까지 발견된 가장 오래된 암석은 40.3억 년 된 것이다. 지질학적 과정들은 우리 행성의 38억 년 전 모습에 관한 증거들을 거의 대부분 없애버렸다.

지구가 유년기의 비밀을 밝히기 싫어할지라도 38억 년 전 환경에 대한 간접적인 증거들이 바로 우리의 코 아래(심지어는 바로 그 안에)에 있다. 우리의 유전자는 주위 환경에 의하여 형성되었기 때문에 우리 몸의 DNA는 과거의 기록을 가지고 있다. 지질학적 기록처럼 유전적 기록이 시간의 파괴에 의하여 왜곡되고 모호해졌다고 하더라도 완전히 지워진 것은 아니다. 미생물학자들은 유전자로부터 정보를 캐내어서 약 40억 년 전에 살았을 공통 선조에 대한 많은 것을 알아낼 수 있으며 이 정보를 가지고 당시의 조건을 추측할 수 있다. 드러나는 정보는 아주 놀라운 것이다.

우주 폭격이 심하던 시대는 어떠했는지 상상해보자. 커다란 충돌마다 전지구적인 대변동을 일으켰을 것이다. 파괴의 정도는 공룡을 멸종시킨 충돌보다도 훨씬 더 심하였을 것이다. 38억 년 전에 달은 직경이 90 킬로미터나 되는 물체와 충돌하여 영국 크기 정도의 거대한 충돌 바닥을 생성하였다. 비슷한 수 차례의 지각 격변은 산맥 고리 형태와 같은 파괴흔적을 남겨놓았다. 지구는 훨씬 더 크기 때문에 이런 정도의 충돌이나 심지어는 더 큰 충돌이 수십 번이었을 것이다. 거대 충돌을 일으킨 물체를 찾기는 어렵지 않다. 심지어 오늘날에도 태양계에 숨어있는 수많은 커다란 천체들이 있다. 최근에 발견된 소행성인 카이론은 토성 근처의 불안정한 궤도에 있으며 너비가 180 킬로미터에 달한다. 이것이 지구와 충돌하는 것은 생각하는 것조차도 두렵다. 그리고 카이론은 알려진 대로 가장 큰 소행성이 아니다. 40억 년 전에는 그런 물체들이 오늘날보다도 훨씬 더 많았을 것이다.

스탠퍼드대학의 슬립(Norman Sleep) 연구진은 거대 충돌의 극적 효과를 분석하였다.[6] 직경이 500 킬로미터인 물체가 충돌하면 너비가 1500 킬로미터, 최소한 깊이가 50 킬로미터인 구멍이 생긴다. 거대한 불꽃 속에서 증기화된 막대한 암석이 곧 지구를 덮게되고 공기를 몰아내고 전지구적 용광로를 만들 것이다. 표면 온도는 섭씨 300도 이상으로 뛰쳐올라서 지구의 대양이 끓어 말라버리고 약 1 킬로미터 깊이까지의 암석이 녹게 된다. 암석 증기와 과열된 증기로 밀도가 높아진 공기는 수개월에 걸쳐서 천천히 냉각됨에 따라서 녹은 암석 방울의 비가 내리기 시작한다. 정상적인 비는 천년 후에야 내리기 시작할 것이다. 그 후 2000년 동안 억수같은 비가 내려서 결국 대양을 다시 채우고 지구는 정상으로 돌아가게 된다. 이와 같이 심각한 대격변은 단지 몇 번이었겠지만 슬립은 대륙의 바다(Mare Continentale) 같은 중요한 달의 특징들을 만든 사건들 정도는 수백 번 있었을 것으로 생각한다. 이런 것은 우주공간으로 녹은 암석을 튀기고 지구의 대기 위에 임시적인 암석-증기 담요를 만들었다. 하늘에서 오는 복사열은 대양의 상층 40 미터를 끓게 만들고 수년간 더운 비를 내리는 것을 촉발하는데 충분하였다.

분명히 거대한 충돌은 지구 표면을 철저하게 멸종하는 효과를 가져왔다. 암석 증기로부터 생긴 뜨거운 열 충격은 상당히 빠르게 노출된 생물들을 모두 파괴하였다. 지구가 천문학자들이 생각한 대로 철저하게 파괴되었다면, 그리고 38억 년 전에 이미 지표에 생물들이 존재하고 있었다면 생명체들은 바로 직전의 멸종 충돌 효과가 끝나자마자 갑자기 출현하였음에 틀림없다. 이것은 생명이 우주로부터 왔거나 일단 조건이 절반정도 갖춰지면 재빠르게 등장한다는 것을 암시한다. (물론 단 하나의 예로써 이 결론을 확신하기는 너무 어렵다.) 어느 쪽이든지 간에 생명이 한번 이상 등장하였을 가능성을 생각하는 것이 상식적이다. 후기의 심한 폭격 이전에는 비교적 조용한 단계가 존재하였다. 어느 경우이든지 충돌체가 고갈됨에 따라서 연발 공격은 점차로 약해져 갔고 연속적인 멸종 충돌 사이에는 다양한 기간의 간격이 생겼다. 이런 간격은 생명이 발생할 기회를 제공하였을 것이다.

몇 년 전에 캘리포니아 공대의 마어(Kevin Mahe)와 스티븐슨(David Stevenson)은 폭격 시나리오의 견지에서 생명의 기원이 무엇을 의미하는지 다시 정의하고자 하였다.[7] 그들은 멸종 충돌들 사이보다 더 짧은 기간에 자기복제하는 생물체가 등장할 때 생명이 시작될 수 있다고 하였다. 말하자면 원시수프에서 생명을 만드는데 천만년이 걸린다면 생명이 시작되기 위해서는 최소한 폭격이 멈추는 천만년의 간격이 필요하다는 것이다. 마어와 스티븐슨은 여러분이 폭격시대로 되돌아가서 얼마나 오랜 동안의 비폭격 간격을 예상할 수 있는 지 물었을 때 그들은 2억 년이라고 답하였다. 그렇다면 생명은 40억 년 이후에는 어느 때든지 생명이 등장할 수 있어서 조용한 기간에 번성하고 멸종 충돌에 또 다시 없어졌을 것이다. 매번 다시 굴러 떨어지는 바위를 계속하여 밀어 올리라고 명령받은 시시포스의 신화처럼 생명은 매번 우주로부터 반복적으로 습격을 받지만 스스로 번성하기 위하여 되풀이해서 투쟁하였을 수 있다.

생명이 여러 차례 새로 생겼다면 인류는 최초 생물체의 자손이 아닐 것이라는 호기심도 생긴다. 아니면 우리는 오랜 기간 계속된 단속적인 연속물에서 최후의 커다란 충돌에서 어떻게든 살아남은 최초의 생명 형태의 자손일 수도 있다. 이것은 약 38.5억년된 이수아 암석에 대한 흥미로운 생각을 만들어 낸다. 생명이 이수아 암석들을 형질 변환시킨 후 멸종 충돌이 일어났을 수 있다. 그렇다면 고대 지각에 남아있는 희미한 흔적들은 우리 형태의 생명체 선조가 전혀 아닐 수 있다. 우주 폭격에 의하여 깨끗하게 사라진 앞선 시대의 전혀 다른 생물학에 속할 수도 있다. 그린랜드의 암석은 어떤 의미에서는 소위 이질적인 생명 형태에 대한 증거를 함유할 수도 있다.

우리가 초기 태양계에 대하여 알고 있는 것에서 생각한다면 지구 표면은 행성이 생긴 후 최소한 수억 년 동안은 생명체에게는 매우 위험한 장소이었다. 심지어 대양 바닥조차도 커다란 충돌의 위협에 대하여 거의 보호를 해줄 수 없었다. 이런 대격변에서 오는 열 충격은 지각 수십 수백미터 깊이까지도 치명적이었을 것이다. 에덴의 정원은 거의 불가능하였다. 그렇다면 최초의 생명 형태는 어디에서 생존하였으리라고 생각되는가? 최초의 비틀거리는 생태계가 증기화된 암석에 의하여 통째로 멸망되지 않게 보호해 줄 어떤 피난처가 존재하였을까? 어딘가 아주 깊은 곳이라고 생각된다. 지표면 아래 어딘가일 것이다.

그러나 지구 위에서 살던 것이 거기에서 살 수 있을까?

참고문헌

1. Titus Lucretius Carus, De Rerum Natura, trans. Alban Dewes Win spear (New York: Harbor Press, 1956), p. 89.
2. 이 뒤에 숨어있는 이유는 간단하다. 지구의 전체 탄소 질량을 여러분의 신체 질량으로 나눈다. 비록 큰 수이기는 하지만 여러분 신체 안의 탄소 원자 수보다는 훨씬 더 작은 수이다.
3. A. D. Taylor, W. J. Baggaley, and D. I. Steel, "Discovery of Interstellar Dust Entering the Earth's Atmosphere," Nature, 380(1996):323.
4. C. B. Cosmovici, S. Bowyer, and D. Werthimer, eds., Astronomical and Biochemical Origins and the Search for Life in the Universe (Bologna: Editrice Compositori, 1997), p. 106에서 인용. 혜성의 역할에 대한 상세한 총설은 다음을 참조하라. Paul Thomas, Christopher Chyba, and Christopher McKay, eds., Comets and the Origin and. Evolution of Life (New York: Springer-Verlag, 1997).
5. James Hutton, "Theory of the Earth," Transactions of the Royal Society of Edinburgh 1(1788):304.
6. Norman Sleep, Kevin Zahnle, James Kasting, and Harold Morowitz, "Annihilation of Ecosystems by Large Asteroid Impacts on the Early Earth," Nature 342(1989):139.
7. Kevin Maher and David Stephenson, "Impact Frustration of the Origin of Life," Nature 331(1988):612.

7장

슈퍼박테리아

1920년대 후반에 이집트의 수도 카이로에서는 하수도의 붕괴로 범람이 일어났다. 조사관들은 건설한지 2년밖에 안 되는 하수도관의 콘크리트가 붕괴되었다는 것을 밝혀냈다. 토목기술자들은 손상 원인을 밝혀내기 위하여 일련의 실험을 시작하였다. 그 후 빠른 붕괴를 일으키는 하수도가 다른 곳에서도 나타나기 시작하였다. 캘리포니아의 오렌지카운티에서는 26마일의 하수구가 심하게 부식되었고 부식을 중지시키기 위하여 염화물 처리를 해야 하였다. 55마일에 이르는 로스앤젤레스의 북쪽 하수구는 강제 송풍을 통해서 겨우 전체적 붕괴를 막을 수 있었다. 남아프리카 공화국의 케이프타운의 기술자들은 콘크리트 하수관이 빠르게 부식되는 것 때문에 애를 먹어야 했는데 그 중 일부는 1년에 4분의 1인치의 속도로 파괴되었다. 분명히 지하에서 무언가 이상한 일이 진행되고 있었다.

호주의 몇몇 도시와 마을에서도 하수관이 부식되기 시작하자 멜버른 광역시 기술자협회가 소집되었다. 파커(C. D. Parker) 박사의 지휘 아래 연구 계획이 시작되어서 전국에서 심하게 부식된 하수관들로부터 시료를 수집하였다. 이 단계까지 기술자들은 이미 그 문제가 계란썩는 냄새가 나는 기체인 황화수소와 관련이 있다는 것을 알고 있었지만 부식 속도와 격렬함은 의문거리로 남아 있었다.

오래지 않아서 파커 박사는 어떤 일이 일어나고 있는지를 밝혀냈다.[1] 그전의 이론들은 콘크리트의 일종의 화학적 변환에 초점을 맞추었지만 파커 박사는 실제로 부식은 생물학적 공격 때문이라는 것을 알아냈다. 그는 곧 원인을 찾아냈는데 그것은 2 ㎛ 길이의 길쭉한 막대형 박테리아였다. 이 괴상한 미생물은 고체 콘크리트를 먹어치워서 그것을 수주 안에 가루로 만들어 버렸다. 성장하기 위하여 유기물을 이용하는 정상적인 생물과는 달리 파커의 미생물은 황으로 된 먹이에서 번성하는 것으로 여겨졌으며 그것을 하수관에서 방출하는 황화수소로부터 얻고 있었다. 파커 박사는 그 박테리아를 배양할 수 있었으며 임시적으로 "콘크리트를 먹는 황 막대"라는 의미의 *Thiobacillus concretivirous*라고 명명하였다.

실험실에서 시험한 결과 *Thiobacillus concretivirous*는 황산을 생산하였으며 콘크리트 하수관을 파괴하는 것은 바로 그 황산이었다. 실제로 분리된 박테리아는 황산 속에 잠겨있지 않으면 성장하지 못하였다. 산의 농도는 놀라울 정도로 높아서 다른 모든 생물들을 죽이고 심지어 금속 조각을 녹일 정도로 높았다. 파커 박사의 산을 좋아하는 박테리아는 이미 과학계에 알려진 것이었다. 그것은 수년 전에 발견되어서 *Thiobacillus thio-oxidans*라는 이름을 갖고 있었다. 그것은 내산성(산을 좋아함)이라고 알려진 미생물의 한 종류로서 살아가기 위해서 산성 매질을 필요로 하며 석탄이나 철광석 더미에서 번식하고 있었다. 그중 일부는 pH가 2정도인 용액에서도 생존할 수 있는데 손을 담그면 고통을 느낄 수 있을 정도의 산 농도이다.

Thiobacillus thio-oxidans 못지 않게 특이한 것은 작고 강인한 미생물인 *Halobacterium halobium*으로서 전혀 생명이 존재하지 않으리라 생각되는 사해에 존재하고 있다. 사해는 내륙 호수이지만 너무 염도가 높아서 수영객이 똑바로 앉아있을 수 있을 정도이다(실제로 나도 시도해 보았다). 이런 높은 염농도는 호수가 육지로 갇혀있기 때문이다. 물이 요르단강을 통해서 흘러들어온 후 증발하고 염이 남게 된다. 호수 부근은 건조한 불모지여서 마치 달의 표면과 비슷하다. 험악한 환경과 암시적 이름에도 불구하고, *Halobacterium halobium*의 발견이 증명하는 바와 같이 사해는 완전히 죽은 것은 아니다. 집합적으로 할로박테리아(halophile)라고 하는 호염성 박테리아의 서식지이다. 유타주의 그레이트솔트호(Great Salt Lake)와 케냐의 마가디호(Lake Magadi)도 각각 그들만의 미생물을 가지고 있다. 생존 가능한 호염성 박테리아가 염광산이나 고대 결정 안에 갇힌 채로 발견된다.

매우 추운 곳과 같이 다른 극한 상황에서도 생존할 수 있는 미생물도 알려져 있다. 예를 들면 남극 빙산 아래 갇힌 물에서도 박테리아가 번성하는 것이 발견된다. 일부는 액체 질소 온도나 그 이하까지 냉각되어서도 생존할 수 있다. 다른 미생물들은 극단적인 알칼리성에서도 잘 살아간다. 예를 들면 *Plectonema*는 사람의 손을 심하게 손상시킬 수 있는 알칼리 용액에서 살아간다. 심지어 *Micrococcus radiophilus*라는 박테리아는 대부분의 생물에 치사적인 방사선에도 견딜 수 있다. 실제로 건강한 미생물이 우라늄, 플루토늄과 다른 방사성 원소가 들어 있는 핵반응로의 폐수통에서 발견된다. 압력도 장애가 되지 않는다. 대장균 같이 흔한 박테리아도 수백 기압의 압력을 아무런 손상도 받지 않고 견디어 낸다. 또 다른 극단적인 예는 달 표면까지 갔다가 돌아온 *Streptococcus mitis* 박테리아로서 이것은 서베이어 3호(Surveyer III) 우주선의 카메라집에 붙어 완전한 진공 상태에서 2년을 견디어 냈다.

"슈퍼박테리아"와 "극한생물"이라는 용어는 이런 강인한 미생물을 나타내기 위하여 만들어졌다. 처음에는 슈퍼박테리아는 단순히 과학적 호기심이었고, 주로 그럴듯한 상업적 개발을 위하여 연구되었다. 그러나 최근에는 미생물학자들이 지식을 넓혀감에 따라서 이런 생물체들이 더욱 중요한 의미를 갖게 되었다. 일부 슈퍼박테리아는 매우 오래 되었으며 원시적인 것으로 보여서 과학자들은 점점 더 그것들을 공통 조상에 가장 가까운 살아있는 화석으로 생각하게 되었다. 그렇다면 우리에게는 극한적으로 보일지라도 그것이 번성하는 혹독한 조건이 39억 년 전의 지구의 모습을 나타내 줄 수도 있다.

뜨거운 것을 좋아하는 것들

"유기 생명체는 끝없는 파도 밑에서 태어나서
대양의 진주 동굴에서 배양되었다."
- Erasmus Darwin[2] -

내가 살고 있는 아델레이드의 여름 기온은 때때로 섭씨 43도(화씨 109도)까지 올라간다. 그런 때면 대부분의 사람들은 실내에 머무른다. 외부에서는 시원하게 하는 것이 가장 큰 문제가 된다. 심지어 우리 집 고양이도 개처럼 헐떡인다. 일부 사막 동물들은 이것보다 조금 더 높은 온도도 견디어내지만 섭씨 50도(화씨 122도)가 한계인 것 같다. 요리를 하는 것은 단백질을 해체하여 더 이상 적절하게 작용하지 못하게 하는 것이다. 고전적인 예가 계란인데 상당히 뜨거운 물에 담그면 흰색 고체로 변한다. 그런 일이 살아있는 동물에서 일어나기 시작한다면 곧 죽음을 의미한다.

수십 년 전에 생물학자들은 70도에서도 편안하게 살아가는 박테리아를 발견하고는 놀랐었다. 이런 특별한 미생물은 퇴비더미, 목초 사일로탑, 심지어는 가정용 온수통에서도 발견되었다. 이런 이유 때문에 이들을 고온성박테리아(thermophile)라고 명명하였다. 연구 결과 고온성 박테리아들은 특별히 안전한 단백질을 이용하며 정상적인 지방이 아닌 방열 왁스형으로 만들어진 세포막으로 둘러싸여 있다는 것이 알려졌다. 오랫동안 고온성 박테리아가 생존하는 한계가 70도이며 그 이상에서는 DNA에 변이가 일어나기 시작할 것으로 생각하였다. 따라서 1969년에 인디애나 대학의 브록(ThomasBrock)이 *Thermus aquaticus*라는 슈퍼박테리아를 발견하였을 때 놀라움은 더욱 컸다. 이것은 옐로우스톤 국립공원에 있는 섭씨 80도 온천에서 살고 있었다.

그러나 이것은 시작에 불과하였다. 1970년대 후반에 우즈홀(Woods Hole) 해양연구소의 심해탐사선 앨빈(Alvin)은 태평양의 갈라파고스 균열을 따라서 해저를 탐사하였다. 해저 약 2.5 킬로미터에 있는 이 지형은 검은 굴뚝이라고 알려진 해저화산의 제일 좋은 예로서 지질학자들에게 흥미로운 것이었다. 검은 굴뚝이라는 이름은 무기질로 덮인 암석 굴뚝이 보이고 거기에서 혼탁한 유체가 주위의 대양으로 흘러나오기 때문에 붙여진 것이다. 검은 굴뚝 근처의 해수는 온도가 350 ℃까지 올라갈 수 있어서 정상적 끓는점보다 더 높다. 이는 거대한 압력이 존재하기 때문에 가능하다.

앨빈 계획에 참여하였던 과학자들은 갈라파고스 검은 굴뚝 주위와 다른 심해 지역 부근에 생명체가 풍부하다는데 놀랐다. 심해의 외래 동식물 중에서 대부분은 게와 서관충(tube worm)이었다. 검은 굴뚝 부근에는 잘 알려진 고온성 박테리아도 존재하였다. 그러나 가장 놀라운 것은 온도가 110 ℃가 되는 분출구 가까이에 이제까지 알려지지 않은 미생물이 있다는 것이었다. 어느 과학자도 그런 극단적인 열을 견딜 수 있는 생물 형태를 상상조차 할 수 없었다.

80 ℃ 또는 그 이상의 온도에서 사는 생물체를, 그들의 놀라운 열저항 능력을 나타내기 위하여 초고온성 박테리아(hyperthermophile)라고 한다. 그것들의 발견에 뒤이어서 이런 슈퍼박테리아들이 기형이 아니라는 것이 분명해졌다. 오늘날까지 약 20종이 발견되었다. 흥미롭게도 많은 초고온성 박테리아는 고대세균류 박테리아(archea, 3장 참조)이다. 공식적인 최고기록은 현재 *Pyrodictium occultum*이 가지고 있는데 121℃에서 한 시간 동안 고압멸균한 다음에도 건강하게 나타난다고 보고되었다. 그러나 브리스톨 대학의 파크스(John Parkes)는 169℃에서도 살아있는 미생물에 대한 증거를 가지고 있다고 주장하고 있다.[3]

깊은 바다 생물체에 대한 근본적인 질문은 그들이 어떻게 살아가는가 하는 것이다. 생물학자들은 오랫동안 지구상의 모든 생물은 결국 태양 에너지에 의존하고 있다고 추정하여 왔다. 식물은 빛이 없이는 성장하지 못하고 동물은 생존하기 위하여 식물을(또는 서로를) 먹어야만 한다. 그러나 깊은 바다는 칠흑과 같다.[4] 태양광이 전혀 투과하지 못한다. 이것은 게나 서관충에게는 문제가 되지 않는다. 그것들은 해저의 더 작은 생물들 가운데서 먹이를 찾기 때문이다. 그러나 먹이사슬의 바닥에는 무엇인가가 있어야만 한다. 미생물이 화산으로부터 나오는 뜨거운 화학 용액으로부터 직접 생체 에너지를 획득하여 일차 생산자 역할을 한다는 것이 밝혀졌다.

유기물질을 섭취하지 않고 직접 자신의 생체량을 만들어내는 생물을 독립영양 생물이라고 한다. 식물은 가장 흔한 독립영양 생물이다. 그들은 태양 에너지를 이용하여 이산화탄소와 물 같은 무기물질을 유기물질로 전환한다. 빛 에너지가 아니라 화학에너지를 이용하여 생체량을 만드는 독립영양 생물을 화학독립영양 생물이라고 한다. 진정한 화학독립영양 생물을 찾아내는 것은 생물 역사에 중대한 사건이다. 여기에는 일차 에너지원으로서 태양광에 의존하지 않는 완전히 별개인 생명사슬의 기초가 존재하여 친숙한 지표의 생물과 나란하게 존재할 수 있다.[5] 최초로 광합성의 복잡성이 전혀 없는 생태계를 생각해내는 것이 가능해졌다. 과학자들은 수십 억 년 동안 감추어진 막대한 새로운 생물 세계를 어렴풋이 알아내게 되었다.

지하 세계의 생명

"미생물은 미생물이 생존할 수 있는 모든 곳에 존재한다."
- Thomas Gold[6] -

유명한 공상과학소설 작가인 베르느(Jules Verne)는 그의 "지구 중심으로의 여행"에서 지구 내부로의 탐험을 그리고 있다. 용감한 탐험가는 새로운 세계를 지하에서 발견하는데 그

곳은 지하 동굴에 거주하는 색다른 생물 형태들로 채워져 있다. 불행하게도 베르느의 이야기는 오늘날 지질학적 증거에 부딪히고 있다. 광부들은 깊이 들어갈수록 뜨거워진다는 것을 잘 알고 있다. 지하로 1 킬로미터씩 내려갈수록 온도는 20℃가 증가한다. 이러한 이유로 인해 수 킬로미터 지하에서는 대부분의 생물체들이 생존할 수 없다. 이 온도 기울기는 지각을 지나서 녹아있는 맨틀, 그리고 중심핵까지 계속되는데 핵에서는 3,000 ℃ 이상이 된다. 지구 중심을 향한 모든 여행은 틀림없이 연소되는 것을 의미할 것이다. 지표 아래에 생물이 존재할 수 있다는 베르느의 생각은 터무니없다고 볼 수 있다. 생물학자들은 지표면의 토양에 박테리아가 존재하고 석회동굴에는 특별하게 적응된 생물들이 존재한다는 것을 오래 전부터 알고 있었다. 그러나 이런 예외적인 것을 제외하면 지구는 지하로 내려가면 죽어있다고 판단된다.[7] 그러나 똑같은 의견이 해저에 대해서도 널리 퍼져 있었다. 햇빛이 통과할 수 있는 표면의 "태양광 통과대(photic zone)" 밑에는 아무 것도 생존할 수 없다고 생각되었다. 검은 굴뚝 생태계의 발견은 모든 것을 바꿔 놓았다. 그러나 슈퍼박테리아가 해저 수 킬로미터에서도 존재할 수 있다면 그것들이 지하 수 킬로미터에서도 존재할 수 있을까?

지구 표면 깊숙한 곳에서도 생명이 번창할 수 있다는 것을 최초로 공개적으로 발표한 사람은 배스틴(Edson Bastin)이라는 시카고대학의 지질학자이었다. 배스틴은 1920년대에 황화수소를 함유하는 유전에서 왜 물이 추출되는지 의문을 품었다. 그는 원유가 저장된 깊숙한 곳에 살고 있는 황 환원 박테리아가 기체를 생성한다고 제안하였다. 그러나 그 주장을 뒷받침해줄 증거를 거의 가지지 못하였으나 몇 사람의 지지자를 얻게 되었다.

실제로 지질학자들이 무엇을 조사해 보아야 할지를 안다면 깊은 지하의 생물학적 활성에 대한 지표들은 주위에 널려 있다. 1960년대에 미생물이 침전시킨 것으로 보이는 지하 광물 퇴적물이 발견되었다. 박테리아에 의하여 이용된다고 알려진 철, 황, 망간, 아연 및 다른 물질들이 이상한 방법으로 농축되어 있었다. 한편 런던대학의 오스트레일리아 대학원생이던 해밀턴(LloydHamilton)은 광물 벽옥의 광맥에서 미화석의 확실한 모습을 발견하였다. 그는 그것들이 암석의 구멍에 주거지를 만들었던 철을 퇴적시키는 미생물의 흔적이라고 생각하였다.[8]

지하 생명체에 대한 축적되는 증거에도 불구하고 지각에는 생물이 없다고 널리 인정되던 의견은 1970년대 후반에야 변화하기 시작하였다. 당시 정부는 핵폐기물 처리에 연구자금을 제공하고 있었다. 방사성 폐기물은 그것에 어떤 일도 발생하지 않도록 깊은 지층에 파묻어야 하였다. 그러나 지하수는 이미 박테리아가 지하 원천에 서식하고 있을 수 있다는 것을 암시하였고 시추에서 얻어진 시료들은 박테리아 가공 과정의 증거들을 나타내 주었다. 점차로 과학자들은 미생물들이 대수층을 침투하여 지하의 핵폐기물에도 도달하여 저장용기를 부식시키고 결국 폐기물을 방출시킬 수도 있다는 것을 깨닫기 시작하였다. 박테리아가 원유저장고를 침투하여 원유를 변성시킬 수 있다는 것이 분명해짐에 따라서 비슷한 우려들을 석유산업에서도 직면하게 되었다. 그러나 1980년대 후반까지만 하여도 대부분의 과학자들은 지표 깊숙한 아래에서 생명이 번성하고 있다는 것에 대하여 거부감을 가지고 있었다. 코넬대학의 천문물리학자 골드(Tommy Gold)는 거의 7 km 지하의 스웨덴 화강암에서 생물학적 활동의 증거를 발견하였다고 발표하였으나,[9] 그의 주장은 초기에는 비웃음을 당하였다.

미생물의 수확은 그런 의심을 사라지게 하였다. 미국 에너지부는 사우스 캐롤라이나의 사반나강 유역을 시추하는 계획을 실행하였다. 연구자들이 0.5 km 깊이에서 나온 암석에서 누구나 볼 수 있는 살아있는 박테리아를 추출할 수 있었다.[10] 그 계획의 기술자들은 지표의 생물로 오염되거나 섞이지 않도록 철저한 주의를 하였기 때문에 미생물들이 실제로 그 깊이에서 살고 있다는 것은 의심할 여지가 거의 없었다. 미국 내의 다른 시추계획과 다른 나라에서의 시추에서도 확인되었다.

일부에서는 훨씬 깊은 곳에서도 미생물이 발견된다. 버지니아의 테일러스빌 분지(Taylorsville Basin)에서는 3 km의 시추공을 트라이아스기층을 관통하여 뚫는 결과 *Bacillus infernus*를 포함하는 특이한 막대형의 초고온성 박테리아를 발견하였다. 깊지 않은 곳에서 사는 미생물들은 양쪽성이어서 온도가 높은 곳에서도 성장하지만 매우 높은 곳에서는 성장하지 않는다. 그러나 2km보다 더 깊은 곳에서는 고온성 박테리아가 우세해진다. 계획에 참여한 과학자들은 미생물들이 테일러스빌 지역을 최소한 1억 4천만 년 동안 차지하고 있었다고 추측한다. 스웨덴의 단단한 암석인 스트립타 광산 같은 일부 지역에서는 몇 가지 종이 우세하게 퍼져 있으나 사우스 캐롤라이나 항구의 무른 해안 퇴적물층에서는 수백종이 발견된다. 현재 발견된 깊은 곳에서 살아가는 미생물종은 수천 종에 이르고 있다. 일부 심층 시료에서는 1 g당 1000만 개의 박테리아가 포함되어 있다. 우리 발 아래의 암석이 작은 생물체들이 들끓고 있는 곳으로 생각되기 시작하고 있다.

지하 슈퍼박테리아의 존재가 정리됨에 따라서 과학자들은 교과서를 다시 쓰기에 바쁘다. 모든 종류의 지질학적 특이점들이 괴상한 미생물들의 활동에 기여하고 있다. 예를 들면 산을 분비하는 박테리아는 수정과 같은 단단한 암석을 파놓아서 구멍과 부식의 원인이 된다. 이런 과정이 깊은 지하에서도 일어나고 있을까? 퇴적암으로부터 원유를 추출할 수 있게 해주는 구멍들의 그물망은 이런 작은 생물들 때문에 생긴 것일 수도 있다. 그렇다면 원유 추출을 가속화하는데 슈퍼박테리아를 이용한다면 경제적인 이익을 얻을 수도 있을 것이다.[11]

지하수 이동은 박테리아 추적자들에게는 또 다른 목표물이다. 노스 캐롤라이나의 컬럼비아에서 미국 지질조사협회의 차펠(Francis Chapelle)은 깊은 지하수에서 살고 있는 미생물을 연구하여 철을 분해하는 박테리아가 구멍을 만들고 물의 흐름을 증가시키며 황화물을 생성하는 박테리아는 녹은 철을 다시 침전시켜서 구멍을 막는다는 것을 발견하였다. 그는 미생물을 필요에 따라서 흐름을 열고 막는 작은 수문 조종인으로 비유하였다.[12]

해양 연구에서도 비슷한 일이 생기기 시작하였다. 미생물들은 가까운 해저뿐 아니라 해저층 아래의 퇴적암층에도 서식하고 있다. 국제적인 해양시추계획(Ocean Drilling Program)은 해저에서 거의 1km 지하의 암석에서 생명의 흔적을 발견하였다. 브리스톨에 있는 파크스(John Parkes) 연구진은 지중해, 대서양 및 태평양의 열 곳에서 가져온 시료를 연구하였다.[13] 이번에도 오염의 위협을 피하기 위하여 세심한 주의가 행해졌다. 심층 시료들은 질소로 씻어낸 특별히 멸균된 시추장치에서 그 중간 부분을 쇠톱을 이용하여 절단하여 얻어냈다. 절단된 양쪽을 불꽃으로 다듬어서 밀봉하였다. 보이는 것은 모두 잘 멸균하였다. 심층 시료는 몇 주 후 실험실에서 분석할 때까지 4℃에서 무산소성으로 보관하였다. 시험실에서 시료들을 더 잘게 쪼개서 연구하였다.

그 결과는 놀라운 것이었다. 브리스톨의 연구진은 750 m 깊이까지에서는 연구한 모든 시료에서 미생물을 발견하였다. 해저의 미생물 콜로니는 육지의 지하에서 발견되는 것보다 더 풍부할 정도였다. 파크스는 그들의 놀라운 번식력을 확인하기 위하여 현미경 아래에서 직접 들어있는 박테리아를 셀 수 있었다. 그 수는 지표 부근의 10억/㎤에서부터 깊은 곳의 1000만/㎤까지 변화하였다. 이상하게도 이 숫자는 일정한 깊이를 넘어서면 다시 증가하는 경향이 있으며 그 끝은 예측할 수 없다. 관찰한 박테리아의 약 5 %가 분열 도중에 붙잡힌 것이어서 그것들이 살아있으며 깊은 곳에서 채취될 때 쪼개진 것이라는 것을 보여주었다. 실제로 그 중 일부는 아직도 살아있었다. 파크스는 변형된 압력용기를 이용하여 그것을 실험실에서 배양할 수 있었다.

이런 최근의 발견에서 지구가 살아있는 풍부한 지하세계를 가지고 있으며 그것의 거대한 정도가 이제 밝혀지기 시작하고 있다는 것이 분명해졌다. 그 곳에는 전체적으로 막대한 생물량이 존재할 것이다. 조사에서 언급된 것처럼, 박테리아가 0.5 km 또는 그 이상까지 번성한다면 전지구 생물량의 10분의 1정도를 차지할 것이다. 이것은 최소한으로 추론한 것인데 일부 박테리아 유형은 더 깊은 곳에서도 잘 살아가기 때문이다. 110 ℃가 이들이 견딜 수 있는 온도의 한계라면 미생물 세계는 대륙지하 4 km까지, 해저지하 7 km까지 확장될 수 있다. 그리고 파크스를 믿는다면 최고온도는 170 ℃까지 도달할 것이며 거주지역은 점점 더 깊어질 것이다.

가장 쉽게 생각나는 질문은 어떻게 생물들이 최초로 그런 깊은 곳에 도달하게 되었을까 하는 것이다. 이들이 위에서부터 암석을 통과하여 지하수를 따라서 들어갔을까? 그렇지 않다면 옛날에 최초로 퇴적층이 형성될 때 그곳에 갇혔을까? 어느 정도는 두 가지 경로 모두를 따랐을 것이다. 그러나 이런 설명들은 표면 생물이 "정상"이며 지하생물은 기이한 적응물이라는 가정으로부터 진행된다. 우리가 이것을 확신할 수 있을까? 그 추론은 말 그대로 위에서 아래로인데 사실은 그 반대 방향이 될 수도 있지 않을까?

지하 세계에서 올라옴

생명이 따뜻한 작은 연못에서 생겼다는 다윈의 보편적인 생각 이래로 생명은 항상 표면 현상이었으며 지금도 그러하다는 것이 전통적인 지식이 되었다. 뜨겁고 깊은 생물계를 발견한 것은 이런 견해를 극적으로 변화시켰다. 생명이 지표 훨씬 아래에서도 번성할 수 있다면 최초의 생명체가 만들어진 도가니를 찾기 위하여 아래쪽을 조사해야 할 것이다.

해저 그리고 그 보다 더 좋은 곳은 해저 밑의 암석 퇴적물이 생명의 기원과 초기 진화에 가장 이상적인 자연 조건을 가진 것으로 보이는데는 몇 가지 이유가 있다. 가장 뚜렷한 이유는 이 책의 마지막 장에서 언급할 우주-충격 위협과 관련되어 있다. 후기의 심한 충돌은 반복적으로 지표의 생물 멸종을 가져왔을 것이다. 기화된 암석은 대양을 끓게 만들고 육지를 녹여서 최소한 수십 미터 깊이까지는 치명적 조건이 되었을 것이다. 그러나 더 깊은 곳에서는 미생물은 매우 심한 충격에도 견딜 수 있었다. 먼 과거에 지표에 거주하는데 있어서 또 다른 위험은 자외선이었다. 오존막이 없었기 때문에 태양광은 치명적이었다. 화산 폭발은 요즘보다 더 격렬하였으며 막대한 양의 먼지를 분출하였다. 충돌에서 생긴 연무질 때문에 일어나는 기후변화와 기압 변화는 극심하였을 것이다. 그러나 지표 아래에서는 환경이 훨씬 더 안정되고 균일하였을 것이다.

깊은 지하의 또 다른 이점은 생명에 필요한 기초물질을 쉽게 얻을 수 있다는 점이다. 심지어 오늘날에도 지각은 꾸준히 수소, 메탄, 암모니아, 황화수소 및 다른 환원성 기체들을 내놓고 있다. 이런 것들은 효과적으로 생체분자를 합성하는데 필요한 화학물질이다. 밀러와 유리는 그들의 유명한 실험에서 지구의 원시 대기가 그러한 환원성 기체로 구성되어 있었다고 가정하였지만 현재 지질학자들은 이산화탄소와 질소의 혼합물을 더 선호하며 표면 수프 설은 성공하지 못하는 것으로 보인다. 반대로 지하세계에서는 특히 열수공 근처에서는 지각은 제일철 이온을 비롯한 환원된 화학물질을 실제로 풍부하게 제공해주고 있다. 황과 망간 같은 다른 영양물질들도 암석과 분출물에는 풍부하다. 해저현무암의 스펀지 같은 성질은 유기물질을 농축하고 반응을 촉매하는 넓은 표면적을 만드는 복잡하게 얽힌 통로와 구멍을 제공하는데 도움이 된다. 결국 이런 모든 것을 종합하면 매우 생산적인 생화학 환경이 되며 실험에 의하여 기대가 생겨난다. 지열로 가열된 대양 지각의 모의실험 결과 전통적인 밀러-유리 실험보다 훨씬 더 많은 유기물이 생성된다.

기초물질만큼이나 중요하게 생각해야 할 다른 요인은 에너지이다. 세인트루이스에 있는 워싱턴 대학의 쇼크(Everett Shock)는 심해 열수공 근처의 에너지와 엔트로피 수지를 계산하였다. "해수와 열수공 유체는 평형에서 멀리 위치하기 때문에 더 안정한 상태로 혼합되고 이동되면서 유기화합물 합성을 위한 막대한 열역학적 추진력이 존재한다"고 설명한다.[14] 쇼크는 이용 가능한 에너지가 100 - 150 ℃ 주변에서 최대로 되는데, 이것은 정확히 초고온성 박테리아가 살아가는 범위이다. 이런 생물들은 막대한 화학적 에너지와 열역학적 에너지를 쉽게 제공받을 수 있었을 뿐 아니라 간단한 유기화합물을 가공하여 에너지를 얻을 수도 있었다. 방출되는 에너지는 펩타이드 합성과 같이 열역학적으로 불리한 반응을 추진하기 위하여 사용될 수 있었다. 쇼크는 전형적인 열수공 생물에서 이런 열역학적 노다지는 시간당 2.5 kg의 놀라운 속도로 생물량을 생산하는데 이용될 수 있다고 추론하였다. 이것은 열역학적으로 불리한 점을 극복하기 위하여 특별한 기구를 필요로 하는 표면 생물이 이용하는 광합성의 힘든 투쟁과는 대조적이다. 흔히 공짜 점심은 없다고 말하지만 열수공 미생물은 점심을 먹기 위하여 오히려 대가를 받는다. 쇼크는 "생물학적 과정과 지질학적 과정 사이에 열수공계처럼 확실하게 연관이 된 곳은 지구상에는 전혀 없다"고 주장한다.[15]

이런 주장이 설득력있게 생각되지만 생명이 뜨겁고 깊은 곳에서 시작되었다는 가장 강력한 증거는 화학이 아닌 유전학으로부터 나온다. 앞장에서 설명한 대로 멸종된 생물의 유전자는 과거의 기록을 간직하고 있으며 따라서 우리가 공통 선조의 본질을 알아보기 위해서 분자생물학적으로 조사해야 하는 것이다. 그것은 무엇처럼 생겼으며 어디에 살았을까? 3장에서 소개한 바와 같이 뵈제가 선도한 유전자 서열결정 기술은 생명계통수를 재구성하고 서로 다른 미생물들 사이의 진화거리를 결정하는데 이용될 수 있다. 이런 연구로부터 어떤 군의 생물이 오랜 시간 동안에 가장 덜 진화하였으며 따라서 초기 생명과 가장 유사한지 추론할 수 있다. 이 연구 결과는 강력하게 고대세균령(archea)을 지적해준다. 고대세균령은 생명의 세 가지 커다란 영역 중 하나를 구성한다. 이 영역은 다른 영역인 진정세균령, 진핵생물령과 약 38억 년 전쯤의 아주 옛날에 분리되었다. 그러나 대부분의 박테리아와 진핵생물은 상당한 유전적 변화를 하는 동안 고대세균령에서는 진화시계가 매우 느리게 움직였다.[16]

알려진 고대세균령 종들 가운데 일부 집단은 유전적 변화를 축적시키는데 있어서 가장 느린 것으로 두드러진다. 이런 진화적으로 느린 것들은 *Pyrodictium*과 *Thermoproteus*라는 괴상한 이름을 가지고 있다. 스테터(Karl Stetter)와 반즈(Susan Barns)는 16S rRNA 분석이라는 기술을 사용하여 그런 고대세균령을 광범위하게 연구하였다. 그것은 배양하지 않은 야생형 생물에서 추출한 리보솜 RNA의 한 가지이다. 앞서의 뵈제 연구진의 업적에 기초한 그림 7.1은 최근의 생명계통수에 관한 연구를 요약해서 나타내고 있다.[17] 계통수에서 가장 중요한 특징은 가장 아래의 가장 짧은 가지는 고온성 박테리아와 초고온성 박테리아들이 차지한다는 점이다. 그것들은 대양 열수공 근처에 무리지어 있으며 지하의 뜨거운 암석에 서식하며 진화적으로 후퇴된 것이다. 유전자의 명백한 메시지는 뜨거운 것을 좋아하고 깊은 곳을 좋아하는 미생물이 공통조상 생물과 가장 가깝게 닮았다는 것이다.

이것은 전혀 놀라운 일이 아닐 것이다. 지구의 표면은 지질학적 시간을 따라서 크게 변화되었지만 지하는 변화가 훨씬 적었다. 해저의 퇴적층이나 해저 열수공 같이 수십억 년 전과 거의 다르지 않은 곳도 존재한다. 생명이 뜨겁고 깊은 곳에서 시작되었다면 그것은 연속하여 그런 환경을 오늘날까지 차지하여 왔을 것이다. 안정한 조건에서 진화는 정체되고 따라서

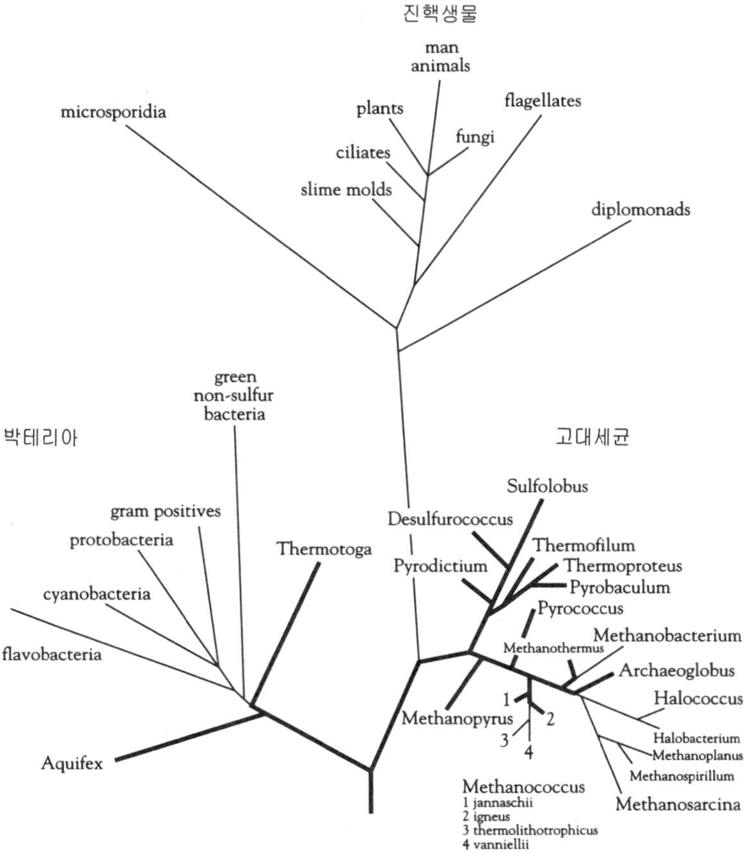

그림 7.1 살아있는 화석. 이 생명계통수 부분은 여러 가지 종들 사이가 유전적으로 얼마나 멀리 떨어져 있는지를 나타내고 있다. 가지 길이는 유전적 거리에 비례한다. 굵은 선은 뜨거운 것을 좋아하는 박테리아(초고온성 박테리아)를 나타낸다. 계통수의 가장 짧고 가장 깊은 가지를 차지하고 있는 것은 모두 초고온성 박테리아들이다. (Gregory Bock and Jamie Goode, eds. Evolution of Hydrothermal Ecosystems on Earth [and Mars?] [Chichester: Wiley, 1996을 기초로 재구성. Novartis Foundation의 허락을 얻음.)

지하의 뜨거운 곳의 서식생물들이 그들의 조상과 거의 다르지 않다고 기대할 수 있다. 지하와 대양저 아래에서 살고 있는 미생물은 열수공 근처의 뜨거운 물로 모이게 되는데 따라서 뜨겁고 위험한 지구 위에서 생명이 자신을 유지하려고 애쓰고 있던 거친 시대로부터 생존자가 될 수 있었다.

초고온성 박테리아가 처음 발견되었을 때 미생물학자들은 그것을 예외-어떻게든 특별한 고온의 위치에 침투해 들어가서 특별한 환경을 극복하여 진화한 이상한 생물-로서 무시하려고 하였다. 이제 그 반대라는 증거들이 나타나고 있다. 최초의 미생물들은 모두 초고온성 박테리아였으며 나중에 일부가 더 낮은 온도에 적응한 것이다. 지하의 어떤 곳에서는 매우 오래 전의 환경과 유사한 지역이 남아있다. 그런 곳에서는 40억 년이나 지속되어 온 원시 생활 형태를 유지하고 있는 생물들을 여전히 찾아볼 수 있다. 검은 굴뚝은 여러분이나 나에게는 금단의 장소이겠지만 Pyrodyctium occultum이나 Thermoproteus tenax 같은 지독한 생물에게는 분명한 낙원일 것이다. 지열의 방호막 속에서 귀여움을 받고 자라며 만족하고 있는 이런 슈퍼박테리아들은 실제로는 생물학적 겁쟁이며 생명의 요람에 달라붙어서 지낸다. 그들 주위의 더 모험적인 사촌들은 "전진하여 나가서 번식하였으며" 지구 표면이나 근처의 더 어려운 현실들을 극복하는 법을 배웠다. 이 이론이 옳다면 미생물의 이동의 방향은 아래쪽이 아니라 위쪽으로 향하게 될 것이다. 지하 생명체는 묻힌 것이 아니라 거기로부터 출발한 것이다. 생명은 깊은 곳에서부터 올라온 것이다.

생명이 뜨겁고 깊은 곳에서부터 시작되었다는 이론은 처음으로 1981년에 메릴랜드 대학의 콜리스(Jack Corliss)가 제안하였으며,[18] 1992년에 골드(Tommy Gold)가 발표한 개척자적인 논문에서 대중화 되었다.[19] 처음에는 상당한 의심을 받았던 이 이론은 많은 분야의 과학자들에게 급속하게 인기를 얻고 있다. 분자생물학에서 나오는 몇 가지 증거들이 이것을 지지해 주고 있다. 예를 들면, 초고온성 박테리아는 단순하고 원시적인 화학회로를 사용하여 특이한 방법으로 탄소를 동화한다. 생명 계통수에서 가장 뿌리에 가까운 생물들은 모두 화산 주위에서 생기는 종류와 같은 급작스러운 온도 변이로부터 보호받기 위하여 특별한 열-충격 단백질을 이용하고 있다. 이런 단백질은 확산 분출물에 흔한 아연과 몰리브덴 같은 금속을 함유하고 있다. 미생물의 온도 습성을 상세하게 분석하여서도 지지를 받을 수 있다. 우리가 본 바와 같이 고대세균령은 많은 초고온성 박테리아를 포함하고 있다. 일반적으로 원시 세균들보다 더 진화되고 복잡한 진핵생물령은 단지 한줌밖에 되지 않는다. 박테리아의 경우 약간의 초고온성 박테리아, 많은 고온성 박테리아 그리고 더 많은 중온성 박테리아가 있다. 이런 것을 종합하면 집단윤곽도는 진핵생물계가 항상 주로 저온성 짐승이며 그 중의 일부만이 고온 조건에 적응한 반면에 고대세균령과 박테리아는 고온을 좋아하는 데서 출발하였지만 일부가 저온족으로 진화하였다는 것을 암시하고 있다.

고대세균령의 유전적 구성은 뜨거운 깊은 곳으로부터 생겨난 오래된 유품들을 자신도 모르게 나타내준다. 그것이 사실이라면 이런 미생물들은 먼 과거에 생명과 지구의 모습이 어떠하였는지를 나타내는 단편을 제공해줄 것이다. 우리의 논의가 정반대로 될 수도 있다. 고대세균령의 생활방법이 우리가 알고 있는 먼 과거와 일치한다면 생물체들이 소형 타임캡슐이라는 이론을 강화시켜준다.

그들이 암석을 먹게 하라

우리가 비록 종에 대한 위협과 생물 다양성 손실에 대하여 걱정을 하더라도 전체적으로 생명은 지구를 단단하게 붙들고 있다. 시간이 지남에 따라서 지구는 생물학의 요구에 들어맞게 변형되고 적응되었다. 심지어 커다란 소행성의 충격도 최소한 35억 년 동안 생태계를 제거하지는 못하였다. 오늘날 지구의 생명은 가장 극심한 재난을 제외하고는 어떤 형태로든 항상 생존을 보장해주는 강인함과 다양성을 즐기고 있다.

39억 년 전의 상황은 전혀 달랐다. 발붙일 곳을 얻기 위하여 투쟁하던 모든 작은 생물들의 운명은 균형을 이루었음에 틀림없을 것이다. 그들은 예기치 못한 것으로부터 보호해주도록 다양화하기 전에 미생물들은 커다란 소행성 이외에도 많은 위험의 도전을 받아야만 하였다. 그들이 부딪친 가장 어려운 문제는 먹을 것의 위기-좀더 정확히는 에너지의 위기였다. 풍부하게 존재하는 생명체 이외에는 먹을 유기물이 없었기 때문에 에너지를 다른 곳에서 얻어야만 하였다. 두 가지 가능한 원천은 태양광과 화학물질이었다. 광합성이 복잡한 과정이라면 화학영양은 더 간단한 방법으로 여겨진다.

역사를 상세하게 조사하면 화학영양에 대한 첫 번째 단서를 1880년대에 유황온천에 사는 편모 박테리아를 연구한 러시아 세균학자인 윈노그라드스키(Sergi Winnogradsky)의 연구로부터 찾을 수 있다. 그는 황을 섭취하는 *Beggiatoa*종을 발견하였다. 실제로 이것은 궁여지책으로만 나타난다. 윈노그라드스키는 물에 녹인 황화수소 배지를 이용하여 그 박테리아를 배양할 수 있었다. 그것은 대부분의 생물들에게는 거의 치사적이었지만 이 화학물질이 분명히 *Beggiatoa*의 생계 선택물이었다. 황 자체는 단지 기아 식량으로만 이용될 수 있었다.

윈노그라드스키의 발견은 의외의 새로운 사실이었다. 그때까지 생물학자들은 모든 생물은 다른 생물을 먹거나 광합성으로 에너지를 얻는다고 가정하고 있었다. 그러나 여기 이 미생물은 순전히 무기물질인 황화수소나 황을 먹고서도 즐겁게 살아가고 있다. 무기 원천으로부터 에너지를 획득하는 생물을 독립영양 생물이라고 명명한 사람은 바로 윈노그라드스키이었다. 그러나 역설적이게도 결국 *Beggiatoa*는 진정한 독립영양 생물이 아니라는 것이 밝혀졌다. 그러나 윈노그라드스키는 분명히 옳은 길을 선택한 것이며 그때부터 많은 화학영양 생물이 발견되었다. 그런 것 중에서 대표적인 것이 하수관을 공격하는 황을 먹는 박테리아인 *Thiobacillus thio-oxidans*이다.

화학영양생물은 기체상으로 또는 물에 녹은 상태로 지구에서 항상 쉽게 이용 가능한 이산화탄소로부터 생물량을 만들어낸다. 에너지는 여러 가지 화학반응으로부터 공급받을 수 있다. 그 중 하나가 황이나 황화수소의 산화인데 이것은 대기에서 산소를 쉽게 얻을 수 있는 표면 거주 박테리아에서 흔하다. 더 흥미로운 것은 산소를 싫어하는 무산소성 박테리아인데 초기 지구에는 자유 산소가 존재하지 않았기 때문이다. 알려진 오십여 종의 초고온성 박테리아 중에서 가장 생장 온도가 높은 것 중에 *Pyrodictium*과 *Pyrobaculum*이 있다. 그것들은 산소와 전혀 거래를 하지 않으며 이것은 이런 고온성 고대세균령이 먼 옛날의 산소가 없던 시절의 살아있는 화석이라는 이론과 잘 일치한다. 슈퍼박테리아들은 황을 수소와 결합시켜서 황화수소를 합성하여 황으로부터 에너지를 얻는다.

황은 중요한 생체분자들에 광범위하게 분포하고 있어서 현존하는 생물에서도 소량이지만 중요한 화학물질이다. 황을 대사하는 박테리아에는 가장 오래된 초고온성 박테리아가 일부 포함되어 있다. 황의 옛이름은 유황인데 이것은 화산과 지옥에 결합된 악마 물질을 의미하였다. 원시지구에서는 특히 황화수소 형태로 흔한 원소였다. 생명의 기원 이야기에서 황이 차지하는 중심적 위치는 흥미로운 역설이다. 실제 에덴은 지옥의 내부와 같았으며 생명은 황으로부터 창조되었다고 밝혀질지도 모를 일이다.

철은 또 다른 생명의 중요한 원소이다. 흔히 바보의 금이라고 하는 황철광으로서 황과 결합되어 흔히 발견된다. 독일의 화학자 배흐트새우저(Gunter Wächtershäuser)는 황철광을 생물 발생을 위한 중요한 촉매로 제안하였다.[20] 또 5장에서 설명한 바와 같이 생명의 기원에 대한 러셀의 이론에서는 황화 철막도 형성된다. 황철광은 지금도 화학영양생물인 *Thiobacillus ferro-oxidans*의 식량이며 철과 황 성분 모두로부터 산화에 의하여 에너지를 얻고 있다. 광산 기술자들은 이 분주한 생물의 활동에 대하여 잘 알고 있다. 폐기물로 생산되는 제일철은 황철광보다 더 많은 철과 황을 내놓아서 반응의 도피회로를 형성한다. 많은 황철광이 광석 더미, 광산, 석탄층에 존재할 때 이 과정은 기계들을 부식시키고 광산 산성 배수라고 알려진 심각한 공해문제를 만들 수 있다. *Thiobacillus ferro-oxidans*는 구리, 주석, 심지어 우라늄 같은 다른 광물의 황화물까지도 소화할 수 있으며 광물 정제에 상업적으로 이용되어 왔다. 또 다른 철을 먹는 화학영양생물은 *Gallionella*라고 하는 것인데 철이 풍부한 강에 서식한다. 그것은 녹아있는 제일철 염을 녹지 않는 제이철 상태로 만들어서 물을 독특한 녹색깔로 만든다. 황과 철은 지각에서의 생명의 탄생에서 중요한 산파역을 맡았을 뿐 아니라 계속하여 오늘날의 미생물에게도 풍부한 먹을 것을 제공하고 있다. 다음에 여러분이 녹 색깔의 강물을 보거든 생명의 기원과 직접적으로 연관된 과정을 목격하고 있다는 것을 상기하라.

많은 다른 화학영양 경로들이 미생물들에 의하여 이용되고 있다. 중요한 고대세균령은 자연스럽게 고온성, 고염성(호염성) 및 메탄생성성의 세 부류로 분류된다. 나중 것은 메탄을 생성하여 에너지를 얻고 있으며, 아직도 미생물계에 널리 분포하고 있는 매우 기본적인 대사 형태이다. 여러분이 훌륭한 화학자라면 수소와 이산화탄소로부터 직접 메탄을 합성할 수 있을 것이다. 그것이 바로 아이슬란드의 온천에 서식하고 있는 막대형 박테리아인 *Methanothermus*가 하는 일이다. 최근에 리치몬드에 있는 북서태평양연구소의 스티븐스(Todd Stevens)와 맥킨리(Jim McKinley)는 콜럼비아강 유역의 시추과정에서 지하 깊숙한 곳에서 이것과 비슷한 미생물을 우연히 발견하게 되었다.[21] 그들은 깊숙한 현무암 층을 통과하여 시추하는 동안에 폭발이 일어난 후 지하 메탄생성성 박테리아가 존재한다는 것을 알고서 놀랐다. 스티븐스 연구진이 자세하게 조사한 결과 깊숙한 곳에 있는 암석이 수소를 내놓고 있다는 것을 알아냈다. 수소 기체는 대기 중에서 매우 폭발성이며 천연적으로 오늘날의 지구에 존재하고 있는 것을 발견한다는 것은 놀라운 일이다. 분명히 산성 물이 풍부한 철을 함유한 규산층으로 주입되어 들어가는 것과 같은 여러 가지 화학 과정이 그것을 생성하였을 것이다. 놀랍게도 오만, 캘리포니아, 일본에서도 매우 높은 농도의 수소가 표면에서 스며나오고 있다.

수소기체는 메탄생성성 박테리아에게는 훌륭한 에너지원이며 녹아있는 이산화탄소와 결합하여 생물량을 생성한다. 그렇게 하는 것이 가장 오래된 형태의 대사를 수행하는 것일 수도 있다. 이런 것들은 간접적으로라도 광합성 산물에 전혀 의존하지 않아서 지표생물과는 진정으로 무관한 화학영양생물의 예들이다. 그렇게 함으로써 완전히 어둡고 깊은 지하에서 번성할 수 있는 식량-생명 사슬을 유지할 수 있었다. 이런 추측은 공상이 아니다. 스티븐스와 맥킨리는 시추공에서 얻은 박테리아를 배양할 수 있게 되자 일부 미생물은 다른 것들이 최초로 만들어낸 유기물질에 기생하여 살아간다는 것을 알아냈다. 그들은 콜럼비아강 현무암 안에 복잡한 생태계가 자리잡고 있다고 믿고 있으며, 그것을 나타내기 위하여 SLIME(지하 암석영양미생물계) 이라는 용어를 만들어 냈다. 거의 틀림없이 다른 많은 곳에도 발견되기를 기다리는 SLIME들이 존재할 것이다.

메탄생성성 박테리아는 고대세균령 수형도의 가장 깊숙한 가지 중 하나를 차지하며 따라서 가장 초기 생명 형태 중 하나라는 것을 암시한다. *Methanopyrus*라고 하는 메탄생성성 박테리아도 가장 높은 생장온도(110℃)를 가지는 것들 중 하나이며 대부분의 고대세균령에 존재하는 지방질막의 선구물질처럼 보이는 특별한 막 화학물질을 함유하고 있다. 이 특징은 *Methanopyrus*가 지금까지 발견된 가장 원시적인 생물 형태 중에 속한다는 것을 암시하고 있다.

미생물 기초의 생물 수형도를 재구성하는데 있어서의 문제는 아마도 불확실한 SLIME들에서처럼 우리가 현재 어떤 생물이 발견되지 않고 남아있는가에 대하여 전혀 알 수 없다는 것이다. 미생물학자들은 항상 새로운 종들을 발견하고 있을 뿐 아니라 때로는 아예 새로운 계를 발견해 내기도 한다. 옐로우스톤 국립공원의 흑요석 풀에서는 지금까지 전혀 알려지지 않은 두 가지 고대세균령의 생물들이 발견되었는데, 진핵 생물계와 고대세균령 주류 사이에서 깊숙한 별개의 가지를 차지하는 것이다. 반즈와 페이스의 연구진이 서열 결정을 한 결과 가장 원시적인 미생물계를 나타내는 별개의 족이 존재한다는 것을 알아냈다.

물론 어떤 현존하는 생물도 원시 조상의 정확한 클론이 될 수는 없다. 그렇게 오랜 시간 동안에 약간의 진화적 표류는 불가피하다. 그럼에도 불구하고 우리는 알려진 미생물 중 어느 것이 공통조상과 가장 가깝게 닮았는지 추측할 수 있다. 그럴듯한 후보는 황 환원 박테리아인 *Pyrodictium*이다. 그것은 110℃에서도 생존하여 깊은 지하 고온성 박테리아의 조상임을 암시한다. 그것은 가는 섬유형 관으로 연결된 구들이 이상한 그물망을 형성하는 콜로니로 살아간다. 우리의 먼 조상들이 거의 40억 년 전에 뜨거운 지하의 어떤 장소에서 그렇게 얽힌 그물망으로 생활하였는지를 생각해보는 것은 흥미로운 일이다.

그 다음은 역사이다

요약하면 유전자 기록은 공통조상이 온도가 100℃가 넘는 지하 깊숙한 곳에서 황을 먹으며 생활하였을 것이라고 암시한다. 그러나 이 작은 생물체가 이미 암호화된 단백질 합성과 같은 복잡한 특징을 가진 세련된 생명 형태이었을 것은 분명하다. 앞에서 강조한 대로 공통조상이 최초의 생명체는 아니다. 그에 앞서는 오랜 진화의 역사가 있었을 것이다. 우리는 최초의 생명체와 공통 조상을 연결시켜주는 환경에 대하여 거의 모르고 있다.

생명이 실제로 지열로 가열되고, 무기물이 풍부한 지하에서 시작되어서 지구 전체로 퍼지기 전에 그곳에서 그대로 공통조상으로 진화하였는지를 추측해보고 싶을 것이다. 그러나 우리는 정말로 그러하였는지를 알 수 없다. 생명은 전혀 다른 환경에서 시작되어서 나중에 뜨거운 지하영역으로 들어갔을 수도 있다. 6장에서 나는 지구 표면이 거대한 우주 충격에서 생긴 암석 증기로 인해서 일시적으로 멸종이 되었다는 슬립과 다른 연구자들의 업적을 논의하였다. 이런 "좌절" 이론에 의하면 생명은 완전히 없어졌으며, 불사조처럼 재로부터 새로이 등장하였다고 한다. 충격이 약해져 가더라도 표면은 때때로 여전히 메마르고 충돌이 있었겠지만 생존물들은 깊은 지하 암석층에서 생존할 수 있었을 것이다. 이런 깊은 암석은 지열 때문에 온도가 높았고 그들은 초고온성 박테리아에게만 서식처를 제공할 수 있었다. 심지어 그곳에서는 중온성 박테리아도 죽었을 것이다. 그때 공통조상은 의심할 바 없이 초고온성 박테리아였을 것이다. 그것이 우주 충격 열 파장이 미치지 않는 곳에서 편히 지낼 수 있는 유일한 생물체이었다. 고온 박테리아보다 앞서서 존재하였던 저온성 표면을 좋아하던 모든 미생물은 충돌 때문에 삶아져 버렸을 것이고 그들의 수형도에 있던 가지는 갑자기 잘려 없어져 버렸을 것이다. 이 시나리오가 옳다면 생물수형도에서 바닥 가까이 위치한 초고온성 박테리아의 위치는 생명이 반드시 뜨겁고 깊은 곳에서 시작되었다는 것을 의미하는 것은 아니고 단지 지구의 생명이 연속적인 운석 충격에 의하여 만들어진 온도 "병목"을 통과해야만 했다는 것을 의미한다.[22]

생명의 초기 단계를 나타내는 지침은 이산화탄소에서 뿐 아니라 아세트산 같은 더 복잡한 유기물질로부터도 생체량을 생산할 수 있는 독립영양 생물 박테리아를 발견하여서 얻을 수 있다. 이렇게 하는 생물은 혼합영양생물이라고 할 수 있는데 녹황박테리아의 경우처럼 빛을 에너지원으로 이용하거나 황이나 수소의 환원처럼 화학반응을 에너지원으로 이용할 수 있다. 원시 지구 표면이 우주 충돌로 인해서 생긴 유기물질로 덮여 있었다면 그것들은 원료물질을 기성품으로 공급받을 수 있었을 것이다. 아마도 그 최초의 생물은 표면에서 거주하는 혼합영양 생물이었을 것이고 대사적 습관은 몇 가지 미생물에 남아있다. 물론 같은 맥락에서 생명이 혜성 자체에서 시작되었을 수도 있었을 것이며, 이 문제는 9장에서 다루도록 하겠다.

생명이 정확하게 어디에서 시작되었는지 지적할 수 없더라도 충돌이 약해진 이후에 생명은 해저의 위나 지하, 해저화산의 근처이거나 지열계의 영역 안에 존재했을 확률이 커지고 있다. 일단 생명이 안전하게 정착이 되면 그들에게는 번식과 다양화의 길이 열리게 된다. 주로 추측이기는 하지만 그 다음에 일어난 일은 다음과 같았을 것으로 생각한다. 매우 초기의 미생물들은 100～150 ℃를 좋아하는 초고온성 박테리아였다. 그것들은 최소한 지하 1 km에서 살았으며 아마도 해저에서도 살았겠지만 그보다는 그 아래의 다공성 암석에 살았을 확률이 더 크다. 무기물이 풍부한 과열된 물 속에 살면서 점차로 철, 황, 수소 및 다른 쉽게 얻을 수 있는 물질들을 흡수하고 가공하여 비효율적이고 원시적인 화학 회로에서 에너지를 얻어냈다. 초기 세포들은 거친 암석 포식자이었다. 빛이나 산소는 그 대사에서 전혀 역할을 하지 않았다. 심지어 유기물질도 필요로 하지 않았다. 필요로 하는 것을 물에 녹아 있는 이산화탄소와 암석에서 직접 만들어 냈다.

최초의 미생물 콜로니는 마음대로 쓸 수 있는 전세계를 가졌었으며 무기물과 에너지를 충분히 공급받았다. 그것은 놀라운 속도로 퍼져나갔다. 폭발적으로 빠른 속도로 번식할 수 있는 미생물의 능력은 이용할 수 있는 모든 곳을 재빠르게 점령해 나갔다. 생존하고 있던 경쟁자가 없었기 때문에 재빠르게 지구를 상속받을 수 있었다. 그러나 인구 폭발이 일어나자 콜로니는 곧 그 거주자의 한계에 도달하였다. 온도가 올라가기 때문에 더 깊숙이 들어갈 수 없었고 차가운 표면 층에서는 번식을 할 수 없었기 때문에 미생물들은 대양화산 산맥을 따라서 대양 바닥의 현무암층을 통해서 수평으로만 퍼져나갈 수 있었다.

약 38억 년 전에 최초의 커다란 진화적 분기점에 도달하였다. 일단의 미생물들은 갑자기 자신들의 따뜻하고 아늑한 환경이 지진이나 화산활동과 같은 지질학적 변동에 의해서 없어져 버린 것을 알았다. 커다란 콜로니에서 떨어져 나와서 차가운 지역에 고립되자 대부분의 미생물은 발육이 중지되거나 죽어갔는데, 그들의 막이 저온에서 대사 기능을 수행하기에는 너무나 딱딱하기 때문이었다. 그러나 우연히 더 유연한 막을 얻게 된 운좋은 돌연변이체는 생존하고 번식해 나갈 수 있었다. 더 차가운 환경으로 전환됨으로써 돌연변이는 살지 않는 지구 표면에 접근할 수 있는 길을 닦게 되었다. 그 동안 원래 콜로니의 구성원들은 그들의 지하 영역에서 편안하게 지낼 수 있었기 때문에 오늘날까지도 거의 같은 생명 형태를 계속 유지하게 되었다.

초기 발달에 있어서 열쇠는 일부 생물체가 화학물질로부터 빛으로 에너지원을 바꾼 것이었다. 이 단계에서 생명은 이미 지표면까지 퍼져있었을 것이다. 최초의 그러한 "광영양생물"

은 아마도 오늘날의 클로로필 광합성을 이용하지는 않았을 것이고 좀더 간단한 과정을 이용하였을 것이다. 사해에 있는 어떤 고대세균류는 비타민 A와 관련된 붉은 물질에 기초를 둔 아직도 좀 원시적인 형태의 광합성을 이용하고 있다. 태양광을 포획하는 것은 무기물로부터 전자를 뽑아내어 태양광의 광자로 들뜨게 만들어서 저장된 에너지를 유기물질을 만드는 방법을 찾아낸 박테리아에서 본격적으로 시작되었다. 나중에 더 정교해져서 박테리아가 물로부터 전자를 얻어내고 그 결과 산소를 방출하면서 무기물에 대한 의존성을 없앨 수 있게 되었다. 이 정교한 과정의 중요한 성분은 식물을 푸르게 만드는 엽록소이었다. 단지 물, 이산화탄소 및 빛만을 필요로 하게 되면서 그 방법은 식물의 녹화를 위하여 널리 이용되게 되었다.

고대세균령, 진정세균령, 진핵생물령의 세 영역이 언제 어떻게 생겨났는지는 아직 알 수 없다. 생명의 수형도에서 고대세균령과 진정세균령 사이의 분리는 광합성 발견 이전- 즉 39억 년이나 40억 년 전에 일어난 것으로 생각된다. 물론 이 시대는 충돌이 심하던 때이다. 고대세균령 박테리아가 가장 원시적이고 오래된 생물이며 박테리아가 더 나중에 생겼다는 증거가 있다. 고대세균과 진정세균 사이의 골은 너무나 깊어서 그들이 결코 경쟁자가 되지는 않았을 것이다. 지금까지 수십억 년 진화하는 동안에도 그들은 서로 다른 영역을 차지하고 있었다. 마지막으로 진핵생물 영역이 만든 깊은 틈새는 환경이 좀더 낮은 온도일 때 생겼을 것이다. 어떤 이유 때문에, 즉 덜 안전한 환경에 노출되었기 때문에 저온성 진핵생물은 훨씬 더 빠른 속도로 진화하였다. 이어지는 생물의 만개, 많은 종들로의 다양화 및 거대한 생물학적 복잡성의 등장은 생물 수형도에서 진핵생물계의 가지로부터 직접 유래하였다. 이런 중대한 단계가 없었더라면 그것의 의미를 전적으로 반영하는 우리나 모든 다른 지적 존재가 오늘날 지구에 존재하지 않았을 것이다.

참고문헌

1. C. D. Parker, "The Corrosion of Concrete," Australian Journal of Experimental Biology and Medical Science 23(1945):81, 91. 슈퍼박테리아에 대한 일반적 총설은 다음을 참조하라. Michael Madigan and Barry Marrs, "Extremophiles," Scientific American 276, no. 4 (1997):66; 및 John Postgate, The Outer Reaches of Life (Cambridge: Cambridge University Press, 1996).
2. Erasmus Darwin, The Temple of Nature (London: J. Johnson, 1793).
3. See Gregory Bock and Jamie Goode, eds., Evolution of Hydrothermal Ecosystems on Earth (and Mars?) (New York: Wiley, 1996), p. 37.
4. 실제로 그것은 완전히 어둡지 않을 수 있다. 분출구 주위에 아직 알려지지 않은 과정에 의해서 생기는 기분 나쁜 빛이 존재할 수 있다. 일부 과학자들은 광합성이 태양광보다는 이런 희미한 해저광으로부터 시작되었다고 추론한다. 다음을 참조하라. Ruth Flanagan, "The Light at the Bottom of the Sea," New Scientist, December 13, 1997, p. 42.
5. 검은 굴뚝 주위에 서식하는 대부분의 생물체는 녹아있는 산소(광합성의 부산물)를 이용하거나 표면으로부터 내려오는 유기물 찌꺼기를 먹어서 간접적으로 태양광에 의존하고 있다. 30년전에 생물학자 왈드(George Wald)는 “어두운 행성에서 생물이 발생하고 그 자신을 유지한 방법을 추측하는 것은 흥미있는 지적 연습이 될 수 있을 것이다. 그러나 나는 이것이 전에 일어났는지 또는 지금 일어날 수 있는지 매우 의심스럽다”고 하였다. "Life and Light," Scientific American 201, no. 4(1959):92를 참조하라. 그러나 왈드가 옳지 않았다. 실제로 표면과는 독립적인 화학영양생물이 알려져 있다.

6. T. Gold, "The Deep, Hot Biosphere," Proceedings of the National Academy of Science USA 89(1992):6045.
7. 1955년에 해양생물학자들은 태평양 바닥의 퇴적물에서 박테리아를 발견하였다. 그들은 이것을 분석한 결과 현학적 확신을 가지고 생물권은 정확하게 7.47m 아래에서 끝난다고 선언하였다. 다음을 참조하라. R. Y. Morita and C. E. Zobell, "Occurrence of Bacteria in Pelagic Sediments Collected During the Mid-Pacific Expedition," DeepSea Research 3(195):66-73.
8. Lloyd Hamilton, "Aspects of Metallogenesis and Microorganisms in the Red Sea Region of Saudi Arabia," unpublished Ph.D. thesis, University of London, 1973.
9. Gold, "Deep, Hot Biosphere."
10. J. P. McKinley et al., "D.O.E. Seeks Origin of Deep Subsurface Bacteria," EOS: Transactions of the American Geophysical Union 77(1994): 385.
11. 원유 추출에 미생물을 이용하자는 의견은 1983년에 오스트레일리아 과학자들에 의하여 최초로 제안되었지만 그 제안에 아무도 귀를 기울이지 않았다. 이에 대한 자료는 다음을 참조하라. B. Bubela, P. L. Stark, and M. Kords, "Microbiologically Enhanced Oil Recovery," in Baas Becking Geobiological Laboratory Annual Report (Canberra: Commonwealth of Australia, 1983), p. 53. 최근에 몇몇 회사들이 지하에 묻혀있는 미개발 생물 자원에 대하여 깊은 관심을 나타내고 있다. 원유-가스 부문의 개선에 따라서 우리는 맞춤 미생물을 이용하여 오염된 육지와 물을 청소하는 생물교정이라고 하는 새로운 산업의 출현을 곧 볼 수 있게 될 것이다. 슈퍼박테리아가 작용하여 깊은 곳이나 접근하기 어려운 곳의 유독한 화학물질을 먹어치우게 하면 청소 비용 중 수십조 달러가 절약될 것이다. 이런 생물체의 놀라운 능력을 제공해주는 독특한 효소나 분자물질을 확인하고 개발할 가능성이 매우 크다. 미국 암연구소는 이미 항암제와 AIDS 백신을 찾기 위하여 5000종 이상의 지하 생물체 배양물에 대한 선별작업을 하였다.
12. Tim Appenzeller, "Deep-Living Microbes Mount a Relentless Attack on Rock," Science 258(1992):222.
13. R. J. Parkes et al., "Deep Bacterial Biosphere in Pacific Ocean

Sediments," Nature 371(1994):410.

14. Everett Shock, "High Temperature Life Without Photosynthesis as a Model for Mars," Journal of Geophysical Research-Planets 102(1997): 23,68 7.
15. Ibid., p. 23,691.
16. 더 정확하게 그 증거는 고온성 박테리아가 저온 미생물보다 더 느리게 진화하였다는 것을 암시한다. 대부분의 고대세균은 고온성 박테리아이거나 초고온성 박테리아이기 때문에 고대세균은 박테리아보다 덜 진화되는 경향이 있는 부류이다. 그러나 Aquifex 같은 일부 초고온성 박테리아가 매우 느리게 진화하는 반면에 일부 저온성 고대세균은 상당한 속도로 진화한다. 나는 이것을 주목하게 해준 반즈(Susan Barns)에게 감사를 표한다.
17. 다음을 참조하라. Bock and Goode, Evolution of Hydrothermal Ecosystems, chaps. 1, 2.
18. J. B. Corliss et al., "Submarine Thermal Springs on the Galapagos Rift," Science 203(1979):1073.
19. Gold, "Deep, Hot Biosphere." See also Karsten Pedersen, "The Deep I Subterranean Biosphere," Earth Science Reviews 34(1993):243.
20. G. Wächterhäuser, "Evolution of the First Metabolic Cycles," Proceedings of the National Academy of Science USA 87(1990) : 200.
21. Todd Stevens and James McKinley, "Lithoautotrophic Microbial Ecosystems in Deep Basalt Aquifers," Science 270(1995):450. 대중적인 설명은 다음을 참조하라. James Fredrickson and Tullis Onstott, "Microbes Deep Inside the Earth," Scientific American 275, no. 4 (1996):42; Larry O'Halon, "How Life Would Be at Home on Mars," New Scientist, October 28, 1995, p. 19; Stephanie Pain, "The Intraterrestrials," New Scientist, March 7, 1998, p. 28.
22. 이 이론은 매우 높은 염 농도에서 사는 극단적인 호염성 고대균의 존재도 설명해 줄 수 있다. 폭격이 감소되었지만 그럼에도 불구하고 지구는 계속하여 대양의 일부를 끓어오르게 하는 충격으로 고통을 받았다. 진한 소금물 층이 형성되어서 고염농도와 고온에 모두 견디지 못하는 생물들에게는 치명적이었을 것이다. 그러나 대부분의 현존하는 호염성 박테리아들이 고대 계통인지 분명하지 않기 때문에 증거는 덜 유력한 편이다.

8장
화성은 붉은 죽음의 별인가?

"무엇인가가 화성에 살고 있다는 것은 그것이 무엇인가 만큼이나 불확실하다." - Percival Lowell, 1906[1] -

1996년 8월 7일 미국의 클린턴 대통령은 기자회견을 하며 극적인 어투로 NASA가 화성의 생물에 대한 증거를 발견했다고 발표하였다. 클린턴은 1984년에 남극에서 발견된 화성 운석의 발견을 언급하면서 그것이 생명의 신호가 될 수 있는 의미를 포함하고 있다고 하였다. 그는 계속하여 이 놀라운 발견이 옳다면 인류와 우주와의 관계를 다시 정의하게 될 것이라고 하였다.

화성에 생명이 있을 가능성에 대해서는 오랜 역사가 있다. 17세기와 18세기에는 과학자, 철학자 및 심지어 신학자들도 자유롭게 화성인, 금성인 및 다른 외계인을 이야기하였다. 그러나 19세기말에 이르러서는 천문학자들은 다른 행성에 생명체가 존재하는 것에 대하여 훨씬 더 의심을 가지게 되었다. 그럼에도 불구하고 1877년에 이탈리아의 천문학자인 스케아파렐리(Giovanni Schiaparelli)는 화성 표면에서 직선 무늬를 보았다고 보고하였다. 그는 이것을 나타내기 위하여 “통로”를 의미하는 이탈리아어 canali를 사용하였다. 미국에서는 로웰(Percival Lowell)과 다른 사람들이 스케아파렐리의 통로가 실제로 인공 운하라는 생각에 집착하여 그것을 주장하였다. 로웰은 화성인이 극지방의 빙하가 녹은 물을 이용하여 메마른 토지를 관개하기 위하여 운하를 건설하였다고 믿었다. 그는 아리조나의 플래그스탭에 운하망의 지도를 제작하는 천문대를 건설하였다. 로웰의 눈에는 화성은 죽어가고 있는 메마른 행성이었다. 따라서 모든 지적인 화성인들은 필사적으로 거대한 관개 운하를 건설하였다. 죽어가는 행성과 욕심 많은 화성인이 우리의 푸르고 편안한 세계로 눈을 돌린다는 주제를 이용하여 1898년에 웰즈(H.G. Wells)는 유명한 “우주전쟁” 이라는 소설을 썼다.

운하를 건설하는 화성인이라는 로웰의 생각을 받아들이는 천문학자는 거의 없었으며 관측 기술이 향상됨에 따라서 화성에서 생명을 발견할 확률은 점차 감소하였다. 그럼에도 불구하고 일부 과학자들은 이끼류 같은 원시 형태의 초목이 자란다고 여전히 확신하였다. 그들은 계절에 따라서 변화하는 색깔을 증거로 지적하였다. 그러나 이런 가능성까지도 우주시대의 개척에 따라서 소멸되어 갔다. 화성에 보낸 탐사선은 운하는 고사하고 생명의 신호를 전혀 발견하지 못하였다.

1977년, 마침내 NASA는 두 대의 바이킹(Viking) 우주선을 화성 표면에 착륙시켜서 그 문제를 직접 시험하기로 하였다. 그 탐사선은 생명체를 발견할 수 있도록 특별하게 설계되었다. 이 단계에 이르러서는 화성의 토양에서 어떤 미생물 이상의 것을 발견하리라고 기대하는 과학자는 거의 없었다. 바이킹이 보내온 자료는 회의론자들의 주장을 확신시켜주었다. 토양 실험에서는 화성에 미생물이 존재한다는 증거를 전혀 찾지 못하였다. 많은 사람들이 실망하겠지만 적색 행성은 죽음의 행성으로 판명되었다.

바이킹 이후 20년 동안 화성에 생명체가 존재한다는 생각은 공상과학소설로 버려지게 되었다. 따라서 화성이 아니라 이곳 바로 지구에서 일련의 놀라운 발견들이 없었다면 그런 생각은 완전히 없어지게 되었을 것이다. 이런 발견은 그 문제를 새로이 더 복잡하게 만들었다. 과학자들이 너무 서둘러서 화성에 생물체가 존재할 가능성을 없애버린 것이 아닌가하는 생각이 든다.

좋지 못한 휴양지

겉으로 보기에 화성은 멋있는 행성이다. 그것은 밤하늘에서 붉게 빛나며 따라서 전쟁의 신이라는 옛이름이 생겼었다. 망원경으로 관찰하면 흰색의 극관과 커다란 먼지 얼룩이 보인다. 때로는 먼지 폭풍이 행성 전체를 덮기도 한다. 우주탐사선의 근접 사진을 보면 표면은 분화구들이 점점이 뿌려져 있고 거대한 계곡과 협곡으로 갈라져 있다. 거대한 사화산들이 전경에 나타난다. 지표의 토양은 오스트레일리아 사막의 가장 황폐한 지역과 비슷하다. 황토색 붉은 토양에 둥근 돌이 뿌려져 있고 고운 모래가 언덕을 이룬다. 전체적인 경치는 주황색 하늘 아래에서 엷은 햇빛에 잠겨 있다.

생명의 입장에서 본다면 화성에는 생각할 수 있는 모든 위험이 존재한다. 온도는 항상 어는점 이하이며 -140℃까지도 내려간다. 주로 이산화탄소와 아주 적은 흔적량의 산소와 질소로 구성된 대기는 매우 얇다. 기압은 7.5 밀리바로서 지구에서는 거의 우주와의 경계에 가까운 고도 35,000 m에 해당한다. 오존 보호층이 전혀 존재하지 않으며 따라서 표면은 태양에서 오는 치명적인 자외선이 가득하다. 토양은 부식성일 정도로 산화성이며 너무나 건조하여서 사하라 사막이 오히려 습지로 생각될 정도이다. 실제로 화성 대기의 전체 수증기량을 표면에 덮는다면 토양을 겨우 축축하게 할 정도이다. 이렇게 건조하기 때문에 모래폭풍은 매우 무시무시하다. 바람이 불기 시작하면 때로는 시속 650 km까지 도달하여 먼지가 50 km 높이까지 솟구친다. 결국 화성은 머무르기에 좋은 곳은 아니다.

화성의 후천적 환경에 대한 근본적인 이유는 결국 작은 크기 때문이다. 화성은 직경이 지구의 절반 정도이고 중력은 지구 표면의 38 % 정도에 불과하다. 그 결과 대부분의 대기는 우주 공간으로 날아가버린다. 낮은 압력으로 인해 어는 점 이하에서도 액체 상태의 물이 표면에 존재할 수 없다. 화성에서 차 한 잔을 쏟으면 즉시 증발해 버릴 것이다. 또 얇은 대기층은 온실효과 가열이 미약하다는 것을 의미한다. 추위가 매우 심한데 태양으로부터 멀리 떨어져 있기 때문이다. 평균거리가 약 2억 2800만 km로서 지구와 태양 사이의 거리보다 50 %가량 더 멀다.

여러분은 그렇게 얼어붙고 공기가 없는 행성에서 생명체를 찾는 것은 시간 낭비라고 생각할 수도 있다. 그러나 바이킹 우주선이 계획되고 있던 1970년대에도 과학자들은 남극과 같은 춥고 건조한 조건에서도 일부 박테리아들이 생존할 수 있다는 것을 알고 있었으며, 따라서 화성 토양에서 미생물을 찾기 위한 우주선내 실험장치를 고안하였다. 우주선밖으로 뻗어나가서 토양을 채취해 우주선의 소형 분석실로 가져올 수 있는 로봇 팔이 장착되었다.

두 번의 우주선 탐사에서 세 가지의 실험이 수행되었다. 첫 번째는 기체-교환 실험이었다. 그것은 영양배지액을 토양 시료에 붓고 발생하는 기체를 분석하는 것이었다. 영양액을 붓기 전에 시료를 수증기에 노출시켰다. 놀랍게도 이 첫 단계에서 격렬한 반응이 일어나서 막대한 양의 산소가 방출되고 약간의 질소와 이산화탄소도 방출되었다. 비슷한 결과가 태양광에 노출된 토양과 암석 밑에 가려진 토양에서도 얻어졌다. 그 당시에는 토양이 145℃로 가열되면 모든 토양 미생물을 죽이는데 충분하다고 생각하였으며, 이 결과의 신뢰성에 대한 몇 가지 의문이 있기는 하였지만 산소 방출은 영향을 받을 것으로 생각되었다. 마침내 영양액을 붓자 더 복잡한 기체 교환이 일어났지만 조직적인 형태는 찾아볼 수 없었다. 틀림없이 화성의 토양은 지구의 토양과는 전혀 다르게 반응하였다. 계획에 참여하였던 과학자들은 약간 의기소침해져서 화성 표면이 화학적으로 매우 반응성이 강해서 물을 첨가하는 간단한 방법에 의해서도 토양에 거품이 일게 할 정도의 효과를 나타낸다고 결론지었다. 그런 현상을 설명하기 위해서 미생물은 필요하지 않았다. 그러나 한편으로는 기체-교환실험은 미생물을 배제하지도 않았다. 기껏해야 그 결과는 모호한 것이었다.

다음 것은 소위 표지-방출 실험이었다. 이것도 영양액을 토양에 첨가하는 것이 필요하지만 혼합이 달랐다. 간단히 말하면 그것에는 방사성 탄소 추적자가 포함되어 있어서 방출되는 기체를 방사성 신호로 시험하였다. 가정은 탄소를 가공하는 모든 화성 생물체는 이산화탄소를 방출할 것이며 약간의 방사성 기체를 생성한다는 것이었다. 이것은 매우 높은 민감도로 검출할 수 있다. 실험에서는 표지-방출 실험은 양성 결과를 나타내었다. 더욱이 토양이 강하게 가열되면 그 결과는 음성으로 변하여서 미생물이 작용할 때 예측되는 결과와 정확히 일치하였다.

세 번째는 탄소-동화 실험이었다. 어떤 의미에서 이것은 표지-방출 실험의 역실험이었다. 토양 시료를 방사성 이산화탄소가 포함된 공기에 노출시키고 태양을 모방하여 강한 빛을 쪼여 주었다. 목적은 지구 식물이 이산화탄소를 소비하는 것과 같은 방법으로 화성 생물이 성장 과정의 일부로서 탄소를 흡수하는지 알아보는 것이었다. 이것도 몇 번 실험한 결과 양성 반응을 나타냈다. 시료를 170 ℃까지 가열하면 반응이 사라졌지만 완전히 없어지지는 않았다.

겉보기 값만을 취한다면 바이킹 실험은 화성 토양에 미생물이 존재한다는 어떤 증거를 제공하는 것으로도 해석할 수 있다. 그러나 NASA의 과학자들은 반대 결론을 이끌어내는데 거의 만장일치였다. 토양 시료의 행동은 간단한 생물학적 해석에 대한 의심을 없애버리기에는 충분히 복잡하고 기대하지 못한 것이었으며 강력한 산화를 포함한 특이한 토양 화학 때문이라는 믿음 쪽으로 더 기울어지게 되었다. 유기물질이 틀림없이 우주로부터 화성 표면으로 전달되었겠지만 바이킹이 화성 표면에서 유기물 흔적을 전혀 발견하지 못하였다는 사실도 이 결론을 지지해준다. 이 설명은 표면에 흩뿌려진 모든 유기분자를 분해하는 경향이 있는 강력한 자외선 복사 및 산화성 토양과 맥락을 같이 하는 것으로 보인다.

이런 것을 종합하면, 바이킹 실험은 화성의 생명에 대한 명확한 증거로는 불충분하며, 우주계획의 공식적 견해는 화성에 생명이 존재하지 않는다는 것이다. 그러나 증거가 존재하지 않는다는 것이 존재하지 않는다는 증거가 아니라는 격언을 항상 기억해야 한다. 바이킹이 화성에서 생명을 검출하지 못한 데는 많은 이유가 있으며 그 중 분명한 것은 다음과 같다.

· 실험에서 시험하려 한 것은 잘못된 종류의 생명이었다. 그것들은 지구 생물에 반응하게 고안되었다. 화성 생물은 전혀 다른 생화학이나 온도 범위에 기반을 둔 것일 수도 있다. 바이킹의 소형 실험실은 지구 미생물에게는 편안한 곳이겠지만 화성 생물에게는 치사적일 수 있다.
· 중요한 실험들이 토양에 비교적 낮은 밀도로 존재하는 화성 미생물들을 검출할 만큼 충분히 민감하지 못할 수 있다. (그램 당 일백만 미생물 정도는 검출되지 않았을 것이다.)
· 화성의 최상층은 생명이 없지만 생명체가 혹독한 조건을 일부 막아주는 깊은 곳 암석의 갈라진 틈에 존재할 수도 있다.
· 실험이 적절하였지만 착륙지점이 좋지 않을 수도 있다. 생명체가 두 번의 착륙지점에서 멀리 떨어진 화성 표면의 일부 유리한 영역에 존재할 수 있다.
· 화성에 생명이 존재하지만 표면이 아닌 곳일 수 있다. 적당한 서식처가 극관의 밑이거나 깊은 지하일 수도 있다. 이 가능성에 대해서는 곧 다시 설명하겠다.

이런 점들을 모두 도외시하더라도 간단한 이유 때문에 화성은 여전히 생물학자에게는 중요한 관심거리이다. 오늘날 붉은 행성은 황량한 모습을 나타내지만 항상 얼어붙은 황무지는 아니다. 오래 전에는 화성이 지구처럼 따뜻하고 축축하여서 생명이 거주하기가 더 좋았었다는 증거가 충분하게 있다. 오늘날 화성이 전적으로 죽은 행성이든지 아니든지 간에 한때는 그곳에서 생명이 번식하였을 확률은 충분하다.

홍 수

여러분이 마리너와 바이킹 탐사선이 보내온 사진을 한번 훑어보면 화성이 한 때는 생물체가 살기 좋은 곳이었다는 것을 곧 알 수 있을 것이다. 탐사 사진에서 가장 큰 특징은 강과 골짜기이다. 그곳의 솟아오른 산들 사이에, 모래 평원을 가로질러 잘려나간 흔적들, 산허리 깊숙이 새겨진 것들, 분화구 주위로부터 흘러내린 흔적이 흐르는 물에 의하여 만들어진 것이라는 것을 쉽게 알아 볼 수 있다. 그것들은 지류, 삼각주 및 범람원을 갖춘 완전한 것이다. 물줄기는 로웰의 유명한 직선 운하와는 전혀 닮지 않았으며 오히려 나뭇가지 모양이거나 지구의 강처럼 구불구불하며 인공적이라기보다는 분명히 자연적이다.

불행하게도 화성의 옛 하상에는 물이 전혀 남아있지 않다. 벌써 오래 전에 말라붙어 버렸다. 그러나 이런 계곡들이 실제로 강물에 의해서 만들어진 것이라고 확신할 수 있는데, 그것들이 폭포, 둑, 강물에 의해서 씻겨 내려와서 침전한 삼각주와 같이 지구에 있는 강들의 특징을 나타내기 때문이다. 한때 화성에 물이 자연스럽게 흘렀다는 것은 의심할 여지가 없다. 그러나 그것은 어디에서 생겼을까? 어디로 가버렸을까? 화성의 강물은 비가 내리고 눈이 녹으면 증가하고 지하의 대수층이나 샘의 원천이 되었을까? 강들은 호수나 바다로 흘러들었거나 모래 속으로 흘러들어 갔을까? 무엇보다도 강의 계곡들은 얼마나 오래 전에 형성되었을까?

과학자들은 탐사사진을 주시하고 모든 작은 것들에서 정보를 얻어내고 이런 의문들을 설명해 줄 중요한 가설들을 만들면서 수 년을 보냈다. 잠시만 들여다 보더라도 많은 대형 운하들은 갑작스러운 거대한 수량에 의해 생긴 급류로 만들어진 범람원과 같은 하상이라는 것을 곧 알 수 있으며 모양에서도 단서를 찾을 수 있다. 전형적으로 대홍수는 갑자기 시작되며, 강폭이 크고 깊으며, 지류를 거의 가지지 않는 운하를 만든다. 반대로 강은 작은 시내로부터 시작하여 지류가 모임에 따라서 점점 크기와 깊이가 증가한다.

숫자를 이용해서 이야기하면 화성 홍수의 규모는 믿기 어려운 정도가 된다. 통로는 고원 지역의 수십 km 폭에서부터 침식된 분지의 수백 km 폭에 이른다. 이런 분지에서는 물이 한때 평원 전체에 밀어닥쳤을 것이다. 홍수 때 커다란 통로를 따라서 흐르는 유속은 엄청나서 아마존강의 수만 배에 달한다. 지금까지 지구에서 알려진 가장 큰 홍수는 약 12,000년 전에 워싱턴주 콜럼비아강의 범람이었다. 이것을 비유하자면 미시간 호수만한 수량이 단 이틀에 흐른 정도이었다. 화성의 홍수는 이것보다도 300배는 더 거대하였다.

화성의 거대한 홍수의 원인은 아직도 논쟁거리이다. 분명한 것은 폭우 때문은 아니라는 것이다. 거대한 수량이 갑자기 쏟아진 것으로 생각된다. 가장 그럴듯한 것은 액체를 채우고 있던 얼음으로 만들어진 댐이 갑자기 녹아서 붕괴되었다는 것이다. 또 다른 가능성은 거대한 분수처럼 지하수가 동토층을 뚫고서 표면으로 솟구쳐 나왔다는 것이다. 그러한 분출은 운석이 지각을 뚫거나, 화산에 의하여 녹거나 또는 단순히 수압이 증가되어서 일어났을 수도 있다.

화성의 말라붙은 강들이 대재앙을 일으키는 통로는 아니었다. 남부 고원지대의 오래된 토양에서는 길고 좁은 계곡, 기묘한 협곡, 육지의 느린 침식과 같은 전통적인 강과 닮은 특징을 지닌 것들이 많다. 하상은 길이가 수십 킬로미터에 이르고 폭은 3 킬로미터에까지 이르며 지구에서와 같이 지류들을 가지고 있다. 이런 지류들이 어떻게 형성되었는가에 대해서는 의견들이 서로 다르다. 단순히 비나 눈이 아래로 흘러내려서 천천히 계곡의 대지를 침식시켰다는 것은 사실과도 들어맞지 않는다. 틀림없이 오늘날에는 일어날 수 없는데 작은 시내의 강물은 큰 강에 이르기도 전에 증발하거나 얼어붙을 것이기 때문이다. 그러나 조건이 액체 물이 흐를 수 있었다하더라도 계곡의 모양은 흐르는 물에 의한 침식과는 일치하지 않는다.

지구에서 계곡이 생성되는 다른 과정은 지하수 침식이다. 이런 것은 해변의 모래사장에서 샘이 모래 위로 솟아올라 물이 바다로 흘러 갈 때 소규모로 일어나고 있는 것을 볼 수 있을 것이다. 계가 발전함에 따라서 냇물의 머리가 다시 모래 위쪽으로 돌아와서 냇물이 흐르는 방향으로 커다란 붕괴를 일으키기도 한다. 많은 화성의 계곡은 마치 그런 방법으로 만들어진 것처럼 보인다.

미국 지질학회의 카(Michael Carr)는 화성의 물에 대한 전문가이다. 그는 표면의 계곡을 만들기 위하여 실제로 매우 소량의 물이 흘렀을 것으로 생각한다. 운하의 판판한 바닥과 날카로운 양안을 지적하면서 그것이 함몰 형성을 암시한다고 생각한다. 카는 대부분의 물이 표면으로 흐르며 침식 작용을 일으키기보다는 땅으로 퍼져 점차로 땅속으로 들어가서 함몰을 일으키거나 황무지를 만들었다고 생각한다. 지하 흐름의 윤활 작용 효과는 물질들을 느슨하게 만들어 아래쪽으로 미끄러지게 하여서 표면의 침식이 없이도 협곡을 만들었을 것이다. 카는 강수 순환계가 작용하기보다는 일종의 지엽적으로 힘을 받은 대류 순환계가 작용하여서 퍼져나간 물을 반복적으로 다시 지하의 대수층으로 돌아오게 하였다고 생각한다. 따라서 화성 물의 전체적인 특징은 꾸준한 지하 흐름에 의한 계곡 형성에 때때로 일어나는 갑작스런 홍수가 더해진 것이다.

내가 10대였을 때 '여호와의 증인'과 장난기 어린 논쟁을 즐겨했었다. 내가 가장 재미있어했던 질문은 노아의 홍수에 대한 것이었다. 그 많은 물이 어디로 다 사라졌단 말인가? 우리는 화성의 홍수에 대해서도 똑같은 질문을 할 수 있다. 가장 간단한 답은 땅 속으로 들어갔다는 것이다. 지구나 달과 같이 화성도 초기 7억 년 동안은 격렬한 우주 폭격으로 고통을 당하였다. 그 소란은 너무 많은 물질을 휘저어 놓아서 행성 전체가 표토라고 하는 잡석으로 수 킬로미터의 두께가 덮였다. 화성은 지구보다 훨씬 더 작기 때문에 지질 구조 활동을 추진할 수 있는 용융된 커다란 핵이 없어 이 조각난 표면은 광범위하게 재가공되지 못하였다. 따라서 다공성 표토는 거대한 스폰지처럼 그대로 남아서 많은 양의 액체를 흡수할 수 있었다. 그러므로 지금 그 표면이 매우 건조할지라도 화성은 영구동토층 형태나 수 킬로미터 지하에 갇혀있는 형태로 여전히 지하에 많은 물을 보존하고 있다. 추론들은 다양하지만 만약 이런 모든 물이 한꺼번에 표면으로 올라온다면 화성 전체가 최소한 1 킬로미터 깊이의 대양으로 덮일 것으로 생각된다.

일부 화성 관측자들은 이 붉은 행성이 다공성 표면에도 불구하고 한 때 광범위한 대양과 호수를 가졌다고 생각한다. 매우 두껍게 층을 이룬 고대 호수 퇴적층이 많은 깊은 협곡에 존재하며 약간 낮은 북쪽 평원들의 반점 모양들도 수많은 호수들을 암시하고 있다. 커다란 바다에 대한 증거는 더 논쟁의 여지가 있지만 그럴듯한 대양의 범위는 북쪽 저지대 주변에서 흔적을 찾을 수 있는데 이곳은 온화한 시절에 분화구를 가진 고지대에서 물이 배수된 통로의 흔적들이 있는 곳이다. 가상적인 해안선에는 침식된 절벽, 해안단구, 돌출부 등이 포함되어 있다. 북쪽바다(Oceanus Borealis)라는 화성의 바다는 행성의 3분의 1을 덮었을 것이다.

대양에 대한 증거와는 반대로 화성의 남반구는 거대한 빙하였다는 강력한 증거가 있다. 오늘날 화성은 얼음과 드라이아이스(고체 이산화탄소)가 혼합된 얇은 북극 극관을 가지고 있는데 더 두꺼운 남극 극관은 주로 드라이아이스이다. 극관은 계절에 따라서 늘었다 줄었다 하는데 북극 극관은 완전히 사라질 수도 있다. 그러나 오래 전에는 두꺼운 물-얼음 남극 극관이 남극으로부터 남위 33도까지 확장된 적도 있었다. 이런 빙하의 모든 원천이 북쪽바다의 증발물이었을 수 있다.

시간이 지남에 따라서 화성은 중력이 작기 때문에 우주 공간에 수증기를 잃고 점점 건조해졌다. 행성 전체를 70 m 깊이로 덮을 수 있는 양의 물이 이런 방법으로 없어졌다. 더 심각한 것은 추위였다. 온도가 내려감에 따라서 액체 물이 존재하기에는 조건들이 적당하지 않게 되고 화성 바다의 대부분의 물들은 영구동토층으로 편입되었다. 고대의 호수들은 고위도 지방에서는 동결 고체가 되었을 것이고 그 흔적이 아직도 먼지와 암석 층 아래에 남아있을 것이다.

과학자들은 화성의 물에 대하여 의견이 양분되어 있지만 대부분의 물에 의한 활동들이 매우 오래 전에 일어났다는데 대하여는 의견이 일치하고 있다. 조용한 곡류천이 존재하거나 파도치는 대양이 존재하였다면 최소한 35억 년 전에는 말라버렸을 것이다. 그러나 기후의 축퇴가 일방통행이 아니었을 수도 있다. 중간에 따뜻한 시대가 잠시 생겨서 느린 건조작용이 방해를 받고 물이 다시 자유롭게 흘렀을 수도 있다. 그런 것에 대한 증거는 매우 나중에 생성된 화성의 계곡들에서 나타난다. 일부 커다란 강들이 분명하게 여러 번 잘려있으며 이것은 홍수 시대의 순서를 나타낸다. 이런 모든 것은 어떤 이유 로 인해 화성이 아주 잠깐일지라도 따뜻하고 습기가 많은 환경으로 돌아오곤 하였다는 것을 암시한다. 대지와 대기를 통한 광범위한 물의 재순환이 있었을 수 있다. 그러나 홍수와 빙하의 각 순환마다 더 많은 물이 사라졌다. 화성의 일부 강은 수억 년 전까지도 흐르고 있었다하더라도 그것들은 고대 홍수에 비하면 매우 유약한 것이며 화성의 기후에도 거의 영향을 주지 못했을 것이다.

화성 온실

화성의 강들은 한때는 따뜻하고 습기가 많았다는 분명한 증거를 보여준다. 그러나 이것이 어떻게 가능했을까? 우선 화성이 과거에는 지금보다 더 추웠다는 것을 믿게 해주는 그럴듯한 이유가 있다. 소위 희미한 젊은태양(dim-young-Sun) 문제와 상관이 있다. 태양은 나이를 먹어감에 따라 그 화학적 조성이 변화하면서 천천히 점점 더 밝아졌다. 40억 년 전 태양은 오늘날보다 30%정도 더 어두웠고 멀리 떨어져 있는 화성을 가열하는 효과도 훨씬 더 낮았을 것이다. 이것에 반대되는 것이 지질 가열인데 이것은 방사성과 행성의 형성 때부터 보존된 열 때문에 일어나며 두 가지 모두 과거에는 훨씬 더 강력하였다. 그러나 지질가열에서 나오는 열만으로는 희미한 어린 태양을 보상할 수 없었으며, 좀더 온화한 기후에 대한 다른 이유를 찾아보아야만 할 것이다.

행성을 따뜻하게 만드는 가장 쉬운 방법은 온실효과를 이용하는 것이다. 이산화탄소 같은 온실효과 기체는 담요처럼 작용하여서 행성 표면에 태양열을 붙잡아둔다. 오늘날 화성의 대기는 그런 온실가열을 만들어내기에는 너무나 희박하지만 초기 10억 년 동안은 틀림없이 더 농후하였을 것이다. 지구와 같이 화성도 행성에서 나오는 기체와 운석, 소행성 및 얼음소행성에서 전달된 휘발성 물질로부터 밀도가 높은 초기 대기를 얻었을 것이다. 풍부한 CO_2는 온도를 극적으로 올려놓았을 것이다.

과학자들은 화성이 과거에는 훨씬 더 많은 CO_2를 가졌을 것으로 추측하지만 그 수치를 대는 것은 쉽지 않다. 우선 CO_2가 사라진 곳을 알아내야 한다. 그것은 대부분 우주 충돌에 의하여 우주 공간으로 사라진 것 같다. 6장에서 설명한대로 대형 혜성의 충돌은 충돌 침식을 일으키고 대기층을 벗겨냈을 것이다. 화성의 경우에 최종 결과는 매우 희박한 공기가 되었겠지만 충돌 기간 동안에는 압력이 상당히 폭넓게 변화하였을 것이다. 계산에 의하면 화성은 대기의 99 %를 초기 7억 년 동안의 충돌시기에 잃어버렸고 그 나머지의 90 %를 그 후 다른 여러 가지 과정에서 잃어버렸다. 그런 수치들이 옳다면 화성이 한 때는 지금보다 1000배 정도 더 높은 대기압을 가지고 있었다는 말이 된다. 그것은 온도를 어는점 이상으로 올려주고 심지어 광대한 대양을 유지하는 데도 충분하였을 것이다.

화성이 한때 충분한 대기를 가졌다는 데 의심의 여지가 없는 것은 오래된 분화구의 벽들이 심하게 침식되어 있기 때문이다. 직경이 15 km 이하인 분화구는 완전히 침식되어 있다. 반대로 나중의 분화구들은 전혀 침식이 되어 있지 않다. 변화시대를 예측하는데 있어서 과학자들은 대기가 3800만년 전의 후기의 심한 폭격시대가 지나고 얼마되지 않아서 극적으로 희박해졌다고 생각한다. 대부분의 커다란 홍수들은 그 당시나 그 전에 일어났을 것으로 생각되는데 방출 통로가 잘 보존된 수많은 작은 분화구들로 장식되어 있기 때문이다. 화성의 초기에 생성된 아주 오래된 강들이 간직하고 있는 화성 역사의 대부분은 침식이 없었다. 지구에서는 수십억 년 동안 남아있는 계곡이 전혀 없다.

일단 폭격이 멈추자 화성의 이산화탄소는 여러 가지 원인 때문에 없어지기 시작하였다. 일부는 우주 공간으로 탈출하고 일부는 물에 녹고 일부는 표토에 흡수되고 또 많은 양이 탄산물질이나 다른 암석 광물로 편입되었을 것이다. 다른 보상 과정이 없다면 CO_2는 얼마 후에 다 소모되었을 것이다. 아마도 지열 과정의 가열이 이런 과정의 일부를 역전시켜서 일부 CO_2가 대기로 되돌아왔을 것이다. 수억 년 동안 비교적 높은 대기 압력과 이에 관련된 온실 가열이 존재하였을 것이다. 그러나 결국 지열 과정이 사라지고 CO_2의 순환이 멈추고 대기 압력은 줄어들기 시작하여 오늘날 우리가 보고 있는 얼어붙고 메마른 사막이 생성되었다.

일부 강의 계곡이 비교적 최근에 잘린 것처럼 보이는 것은 때때로 따뜻한 시대가 있었다는 것을 암시한다. 그럴듯한 설명은 되먹임 과정에서 찾을 수 있다. 지역적인 지열 가열이나 화산의 폭발은 갑자기 많은 물을 표면에 방출하였을 것이고 그것에 녹아있던 많은 양의 이산화탄소가 방출되어 나왔을 것이다. 이것은 온도를 증가시켰을 것이고 따라서 더 많은 물을 녹이고 더 많은 CO_2를 방출시켰을 것이다. 녹은 물이 얼어붙은 저지대로 물려감에 따라서 표토의 온도를 증가시키고 더 많은 CO_2를 방출시켰을 것이다. 결국 이런 방식으로 일시적으로 온실효과에 의한 가열을 만들 정도로 농후한 대기를 만드는데 충분한 이산화탄소가 행성으로부터 방출되었을 것이다.

또 다른 예측할 수 없는 요인은 행성의 운동에 관한 것이다. 화성은 좀 긴 타원형 궤도를 가지며 그 회전축을 안정화시켜줄 위성을 가지고 있지 않다. 자전과 공전이 상당히 증진된 태양 가열을 일으키는 조합을 만들었던 시기가 있었을 것이다. 때때로 스핀축이 기울어져서 극지방이 적도지방보다 더 많은 햇빛을 받을 수도 있었다. 이것은 극관을 녹여서 온실효과를 증진시켰다. 이에 균형을 맞추어서 단순한 냉각 과정보다는 오랜 비활성 시기가 이어지는 홍수, 대양 형성 및 빙하기의 반복된 시기들이 있었을 것으로 생각된다.

생명의 가능성에 관해서 말하면 38억 년 전에서 35억 년 전 사이에 화성이 따뜻하고 습도가 많았다는 사실은 매우 중요하다. 이것은 생명이 지구에 존재하던 시기에 화성이 지구와 유사하였다는 것을 의미하기 때문이다. 이것으로부터 일부 과학자들은 그 시기에는 화성이 생명을 잉태하기에 적당하였다는 결론을 내리게 되었다. 그러나 액체 물이 존재하였다는 것은 이 이야기의 일부에 지나지 않는다. 생명의 관점에서 더 좋은 것은 화성이 액체 물 뿐 아니라 화산을 가졌었다는 점이다.

화성에는 생명체가 있었을까?

화성의 올림푸스산(Olympus Mons)은 그 높이가 타르시스(Tharsis) 단층지괴로부터 27 km에 달하고 그 폭이 550 km에 달한다. 측정 수치로만 한다면 태양계에서 가장 커다란 산이며 지구의 에베레스트산을 7개를 쌓아놓은 것에 해당한다. 그러나 올림푸스산의 의미는 그 크기에 있는 것이 아니라 그것이 화산이라는 점이다. 화산과 물이 함께 나타나는 곳에서는 온천이 생긴다. 즉 최초의 생물체를 품는데 중요한 역할을 하였던 지구의 열수계와 비슷한 계가 된다. 38억 년 전에 화성에서도 올림푸스산 기슭의 콸콸거리는 샘에서 또는 오래 전에 사라진 화성 대양의 아래에 있는 다공성 암석에서 미생물이 번성하였을까?

40억 년 전에 화성은 아직도 그 생성열로 불타고 있었다. 방사성은 지각을 가열하였고 우주 폭격은 표면을 녹였다. 화성이 원시열을 벗어나기 위하여 몸부림침에 따라 화산으로부터 대량의 용암을 토해내어서 달의 바다와 같은 거대한 용융된 암석의 바다를 만들었다. 지각이 천천히 식어감에 따라서 화산도 점점 줄어들었다. 심한 폭격이 그칠 때쯤 되어서는 화성은 크게 타르시스(Tharsis), 엘리슘(Elysium) 및 헬라스(Hellas)의 세 개의 지역으로 구분되게 되었다. 오늘날 화성에 활동중인 화산이 있다면 그것들은 현재 어떤 활동 징후도 나타내지 않고 있다.[2] 그러나 화성의 역사 내내 분출이 있어왔다. 지난 15억 년 동안의 올림푸스산 주위와 5억 년 전까지의 알바페트라(Alba Patera) 지역을 예로 들 수 있다. 화성이 40억 년 동안에 화산 활동이 활발하였으며 비교적 최근에야 멈춘 것으로는 생각되지 않기 때문에, 아마도 깊은 지하에 일부 온천이 아직도 존재한다고 결론내리는 것이 타당할 것이다.

화성에 물이 풍부하였다면 먼 과거에 열 분출구 주위에 온천이 생성되었을 기회가 적으나마 있었을 것이다. 탐사사진에서 물과 화산 사이의 상호작용에 대한 분명한 증거가 있다. 많은 홍수가 동토층과 바닥 얼음을 녹이는 용암에 의하여 촉발되었으며 일부 물길은 용암 아래로부터 나타났다는 것이 분명하게 보인다. 바깥쪽으로 향하고 있는 강들도 화산 활동 지역인 타르시스 주위에 무리를 지어있다. 그렇지 않은 곳에서는 촘촘한 계곡 그물망이 화산의 측면을 장식하고 있다. 얼음 밑에서 용암이 새어나와서 생긴 아이슬란드의 탁자산과 같은 꼭대기가 평평한 언덕도 존재한다. 엘리슘의 특징적인 모양의 가장자리도 용암-얼음 조합의 특징을 보여준다. 명확한 증거인 특이한 광물 퇴적물은 아직 알려지지 않았지만, 이런 모든 것을 종합하면 고대 화성의 수계에 대한 강력한 상황 증거가 존재하게 된다.

NASA 과학자들은 새로운 화성 탐사선을 기다리는 동안 열수 활동이 일어날 수 있던 곳을 화성 표면에서 찾아내기 위하여 바쁘게 표식을 달고 있었다. 하드리아카 플레데라(Hadriaca Pladera) 화산 기슭은 좋은 장소로 생각되었다. 여기에서는 고대 칼데라의 주위로부터 흘러나가는 강 계곡이 많이 발견되었으며, 갑자기 나타난 장대한 홍수 통로가 기슭의 일부분을 잘라내버렸다. 또 다른 화산인 아폴리네리 페트라(Apollinaris Patera)는 칼데라 주위에 이상하게 보이는 밝은 부분을 가지고 있는데 이것이 온천 광물 퇴적물일 수 있다. 테라 시메리아(Terra Cimmeria)라는 분화구가 많은 비슷한 화산도 그 기슭이 매우 풍부하게 장식되어 있고 커다란 물길의 개시점에 위치하고 있다.

화성의 많은 강 계곡들은 커다란 암석들이 엉켜있는 혼란스러운 영역에 존재한다. 이런 위상은 용융된 암석이 바닥 얼음층으로 침입해 들어갈 때 생성되었다고 생각된다. 얼음이 녹음에 따라서 물이 밖으로 흘러나와 위험스러운 방법으로 육지를 붕괴시킨다. 그런 지역은 일차적으로 얕은 열수계가 발생하는 자리가 된다.

생명체가 온천에서 거주하였다면 화석화된 흔적이 남아있을 것이다. 화성의 화석은 마모 작용이 비교적 적기 때문에 시간의 흐름에도 불구하고 지구의 것보다 더 잘 보존되어 있을 것이다. 앞으로의 착륙 임무는 지구로 가져올 그럴듯해 보이는 시료를 찾을 수 있을 것이다. 이러한 화석 자리는 홍수로 인해 화성의 생물체가 웅덩이로 쓸려 들어간 강 계곡과 깊은 지층이 노출되어 있는 마리너 계곡(Valles Marineris)같은 거대한 균열 계곡이 될 것이다. 퇴적층에 미생물이 침전될 수 있는 말라붙은 호수 바닥도 흥미로운 자리이다. 구세브(Gusev)라는 분화구는 그럴 듯한 후보로 생각되는데 커다란 강이 한때 그 안으로 흘렀기 때문이다. 오래 전에 그곳에는 깊은 호수가 있어서 바닥에는 많은 침전물이 있음에 틀림없다.

이런 지침들을 따르는 최초의 작은 단계는 1997년 7월 패스파인더(Pathfinder) 우주선이 바이킹 이래로 화성에 최초로 성공적으로 착륙하였을 때 이루어졌다. 그것은 소형 차량인 소저너(Sojourner)를 가지고 있어서 패스파인더는 에리스 계곡(Ares Vallies)에 위치한 홍수 평원 입구의 풍부한 자료를 보내주었다. 우주선 부근의 토양은 급류에 씻겨 내려간 잡다한 암석들로 덮여 있었다. 이 파편에는 옛 열수계의 조각이나 심지어 홍수과정에서 표면으로 올라와 하류로 운반된 깊은 지하 미생물의 화석이 들어 있을 수도 있다. 불행하게도 패스파인더는 이런 추측을 시험할 만한 능력을 갖추고 있지 않았다.

1997년 9월에 전화성탐사선(Mars Global Surveyer)이 궤도에 올랐다. 그것은 화성의 표면을 미터 크기로 정확하게 지도를 작성하도록 설계되어서 화성의 수문학적 역사와 생물체의 거주에 대한 훌륭한 정보를 얻을 수 있을 것이다. 최근의 사진들에는 고대 대양의 해안선, 분화구 안의 말라붙은 호수, 열수계와 관련된 광물 침전물과 흔적들에 대한 증거가 들어있으며 이 모든 것들은 과거 생명체들에 대한 가능성을 유리하게 해주는 것들이다. NASA, 유럽우주국, 일본, 러시아는 더 많은 탐사선을 계획하고 있는데, 아마도 2005년에는 시료를 가지고 귀환할 수 있어서 절정에 달할 것이다. 이런 탐사들은 주로 화성의 기후와 지질을 이해하는데 목적이 있지만 얻어지는 모든 결과는 과거 생명의 단서를 찾기 위하여 세심하게 조사될 것이다.

아직도 화성에 생명체가 있을까?

만일 38억 년 전에 화성 표면에 생명체가 존재하였다면 그것은 시간이 흐름에 따라서 생존을 위한 필사적인 투쟁을 하였을 것이다. 멸종을 가져온 폭격이 그치자마자 기후는 불리해지기 시작하였다. 온도가 낮아지고 물이 얼어붙음에 따라서 적응할 만한 생존물은 점점 줄어들었다. 수억 년 안에 남아있던 거의 모든 생물체는 얼음으로 덮인 황량한 호수나 깊은 지하 같은 곳으로 후퇴한 피난자가 되었을 것이다.

생명체가 오늘날에도 그런 곳에 남아있다고 생각할 수 있을까? 이제 와서 생각해보니 바이킹 탐사선이 탐사했던 자리들은 주로 착륙하기가 편리해서 선택한 자리들이었으며 생명체가 존재하기가 어려운 곳이라고 생각된다. 바이킹은 생물학자들이 온천의 중요성을 깨닫기 전에 발사되었다. 안타깝게도 화성 표면의 모든 열수계는 오늘날 사라진 것으로 생각된다.

그러나 화성이 생명체가 완전히 살 수 없는 곳이라고 생각해버리는 것은 잘못일 것이다. 폭발하던 화산과 분출공은 주로 과거의 일이지만 상당한 지열이 아직도 깊은 지하에 남아 있을 수 있다. 영구동토층이 수 킬로미터에 걸쳐서 뻗어있지만 염을 포함한 액체 물이 그 아래에 풍부하게 존재할 수도 있다. 우리는 지구의 생명계가 지각 깊숙하게 뻗어있다는 것을 알고 있다. 만일 여기에서 생명체가 지하에서 만족스럽게 살아갈 수 있다면 화성에서도 그럴 수 있을 것이다. 비록 화성에서는 지구의 해양저에 있는 것과 같은 검은 연기의 장식은 없을 지 모르지만 화성의 미생물이 오랜 시간에 걸쳐서 화성의 더 가혹한 조건에 적응하지 말라는 아무런 이유가 없다. 지구에서 박테리아와 고대세균이 매우 살기 어려운 거주지를 침입해 들어가서 번성할 수 있었다는 사실로부터 우리는 화성의 영구동토층 아래의 환경이 긍정적일 수 있다고 생각한다.

화성에 생명체가 존재한다면 아마도 지하의 깊은 암반층에서 살아가는 화학영양 생물인 SLIME과 비슷할 것이다 (7장을 보라).[3] 화학영양 생물은 일차 생산자라는 것을 상기하자. 그들은 빛, 유기식품, 산소가 전혀 필요하지 않다. 그들의 영양분은 수소와 황화수소 같은 무기화합물이며 이것들은 아래로부터 물의 대류작용에 의하여 공급될 수 있다. 그들이 이용하고 있는 원시 대사과정은 황과 철의 침전물이 필요한 화학물질을 공급해줄 수 있는 현재의 화성 환경에 매우 적합할 것이다. 수소와 이산화탄소를 메탄으로 전환하는 *Methanococcus* 같은 생물체는 화성 지하에서 편히 지낼 수 있을 것이다.

이런 가정을 어떻게 시험할 수 있을까? 영구동토층 지하에서 살아있는 미생물을 수집한다는 것은 유인탐사에서도 어려울 것이다. 위성 탐사에서 대기층으로 확산되어 나오는 메탄과 같은 지하 생명체가 내놓는 신호를 검출하는 것은 가능할 것이다. 그러나 화성의 생물체를 발견할 수 있는 가장 희망적인 것은 그것들이 어떤 지역의 표면이나 표면 가까이 생존하고 있을 때일 것이다. 예를 들어서 최근의 우주 충격에 의하여 미생물이 살고 있던 깊은 지층이 노출되었을 수도 있다. 분화구 가장자리가 태양 자외선을 막아주어서 일부 미생물은 생존해 있을 수도 있고 일부는 얼어붙어서 비활동형으로 존재할 수 있다. 또 다른 가능성은 원시 호염성 박테리아들이 말라붙은 호수 바닥의 염 결정 속에 갇혀 있을 수도 있다는 것이다.

NASA의 화성 전문가인 맥케이(Chris McKay)는 얼어붙은 극지방을 선택하는데 그곳에 휴지중인 미생물이 있을 것으로 생각한다.[4] 그곳의 온도는 매우 낮지만 완전히 얼음이 말라붙어 버렸을 적도지방과는 달리 최소한 얼음이 존재할 수는 있다. 또 다른 단서를 화성 표면과 비슷한 지구의 지역, 즉 남극에서 찾을 수 있다. 온도가 어는점보다 훨씬 낮고, 매서운 건조한 바람이 불고, 심각한 자외선이 쪼임에도 불구하고 맥머르도 건조 계곡(McMurdo Dry Valley)의 얼음으로 덮인 호수의 바닥에 미생물들이 살고 있다. 햇빛, 지열, 온도가 영도이상으로 올라가 잠시 동안 녹은 물이 관입된 것들의 조합 때문에 액체 물은 평균 온도가 어는점보다 낮더라도 유지될 수 있다. 화성의 생물체는 그런 장소에 최종적인 피난처를 구하고 그들의 생존 기간을 수억 년 동안 유지시켰을 수도 있다.

맥케이는 남극 생물의 독특한 형태에 대한 연구를 하였다. "동결내부암석체"라는 놀라운 이름으로 알려진 이 생물체는 투명한 사암 안에 자리잡고 있다. 그것은 빛이 통과할 수 있는 표면 가까이에 살고 있지만 얇은 고체층으로 자외선과 바람으로부터 보호를 받고 있다. 암석에 흡수된 태양광은 갇혀

있는 물로부터 충분한 습기를 만들어서 생물체가 심지어 1500미터 고도에 이르고, 어는점보다 항상 낮은 온도에서도 지낼 수 있게 해준다. 박테리아, 균류, 지의류, 조류, 및 효모의 전체 공동체는 이런 가혹한 조건아래에서 편하게 살아갈 수 있다. 아마도 생물들 중의 일부는 교묘한 전략으로 오늘날의 화성에서도 생존할 수 있을 것이며 화성의 토착 미생물도 비슷하게 진화하였을 것이다.

내 생각으로는 화성 지하 깊은 지역이 오늘날 생명체가 남아 있을 가장 그럴듯한 장소일 것 같다. 실제로 다음 장에서 설명할 이유 때문에 화성의 영구동토층 아래에서 아직도 살아있는 미생물을 발견할 확률은 크다고 믿는다. 수년 전에는 그러한 예측이 웃음거리가 되었다. 과학자들이 생명체가 햇빛과 따스함, 그리고 유기물질의 공급을 필요로 한다고 가정하는 한 화성에는 생명체가 없는 것으로 보인다. 그러나 지구의 깊고, 어둡고, 지열로 가열된 지역에서 미생물을 발견한 것은 화성의 생명체에 대한 전망을 변화시켰다.

화성에서 온 운석

1911년 이집트의 작은 마을 나클라에서는 역사상 가장 중요한 사건 중 하나가 일어났다. 하늘에서 암석 덩어리가 떨어져서 개를 죽였는데 이것은 우주물체에 의해서 개가 죽은 유일한 사건이다. 이 자체도 무척 이상한 일이지만 정말 더 놀라운 일은 그 10년 후에 밝혀졌다. 과학자들은 그 물체가 보통 운석이나 흔히 있는 운석이 아니라 화성의 조각이라는 것을 알아냈다. 현재까지 10여 개의 화성운석이 알려져 있다. 의심할 바 없이 더 많은 것들이 지상에 놓여 있지만 그 확실성은 뜻밖의 일이다.

화성 운석을 조사해 보면 다른 암석들과 거의 다르지 않다. 실제로 나클라 물체의 일부 조각은 1990년대에 그 본성이 알려질 때까지 수년 동안 아델레이드 대학의 지질박물관에 보통 운석의 일부로서 전시되었다. 그후 그것은 자물쇠와 열쇠가 되었다. 이 암석들이 화성에서 기원하였다는 단서는 그 겉모습에 나타난 것이 아니라 화학적으로 미묘한 점에서 찾을 수 있다. 과학자들은 오랫동안 스닉스(SNCs)라는 운석의 종류때문에 골머리를 앓아왔다. 그것에는 비정상적인 양의 휘발성 물질이 들어있고 산소 동위원소 존재비도 이상하였다. "SNC"는 발견된 장소의 첫문자를 따서 만든 말이며 "N"은 나클라(Nakhla)를 나타낸다. 최초의 SNC 운석은 1815년에 프랑스의 샤시니(Chassigny)에 떨어진 것이 회수되었다. 두 번째는 1865년에 인도의 쉐르고티(Shergotty)에서 회수되었다.

가장 의문인 점은 SNC 운석이 보통 화산과 관련되어 있는 화성암으로 구성되어 있다는 것이다. 이것은 즉시 의심을 받았다. 대부분의 운석은 화성과 목성 사이의 소행성대에서 온다. 나머지 것들은 혜성으로부터 생긴다. 그러나 혜성과 소행성은 화산을 가지고 있지 않으며, 행성만이 화산을 가지고 있기 때문이다.

SNC 운석을 방사선을 이용하여 연대측정을 하였던 1980년대 초기에 SNC 운석에 좀 이상한 점이 있다는 중대한 증거가 나타났다. 그 나이가 1억 8천만 년에서 13억 년 사이였다. 그러나 보통의 운석은 태양계가 생성될 때 남은 원시물질의 조각이기 때문에 나이가 거의 46억 년이 된다. 몇몇 과학자들은 SNC 물체가 화산을 가진 행성의 표면으로부터 온 것이 아닌지 의심하기 시작하였다.

SNC의 행성 기원에 대한 발견은 일시에 많은 문제들을 해결하였지만 몇 가지 다른 문제를 제기하였다. 가장 심각한 것은 어떻게 커다란 암석 덩어리가 다른 행성에서 떨어져 나와서 온전하게 지구에 도달하였느냐는 것이었다. 어떤 물리적 과정이 행성에서 암석을 파괴하지 않고 떨어져 나오게 하였을까? 계산 결과는 가장 심한 화산 분출도 암석을 우주로 던져 버릴 수 없다는 것을 보여주었다. 그 궤도로 파편을 추진시킬만한 충분한 힘을 가진 소행성이나 혜성이 행성에 충돌하였으며 이 분출물 중 일부가 결국 지구에 도달하였다는 것이 믿을 만하다. 그러나 1980년대에도 많은 과학자들은 여전히 그런 우주 재앙을 심각하게 받아들이지 않았다. 더욱이 당시에 이런 크기의 충돌은 필수적으로 충돌 지역의 모든 암석을 분쇄하거나 녹여버릴 것으로 생각되었다. 그러나 스닉스 운석은 기껏해야 단지 어느 정도만 충격을 받았을 뿐이었다.

그럼에도 불구하고 SNC가 행성에서 왔다는 증거들이 점점 축적되었다. 또 다른 의문은 어느 행성에서 왔느냐는 것이었다. 항상 화성이 일차적인 후보였지만 그것을 확인하는 것은 고통스러운 탐색 작업이었다. 물론 금성도 경쟁자였지만 두꺼운 대기와 비교적 큰 표면 중력은 물질의 이탈을 방해하였다. 달과 지구 자신도 그럴듯한 원천이었다. 그러나 달은 SNC들의 연대로 측정되는 시대까지 활화산을 가지고 있지 않았다. 지구는 화산을 가지고 있지만 운석은 지구나 달의 물질과 비교시험을 하면 내용물의 동위원소 존재비라는 중요한 점에서 일치하지 않는다. 산소의 동위원소비가 전혀 틀릴 뿐 아니라 크세논(Xenon)의 경우도 일치하지 않는다. 제논은 희박한 대기층을 가지고 비교적 큰 중력장을 가진 행성의 표지라는 것이 밝혀졌다. 이런 모든 것들은 모두 화성을 지목하고 있다.

실제적인 결정타는 1982년에 나타났다. 과학적 발견에는 흔히 예기치 못한 에피소드가 있다. NASA의 과학자 보가드(Donald Bogard)는 용융된 유리 주머니 안의 방사성 아르곤의 측정하는 방법으로 화성운석이라고 추정되는 운석의 연대를 측정하고 있었다. 그가 특정한 시료에서 얻은 결과가 분명히 불합리하였기 때문에 그 암석이 좀 오염되었다고 결론을 내렸다. 보가드는 그 문제를 조심스럽게 생각하였으며 화성의 암석을 떼어낸 거대한 충격파가 대기층으로부터 암석 안으로 아르곤을 집어넣었음에 틀림없다고 추론하였다. 다행스럽게도 바이킹 우주선이 화성 대기의 아르곤 함량을 측정해 놓았었다. 비교하여 본 결과 보가드의 생각이 옳다는 것이 알려졌다. 다른 비활성 기체와 질소, 이산화탄소에 대한 측정값도 바이킹의 동위원소 자료와 일치하였다. 운석에 있는 작은 방울의 기체혼합물은 화성의 대기와 정확하게 일치하였다.5

일단 SNC와 다른 몇 가지 운석들이 화성에서 왔다는 것이 인정되자 과학자들은 화성 표면의 물리적 조건에 대한 단서를 찾기 위한 작업에 들어갔다. 중요한 발견 중 하나는 액체물에 의하여 가공된 무기물이 운석에 존재하여서 화성이 한때 온화하고 물이 있었다는 이론을 확인하여 주었다는 것이다. 동위원소 존재비에서 얻어 낸 다른 정보들도 화성 대기의 변화를 구성하는데 도움이 되었다. 화성 운석에 대한 이런 모든 연구는 매혹적이고 중요한 것이었다. 그러나 ALH84001 안에 감추어진 놀라움에 비하면 아무 것도 아니었다.

생명의 흔적?

"NASA는 30억 년 전에 원시형태의 미생물이 화성에 존재할

가능성을 나타내주는 놀라운 발견을 하였다."
- NASA 관리관 Daniel. S. Goldberg[6] -

여러분은 남극의 황량한 평원이 운석 탐사가들이 활동하기에 꺼리는 장소로 생각할 수 있을 것이다. 그러나 이 광활한 빙하는 천문학적 비밀을 얻어내기 위한 이상적 장소이다. 여러분이 남극 빙하에서 돌을 발견한다면 그것이 왔을 곳은 하늘밖에 없다. 얼음에 떨어진 운석은 곧 눈에 묻히지만 빙하는 대양 쪽으로 천천히 미끄러져 내려가며 운석을 운반할 것이다. 빙하는 진행하면서 묻혀있는 장애물과 부딪치거나 산맥과 마찰을 일으킨다. 이때 묻혀있던 돌은 표면으로 나올 수 있고 흰 눈 속에서 쉽게 눈에 띄게 된다.

미국의 남극 운석탐사대원 스코어(Roberta Score)는 1984년 후반에 그녀의 대원들과 함께 앨런 힐즈라는 지역에서 바람받이의 풍화된 빙하를 자세히 조사하라는 명령을 받았다. 12월 27일 정오경 스코어는 얼어붙은 파도를 닮은 장대한 빙하를 구경하기 위하여 설상차를 멈추었다. 그 순간 그녀는 빙하의 한 측면에 노출된 운석을 발견하였다. 조사해 본 결과 그것은 지구에서는 보기 드문 녹색을 띠고 있었다. 그 점을 제외하면 그것은 스코어 탐사대가 수집한 백여 개의 운석 중 하나에 불과하였다. 그들은 별로 흥분하지 않았다.

평소와 같이 과학자들은 오염을 방지하기 위하여 그 ALH(앨런 힐즈에서 따온 말) 녹색 운석을 멸균된 나일론 주머니에 넣고 테플론 테이프로 봉하였다. 아무도 그것을 손으로 만지지 않았다. 그것은 텍사스 휴스턴의 존슨 우주센터의 운석분석실험실에 도착할 때까지 3개월 동안 다른 발견물들과 함께 동결 보관되었다. 실험실에서는 습기를 쫓기 위하여 질소가 충전된 특수한 캐비넷에 보관되었다. 특별한 색깔을 가졌다고 보고되어서 1984년 탐사물 중 첫번째로 (84001로 표기) 분석되었다. 그러나 실험실에서는 그것은 특별하지 않은 회색빛만을 나타내어서 소행성 띠로부터 온 일반적인 휘석-비구립운석(diogenite)으로 분류되었다. 그래서 ALH84001은 다시 보관되었고 4년 후에야 그 중요성이 알려지게 되었다.

1988년 여름에 존슨 우주센터의 미틀펠드(David Mittlefehldt)라는 지질화학자는 휘석-비구립운석을 체계적으로 분석하고 있었는데 분석을 위하여 ALH84001을 시료로 얻게 되었다. 사장석이라고 하는 휘석-비구립운석에 희귀한 광물이 포함되었다는 최초 보고서를 보고 그의 호기심이 발동하였다. 그것에는 탄산염도 함유되어 있다고 알려졌지만 미틀펠드는 남극의 풍화작용이 있었음에 틀림없다고 가정하였다.

미틀펠드의 대량 시료의 최초 화학분석에서는 이상한 점이 나타나지 않았다. 1990년이 되어서야 함유된 알갱이들을 전자현미경으로 관찰하기 시작하였고 그 결과 운석의 독특한 성질이 천천히 알려지기 시작하였다. 좁은 전자살을 시료 표면에 발사하여 X-선의 발생을 유발시키는 실험에서 다량의 제일철이 발견되었는데, 이것은 정상적인 운석에서는 볼 수 없는 이상한 일이었다. 미틀펠드는 이 문제를 더 이상 다루지 않고 분석이 잘못되었다고 생각하였지만 1993년에 저술한 휘석-비구립운석에 대한 논문에서 ALH84001의 비정상적인 결과에 대해서도 언급하였다. 심사위원은 그 연구를 이중 검증해볼 것을 권장하였다. 그때서야 미틀펠드는 화학분석이 옳았으며 ALH84001이 휘석-비구립운석이 전혀 아닐 수도 있으며 화성 운석일 수도 있다는 생각이 들었다. 그러나 광물 조성은 SNC 같은 다른 알려진 화성 운석과는 같지 않았다. 그의 천

성적인 조심성 때문에 미틀펠드는 결론을 동료들에게도 이야기하지 않았다.

이 다음의 이야기는 마치 과학탐정소설과 같다. 미틀펠드는 ALH84001에서 더 많은 시료를 얻기로 결심하였지만 그 동안에 관심을 다른 남극 화석 EETA79002로 돌렸다. 그것은 전에 그가 연구하던 정상적인 휘석-비구립운석이었다. 그는 현미경을 사용하여 통상적인 분석을 시작하였지만 또 다시 상당량의 제일철을 발견하고서는 혼란이 생겼다. 미틀펠드는 이중 검증을 위하여 EETA79002의 황화철 조성을 조사하면서 이황화철을 발견하고서는 깜짝 놀랐다. 그는 "휘석-비구립운석은 일황화철만을 함유하기 때문에 정말 이상한 것이었다"고 회상한다.[7] 완전히 혼란된 그는 기본으로 돌아가서 현미경으로 운석의 얇은 단편을 조사하기 시작하였다. 그것은 EETA79002와는 전혀 달라 보였다. 실제로 그것은 비정상적으로 ALH84001을 닮아있었다. 미틀펠드는 놀라서 조사를 해 본 결과 표지가 잘못 붙여진 시료를 가지고 연구하고 있다는 것을 알았다. 그는 계속 앨런 힐즈 운석을 가지고 연구를 하고 있었던 것이다. 이것으로 충분히 증명이 되었다. 이황화철은 화성 운석에서는 공통으로 나타나기 때문이다. 제일철이 존재하기 때문에 ALH84001은 화성에서 온 것이라고 밖에 결론을 내릴 수 없었다.

1993년 10월 중순에 미틀펠드가 ALH84001이 화성 운석이라고 발표를 하자 그것은 특별한 대접을 받기 시작하였다. 역시 존슨 우주센터에서 일하고 있던 NASA 연구자인 데이비드 멕케이(David McKay)는 자르(Richard Zare)를 비롯한 스탠포드 대학 연구진을 이끌고 있었다. 이 연구진은 ALH84001을 종합테스트하기로 하였다. 화학물질과 동위원소 분석을 통하여 상상력이 풍부한 NASA 과학자들은 그 암석의 매우 상세한 역사를 재구성할 수 있었다. 먼저 놀라운 것은 루비듐과 사마륨을 이용한 방사성 붕괴로부터 결정된 연대였다. 대부분의 화성운석이 비교적 나이가 젊다는 것을 상기해보자. 그러나 ALH84001은 화성이 생성되고 나서 얼마되지 않은 약 45억 년 전에 굳어진 것이었다.

연구자들은 운석의 갈라진 틈에 특별히 주의하였다. 아마도 거의 우주 충격 때문이겠지만 분명히 무엇인가가 어떤 시대에 그 암석을 갈라놓았으며 그 과정에서 부분적으로 한번 다시 녹았다가 굳어진 것이었다. 언제 그런 일이 일어났는지 결정하기 위하여 연구진은 아르곤으로 붕괴하는 칼륨-40 방사성 동위원소를 조심스럽게 측정하였다. 아르곤은 기체이기 때문에 용융된 암석으로부터 빠져 나오지만 고체에서는 갇혀있게 된다. 칼륨과 아르곤의 상대적인 양을 이용하여 암석에 균열을 일으킨 충격으로부터 냉각된 시간을 결정할 수 있다. 그 답은 약 40억 년으로 나왔다.

암석에서 균열의 중요성은 그들 깊숙이 들어있는 석회석 같은 탄산염의 작은 알갱이들이었다. 지질학자들에게 탄산염은 물을 의미한다. 중요한 질문은 이 탄산염이 남극 빙하에 머무르는 동안에 침투해 들어간 것일까 혹은 화성에서부터 온 것일까 하는 것이었다. 그 답은 곧 침전물의 연대에서 나타났다. 비록 연대가 36억 년에서 14억 년으로 매우 탄력적이기는 하지만 전체적인 범위는 그 암석이 지구에 도착하기 전이다.

ALH84001은 화성과의 커다란 우주충돌이 그것을 우주로 방출하기까지는 비교적 최근까지 조용한 생활을 하였던 것으로 생각된다. 방출된 시기를 추적하기 위하여 NASA 연구진은 운석에 대한 우주복사선의 효과를 연구하였다. 우주의 물질은 계속하여 태양과 은하로부터 오는 고속 입자의 충돌을 받는다. 이 복사선은 물질 가운데 새로운 동위원소를 생성한다. 그 존재량을 측정해서 그 물체가 우주 복사선에 얼마나 오래 노출되었는가를 추정할 수 있다. ALH84001의 경우에는 그 답이 1600만년으로 나왔다. 그것은 지구에 도달하기 전에 이 기간을 우주에서 보낸 것이다. 그 암석이 화성으로부터 떨어져 나온 시기를 정학하게 측정하기 위하여 과학자들은 암석이 정확하게 언제 남극에 도달하였는가를 측정하는 것이 필요하였다. 이것은 친숙한 탄소-동위원소 연대법을 통하여 이루어졌다. 방사성 동위원소 C^{14}는 그 암석이 우주에 있었을 때 우주 복사선에 의하여 생성되었다. 그것이 지구에 떨어진 후에는 이 동위원소의 생성이 멈추었다. 얼마나 많이 붕괴되었는지를 측정하여서 떨어진 시간을 해결할 수 있었다. 답은 약 13,000년으로 나왔다. 결국 ALH84001은 약 11,000 B.C.부터 1984년에 스코어가 발견할 때까지 빙하에 조용히 묻혀 있었던 것이다.

NASA 연구진은 암석의 독특한 탄산염 물질에 초점을 맞추었다. 그들은 이런 작은 입자들이 오래 전의 화성의 환경에 대한 중요한 단서를 제공해 준다는 것을 알아냈다. 상세하게 조사한 결과 구들은 크기가 25나노미터에서부터 약 0.1밀리미터에 이르고 황화철과 자철광이라는 산화철을 함유하는 철이 풍부한 물질로 싸여 있었다. 그런 광물들은 서로 다른 화학과정에 의해서 별개로 만들어질 수 있지만 한 점에서 이들의 조합은 여러 가지 생각을 하게 만들었다. 어떻게 그것들이 만들어질 수 있었을까? 상당한 고심 끝에 NASA 연구진은 매력적인 가설을 만들기 시작하였다. 이상한 탄산염 알갱이가 생물체에 의하여 생성되었다면 어떨까? 이것은 틀림없이 다듬어지지 않은 이론이기는 하지만 그 암석이 지구에서 유래하였다면 그런 종류의 광물 알갱이들은 쉽게 미생물의 활동 때문이라고 생각되었을 것이다.

연구자들은 꼭 이중검증을 필요로 한다. 생명의 증거로서 광물 알갱이만을 보고 감동을 받을 과학자는 거의 없다. 그래서 맥케이와 연구진은 무언가 매우 다른 화학물질을 찾아보려고 하였다. 그것은 여러 고리 방향족 탄화수소(PAH)라고 하는 것으로서 분해되는 생물체에 의해서 생성된다고 알려져 있다. 과학자들은 PAH를 찾기 위하여 질량분석계를 사용하였으며 곧 작은 흔적을 발견하였다. 그러나 연구진은 축배를 들기 전에 이런 물질들이 운석이 남극에 있는 동안에 침투되지 않았다는 것을 증명할 필요가 있었다. 운석 안의 PAH의 분포를 조사하였는데 농도가 운석 안쪽으로 갈수록 증가하였다. 이것은 PAH가 외부에서 오염되었을 때 나타나는 것과는 정반대 현상이었다. 더욱이 다른 남극 운석들은 그런 정도의 PAH를 함유하고 있지 않았다. 이것은 멋진 성과이었지만 화성 박테리아가 암석 안에서 생존하였다는 것을 제공하기에는 부족함이 있었다. 문제는 PAH가 생물체에 의해서 만들어지지만 그것이 무기 과정에 의해서도 만들어질 수 있다는 점이었다. 실제로 정상적인 운석들에서도 발견되었으며 심지어 우주공간에서 발견된다. 따라서 ALH84001에 존재한다는 것은 암시적이기는 하지만 결정적인 것은 아니다. 설령 PAH가 화성에서 왔다고 하더라도 비생물학적 과정에 의해서 만들어진 것일 수도 있고 우주에서 운반되어 온 것일 수도 있다.

그러나 NASA 연구진에게는 화성 암석에 한때 생물체가 존재하였다는 세 번째 증거가 있었는데 가장 극적인 것이었다.

강력한 전자현미경으로 보면 수천 개의 작은 소시지 모양의 방울들이 탄소질 알갱이에 붙어 있는 것을 볼 수 있다. 이런 방울들은 지구형 박테리아와 아주 꼭 닮았다. 멕케이 연구진은 그 방울들이 화석화된 화성생물 즉 35억 년 전에 붉은 행성에 살았던 미생물의 껍질이 돌로 된 것이라고 임시적으로 결론을 내렸다. 그들이 옳다면 외계 생물체 형태의 흔적을 최초로 본 사람들이 될 것이다.

세 가지 증거로 무장한 NASA 연구진은 1996년 8월에 발표를 하였다. 그 결과는 국제적인 센세이션을 일으켰고 전 세계에 걸쳐서 큰 제목과 텔레비전 방송이 뉴스를 전달하였다. 클린턴 대통령은 개인적으로 기자들에게 연설을 하였으며 연구자들에게 축하를 보냈다. 부통령 고어(Al Gore)는 백악관에서 "관련" 세미나를 개최하였다. 종교지도자들은 진지하게 외계 생물체가 진정으로 무엇을 의미하는지 발표하였다. 인터넷은 급조된 비평과 과학자료들로 바쁘게 움직였다. ALH84001의 사진이 내려 받아져서 수백 회의 즉석 강연에서 사용되었다.

나는 그 뉴스를 이상한 방법으로 알게 되었다. 8월 7일 아침에 일어나서 영국에 있는 친지로부터 그 당시 내가 런던을 방문하고 있는지를 묻는 아내에게 보내온 팩스를 발견하였다. 왜냐하면 그 친지는 방금 BBC 라디오에서 내가 화성의 생물체에 대하여 이야기하고 있는 것을 들었기 때문이었다. 나는 혼란스러워서 팩스를 옆으로 밀어두고 오스트레일리아의 아침 텔레비전 뉴스를 켰다. 역시나 NASA의 대형 뉴스를 방송하고 있었다. 그때서야 나는 무슨 일이 일어났는지를 깨닫고 웃음이 나왔다. 수개월 전에 전세계를 순회하며 미생물과 그 화석이 화성으로부터 지구로 (또는 그 반대로) 도달할 수 있는 가능성에 대하여 강의와 인터뷰를 하였다. 그런데 그런 큰 뉴스가 터지자 BBC는 NASA의 결과가 아무에게도 알려지지 않았던 수주 전에 이미 그 주제에 대하여 이미 나와 한 인터뷰를 가지고 있었던 것이다. 유감스럽게도 오스트레일리아 매체들은 덜 영리하였다. 한 달 전에 오스트레일리아 방송국(ABC)의 사진기자가 방문을 한 적이 있었다. 그들에게 운석 시나리오를 말해주고 심지어 카메라를 위해서 나클라 운석의 조각까지도 들어 보이며 오염될 것에 대하여 농담까지도 하였던 것이었다. 우연하게도 이 인터뷰는 8월 8일에 방송하기로 예정되어 있었지만 ABC는 내가 화성 운석의 미생물에 대하여 말한 부분이 너무 공상적이거나 너무 지루하다고 이것을 잘라내기로 결정하였었다. NASA의 발견이 발표되었을 때, 잘라낸 조각을 다시 복구하기엔 이미 늦은 일이었다.

나의 선구적인 인터뷰에 대한 흥미로운 결과는 "하얀 벌레" 이야기이다. 나는 1996년 1월에 시바(Ciba) 재단이 지원해서 런던에서 열린 "지구와 (화성의) 열수 생태계의 진화"라는 제목의 회의에 참석하였다. 언론에 대한 브리핑에서 우리 중 일부는 화성 운석 및 지구의 검은-굴뚝 생태계와 그곳에 살고 있는 서관충을 언급하면서 왜 우리가 화성에 생명이 있을 것으로 생각하는가에 대한 논거를 제시하였다. 그런데 그것이 보도 과정에서 잘못되어서 저녁에 내가 BBC에 등장하였을 때는 화성의 하얀 벌레의 발견에 대하여 이야기하도록 요청받고 있는 것이 되어 있었다. 그 이야기를 잠재우려고 최선을 다하였지만 결코 조용히 사라져주지 않았다. NASA의 결과가 발표되자 당황스럽게도 그 가상적인 미화석이 하얀 벌레를 닮았다고 광범위하게 이야기되어 버렸다.

언론 매체들은 열광하였지만 멕케이와 연구진은 침착하였다. 그들은 이전에 많은 과학적 결과들이 팡파르 가운데서 발표되었지만 철회되어야 했다는 것을 알고 있었기 때문에 운석의 표식이 화성에 한 때 생물이 살았다는 증거로 부족하며 단지 화성의 생명 기원 가설과 일치한다는 것만을 조심스럽게 강조하였다. 더 많은 연구가 행해지고 더 많은 정보가 모아져야만 하였다. 화성 탐사선이 시료를 가지고 돌아오는 것만이 문제를 분명하게 해결할 수 있을 것이다. 그러나 그들의 생각에는 화성의 생물이야말로 그런 사실들을 가장 그럴듯하게 설명해주는 것이었다.

마침내 기술적인 발견들이 사이언스(Science) 잡지에 실렸지만,[8] 잉크가 마르기도 전에 반격이 시작되었다. 전문가들은 그 연구에 대하여 다음 몇 가지 비판을 제시하였다. 지구의 PAH의 오염 가능성을 완전히 배제할 수 없다; 가상적인 화석은 박테리아의 흔적이라기에는 너무 작다; 분열 활동 중인 박테리아가 하나도 발견된 것이 없다; 탄산질 알갱이가 침전되는 것은 생명이 살기에는 너무 높은 온도이다. 일부 비판자들은 NASA 연구진이 이상스럽게 운이 너무 좋다고 생각하였다. 오스트레일리아의 고지질학자인 월터(Malcom Walter)는 나에게 "나는 평생 동안 지구에서 고대의 미화석을 찾아보았지만 단지 몇 개밖에 발견하지 못하였다. 그러나 그 사람들은 단지 12개의 마구잡이 시료 가운데서 화성의 미화석을 발견하였다!"고 말하였다.

"화석"의 작은 크기도 틀림없이 강력한 반박거리이다. 단지 50nm인 탄산질 소시지는 대부분의 지구 박테리아보다 백 배는 더 작다. 실제로 그것들은 너무나 작아서 그런 크기의 것들이 생존해 본적이 있는가에 대한 의문도 생긴다. 그것들이 DNA에 기반을 둔 생물체라면 그 게놈에 단지 1000여 개의 염기쌍 밖에 가지지 못할 것이다. 심지어 그것에서는 세포벽과 같은 다른 구조의 존재도 생각할 수 없다. 지구의 박테리아에서 세포벽은 최소한 25 nm 두께이기 때문이다. 화성의 미생물은 일반적인 지구 박테리아의 1% 미만의 분자 자원에서 광물 가공기술과 다른 대사과정을 수행할 수 있었을까? 대부분의 미생물학자들은 '아니오'라고 답할 것이다. 그러나 텍사스 대학의 포크(Robert Folk)와 린치(Leo Lynch)는 그렇다고 대답한다. 포크와 린치는 바로 이 지구에서 직경이 100 nm밖에 되지 않는 나노박테리아라고 부를 만한 광물화된 미생물 형태를 발견하였다고 주장한다.[9] 그들의 주장은 사람의 혈액에서 살아있는 나노박테리아를 분리하였다고 믿고 있는 핀란드 의사팀의 연구에 의해서도 지지를 받고 있다.[10]

케이스웨스턴리저브 대학의 하베이(Ralph Harvey)와 테네시 대학의 맥스윈(Harry McSween)은 ALH84001의 특징에 대한 생물학적 해석에 대하여 가장 신중한 도전을 하였다. 이 뛰어난 지질학자들은 운석을 조사하고 탄산질 물질이 최소한 섭씨 650도에서 침전되었다고 결론을 내렸다. 이 온도에서는 가장 단단한 초고온성 박테리아마저도 곧 파괴될 것이다. 그러나 NASA 연구진은 산소-동위원소비 측정에 대하여 반론을 제기하며 침전 온도가 섭씨 250° 를 넘지 않으며 훨씬 더 낮을 수도 있다고 주장하였다. 불행하게도 그들의 분석은 우주공간으로 더 가벼운 산소 동위원소가 없어졌을 가능성 때문에 불확실하였다. 이 글을 쓰고 있는 현재 이런 불일치는 해결되지 않고 있지만 몇 가지 다른 화학과 물리적 분석이 ALH84001이 생명의 흔적을 포함하고 있다는 주장에 대하여 결정적인 영향을 주고 있다. 또 NASA는 정치적 목적 때문에 증거를 과장하고 있다고 비난을 받고 있다.

그러나 모든 과학자들이 회의적인 것은 아니다. 실제로 영국의 오픈 유니버스티의 연구진은 NASA 연구진이 화성 운석의 생물활동에 대한 증거를 최초로 발표한 것은 아니라고 지적하였다. 1989년에 라이트 연구진(Ian Wright, Monica Grady, Colin Pillinger)은 남극 화성 운석인 EETA79001에 대한 분석 결과를 보고하였다.[11] 영국 과학자들은 그들이 어떻게 EETA7-9001의 내부 깊숙한 곳의 탄산질 물질 가운데서 "지구의 생물 기원 성분들과 구별할 수 없는" 유기물질을 발견하였는지를 서술하였다. 그리고 이것은 암석 안에서 2억년 이상 오래된 것은 아니었다. 그들의 발견이 필연적으로 생명을 내포하지는 않지만 "화성의 연구에 대한 함축은 분명한 것"이라고 빈틈없이 결론을 내렸다.

붉은 행성에서 온 죽음의 전염병

역사는 1969년 7월 20일을 20세기의 가장 의미있는 날로 판단할 것이다. 그 날은 인류가 최초로 다른 세계에 발을 내디딘 날이다. 그러나 암스트롱(Neil Armstrong), 올드린(Buzz Aldrin), 콜린스(Michael Collins)가 달에서 지구로 돌아온 후 며칠 동안 그들은 포옹과 키스의 환영을 받을 수 없었다. 대신에 비행사들은 이상하게 생긴 움막형 자동차에 강제로 태워져 USS 호넷에 실린 채 창을 통해서 세계에 손을 흔들게 되었다. 이런 점잖지 못한 대접은 그들과 달 암석 화물을 인류로부터 격리시키려는 것이었다. 달의 생물을 믿는 과학자는 거의 없었지만 NASA는 부주의하여서 치사적 전염병을 퍼뜨리는 어떤 기회도 주고 싶지 않았다. 결과적으로 달 표면은 지금까지 조사된 곳 중 가장 멸균이 잘 된 곳이라는 것이 판명되었으며 격리 규정은 다음 번의 아폴로 우주선들에 대해서는 조용히 사라졌다.

이어서 바이킹이 화성의 생명에 대하여 거부를 나타냈을 때 격리 문제는 NASA의 비망록에서 꽤 깊숙이 가라앉게 되었다. 그러나 오늘날 우려의 목소리가 다시 높아지고 있다. 만일 화성에 생명체가 존재하고 NASA가 그곳에 유인 탐사선을 보냈을 때 비행사가 감염성 화성 박테리아를 가져온다면 어떻게 되겠는가? 그 결과가 어떻게 될 지는 아무도 알 수 없다. 화성 환경의 거침을 고려한다면 화성의 미생물은 더 살기 좋은 우리 행성에서는 요원의 불길처럼 퍼져갈 수 있다. 치료할 수 없는 외계 질병에 의해서 인류가 완전히 전멸하거나 우리의 식량이 공격을 받아서 대량 기아를 가져올 수도 있다. 더욱 교활하게 화성의 박테리아들이 질소 같은 필수적인 화학물질을 먹어치워서 천천히 우리 지구를 굶주려서 죽음에 이르게 할 수 있다. 영국 이주자들이 토끼를 오스트레일리아에 풀어놓았을 때 그것들은 생태학적 대파괴를 가져왔었다. 외계 생물은 더욱 치명적일 수 있다. 이런 두려움이 곧 시험될 수도 있다. 그것은 외계 감염 위험에 노출되는 유인 탐사를 필요로 하지 않는다. 미래 단계에서 계획하고 있는 무인 탐사선이 지구로 가져온 물질 중 암석 표면에 생물체나 생존 가능한 포자가 있다면 위험을 가져올 수도 있을 것이다.

외계 병원체가 치명적인 전염병을 촉발하는 주제를 다룬 몇 가지 공상과학소설이 있기는 하지만 과학자들은 일반적으로 그런 추측을 유언비어 정도로 무시하고 있다. 그들은 외계 미생물은 지구의 생물체와 근본적으로 너무나 다르기 때문에 실제적인 위협이 결코 될 수 없을 것이라고 말한다.

건강 유지를 위하여 가장 위험이 큰 미생물은 그 기본 생화학이 숙주의 것과 가장 닮은 것이다. 버클리 대학의 생물물리학자인 주크(Thomas Jukes)의 생각으로는 "화성 생물이 지구 생물 것과 똑같은 아미노산이나 유전암호를 사용한다고 가정할 만한 이유가 전혀 없다"[12]고 한다. 화성 생물이 다른 기본계를 사용한다면 생명체를 인식하기는 더욱 어려울 것이다. 주크는 아무도 남극의 전염병에 위협을 받은 적이 없다는 것을 지적하며 당당하게 "격리는 발산 진화를 생성함으로써 그런 위험을 감속시킨다"고 주장하고 있다. 따라서 주크는 화성의 박테리아가 남극의 박테리아보다도 더 무해하다고 추측한다.

그러나 걱정하는 것보다는 안전한 것이 더 좋다. NASA는 오염의 위험에 대하여 이야기하면서 오래 전부터 우주로부터 어떤 종자도 가져오는 것을 방지하겠다고 결정하였다. 정책문서에는 "지구는 다른 행성에서 돌아오는 우주선이 운반하는 외계물질에 의하여 제기되는 잠재적 위협으로부터 보호되어야 한다.... 규정은 우주선이 가져오는 유기물과 생물학적 오염에 적용된다."[13]고 되어 있다. 최근 미국 국가우주연구위원회(NRCSSB)는 카니자레스(Claude Canizares)를 위원장으로 하는 연구 위원회를 구성하였다. 그들의 '화성 시료 운반 : 문제와 추천안'이라는 제목의 보고서에서는 "영이 아닌 잠재적인 해로운 효과에 대하여" 인정하고 수많은 특수한 안전 사항에 대하여 권고하고 있다. 예를 들면 "우주선이 화성에서 가져온 시료는 그렇지 않다고 인정될 때까지는 잠재적으로 위험하다고 취급되어야 한다. 화성 환경에 노출되었던 우주선 표면을 비롯한 포장되지 않은 어떤 화성 물질도 멸균되지 않고서는 지구로 들여올 수 없다. 시료 포장물은 지구로 오는 도중에 확인될 수 없으며, 시료와 시료에 노출되었던 우주선 부품은 우주에서 소독되거나 지구로 가져와서는 안 된다"[14]고 되어 있다.

실행하기보다 말하기는 쉽다. 실제 소독 과정은 문제가 많다. 시료를 독성 화학물질이나 방사성 물질과 함께 봉하거나 그것을 맹렬한 불에 접근시키는 것은 아마도 과학적 가치를 손상시킬 것이다. 우주선의 외부를 우주에서 연소되는 가열성 물질로 덮으라는 위원회의 제안은 분명히 무모해 보인다. 더 실제적인 제안은 외부 표면을 태양 자외선에 노출시키는 것이다. 그러나 정확한 멸균 방법은 아직도 더 연구되어야 할 것이다.

보고서는 또 적어도 2년 전에 미리 미생물학자에서부터 지구과학자에 이르기까지 전문가들로 구성된 안전한 격리 장치를 갖출 것을 요구하고 있다. 초기에 가져오는 시료는 수 킬로그램의 암석일 것이며 이것은 한 개의 저장 시설에 제한될 수 있을 것이다. 달 시료와 같이 관심있는 대학이나 연구소에 화성 암석 시료가 돌아다니는 일은 결코 없을 것이다. 물질들은 생물 활성 신호를 찾기 위하여 검색될 것이다. 사람이나 다른 생물체의 조직을 병원체에 대한 실험을 위하여 그런 물질에 노출시켜 볼 것이다. 불행하게도 모든 두려움을 잠재워주는 완전한 안전 장치를 갖추는 비용은 엄청날 것이다. 일부 과학자들은 심지어 지구 궤도에 보호실험실을 건설하는 아이디어까지 내놓고 있다.

룸멜(John Rummel)은 현재 우즈홀 연구소의 해양생물학자이며 전에는 NASA의 행성보호 관리였다. 그의 임무는 우주선이 지구의 미생물로 우연하게 화성을 오염시키거나 반대로 화성 박테리아가 지구에 떨어지지 않게 하는 것이었다. 그렇다면 그는 암석 시료로 이곳에 도달하는 치명적 전염병의 위협을 걱정하고 있을까? 그는 최근에 언론기자에게 "NASA가

의무를 수행하는 것은 중요하지만 어떤 화성 미생물도 사람과 같이 잘 보호된 생물체를 감염시키기는 어려울 것이다. 화성 미생물 관점에서는 사람이 완전히 외계인이기 때문이다"라고 하였다. "여러분이 사람에 감염되는 화성의 생물체라면 여러분은 매우 고독할 것입니다."[15] 현재의 NASA 행성-보호 관리인 메이어(Michael Meyer)도 동의하고 있다. "무엇인가를 가져왔을 때 그것이 사람에게 감염될 확률은 실제적으로 영이다. 그러나 조심하는 것은 중요하다."[16]라고 말했다고 한다. 쥬크는 더 낙천적이며 위험이 과대 평가되었다고 믿고 있다. "지구를 보호하기 위하여 화성에서 가져온 시료를 격리하는데 돈을 소비하는 것은 결코 정당화될 수 없다"고 단언한다.[17]

대부분의 과학자들이 화성 생물의 위험에 대하여 경멸적이지만 문제는 대중의 관심이 증가되고 있다는 점이다. 일부 진영에서는 벌써 법적 대응으로 맞서고 있다. 룸멜은 "나는 사람을 감염시키는 병원체나 물건에 대하여 걱정하지 않는다. 나는 가장 무서운 악몽이 아무도 가능성을 고려하지 않았다는 이유로 탐사를 중지시키려는 변호사 집단이라고 생각한다"고 고백하였다. NASA의 행성생물학자이며 화성의 생물 가능성에 대한 전문가인 파머(Jack Farmer)도 룸멜의 생각에 동의하며 이렇게 말한다. "행성 보호 문제는 잠자는 거인이 될 수 있으며 일단 깨어나면 화성 탐사의 장래를 좌지우지할 수도 있을 것이다".[19]

그러나 행성간 오염 위험을 최소화시키기 위하여 아무리 주의를 하더라도 우리가 전혀 어떻게 할 수 없는 위험은 남아있다. 화성 운석 ALH84001은 자연의 도움으로 우리에게 온 것이다. 그 암석을 지구로 가져오는데는 값비싼 탐사나 로봇 집게가 전혀 필요없었다. 알려진 화성 운석 수집물들은 단지 지구에 떨어진 수백만 개의 화성 암석 중 일부만을 나타내는 것이며 장래에도 지구로 계속 떨어질 것이다. 일부 계산에 의하면 지구를 때리는 화성 물질의 총량은 1년간 평균 약 100톤 정도 될 수 있다고 한다. 멕케이와 그 연구진이 옳다면 ALH84001은 화석화된 화성 미생물을 이곳에 가져온 것이다. 다른 운석이 살아있는 미생물을 가져온다면 어떻게 되겠는가?

지난 2년 동안 나는 언론 매체로부터 계속하여 ALH84001에 나타난 특징이 실제로 화석화된 화성 미생물일 것으로 생각하느냐는 질문을 받았다. 그 질문은 훌륭한 것으로 보이지만 실제로는 아무 의미가 없는 것이다. 그들이 말한 대로 증거는 상대적인 것이다. 멕케이와 그 연구진의 연구는 증거가 불충분하기 때문에 그들의 결과는 화성의 생물에 대하여 이미 우리가 얼마나 많이 알고 있는가의 견지에서만 적당하게 평가될 수 있다.[20] 대부분의 과학자들이 생각하는 것처럼 생명이 거의 일어나기 어려운 사건의 결과라면, 화성에서 독립적으로 (우리 태양계 두 개의 행성에서 모두) 생명이 시작될 기회는 극소일 것이다. 그런 과학자들에게는 운석의 표식은 매우 중요하게 생각되지 않을 것이다. 반면에 화성에서 36억 년 전에 생명이 존재하였다고 믿을만한 그럴듯한 이유를 가진 사람이 있다면 NASA가 제시한 증거는 정확하게 그들이 발견하고자 하는 종류의 증거가 될 것이다. 최근 몇 달 동안 부정적인 증거가 쌓임에도 불구하고 큰 영향을 받지 않고 ALH-84001이 실제 화석을 함유하고 있다고 확신하는데, 틀림없이 36억 년 전 화성에 생명이 존재하였다고 생각하기 때문이다. 이 생각을 그렇게 확신하는 이유는 생명이 원시 수프(그런 것이 존재하였다면)에서 등장하였다고 믿기 때문이 아니라 행성들이 결코 격리된 적이 없었으며 지금도 서로 격리되어 있지 않다고 믿기 때문이다.

참고문헌

1. Percival Lowell, Mars and Its Canals (New York: Macmillan, 1906), p. 376.
2. Valles Marineris의 협곡에 있는 아직 활성인 화산 분출구에서 나오는 분출물로부터 암시를 받았다. 또 패스파인더(Pathfinder)의 자료들은 매우 최근의 화산 활동을 암시해 준다.
3. 예를 들어 다음을 참조하라. Penelope Boston, Mikhail Ivanov, and Christopher McKay, "On the Possibility of Chemosynthetic Ecosystems in Subsurface Habitats on Mars," Icarus 95(1992):300. 같은 저자의 대중적인 설명을 위해서는 다음을 참조하라. "Considering the Improbable: Life Underground on Mars," Planetary Report 14(1994):13.
4. Christopher McKay, "The Search for Life on Mars," Origins of Life and Evolution of the Biosphere 27(1997):263. 대중적인 설명은 다음을 참조하라. Astronomy, August 1997, p. 38.
5. D. D. Bogard, L. E. Nyquist, and P Johnson, "Noble Gas Contents of Shergottites and Implications for the Martian Origin of SNC Meteorites," Geochimica et Cosmochimica Acta 48(1984):1723. 대중적인 설명은 다음을 참조하라. Andrew Chaikin, "A Stone's Throw from the Planets," Sky and Telescope, February 1983, p. 122.
6. "Statement from Daniel S. Golding, NASA Administrator" (Johnson Space Center press release), NASA News, August 6, 1996, pp. 96159.
7. David Mittlefehldt, "The Source of ALH84001," Planetary Report 17(1997):5.
8. D. S. McKay et al., "Search for Past Life on Mars: Possible Relic Biogenic Activity in Martian Meteorite ALH84001," Science 273(1996): 924. ALH84001에 들어있는 생명체 흔적에 관한 지지와 반대 증거는 다음 총설을 참조하라. lanetary Report 18, no. 3, May/June 1998, p. 9.
9. Robert Folk and F Leo Lynch, "The Possible Role of Nanobacteria (Dwarf Bacteria) in Clay Mineral Diagenesis, and the Importance of

Sample Preparation in High Magnification SEM Study," Journal of Sedimentary Research 67(1997):583.
10. Olavi Kajander et al., "Nanobacteria from Blood, the Smallest Culturable Autonomously Replicating Agent on Earth," Society of Photooptical Instrumentation (The International Society for Optical Engineering) 3111(1997):420.
11. 1. P Wright, M. M. Grady, and C. T. Pillinger, "Organic Materials in a Martian Meteorite," Nature 340(1989):220.
12. Thomas Jukes, "Lessons from Evolution: Ruling Out Danger," Planetary Report 14 (1994) :14.
13. John Rummel and Michael Meyer, "Where No One Has Gone Before: What Is Planetary Protection Anyway?," Planetary Report 14(1994) :5에서 인용.
14. Kenneth Nealson et al., Mars Sample Return: Issues and Recommendations (Washington, D.C.: National Academy Press, 1997), p. 3.
15. Taped interview with Tim Radford of The Guardian (U.K.) in 1996.
16. Ryder Miller, "The Natural Universe," Mercury 26(1997):28에서 인용
17. Nealson et al., Mars Sample Return, p. 15에서 인용.
18. Guardian interview.
19. Jack D. Farmer, "Exploring Mars for Evidence of Past or Present Life: Roles of Robotic and Human Missions," abstract of paper delivered at "Origins" conference, Estes Park, Colorado, May 1997.
20. 이 직관적인 아이디어는 법정에서 제출되는 증거에 적용하는 Bayes 규칙에 따라 정확하게 정량화할 수 있다. 예를 들면 피고가 이미 유죄일 것 같다고 판단되면 추가적인 지문 증거를 제시한다. 재판관은 지문이 우연히 일치할 확률은 10분의 1이라고 말한다. 이것은 피고를 확신하는데 충분할 것이다. 반면에 피고가 무죄일 것 같으면 지문의 일치는 덜 중요해 진다. 10분의 1 일치 경우에 90%는 유죄일 확률이라고 결론짓는 것은 잘못이다. 전체적 가능성을 계산하기 전에 앞의 유죄 확률을 고려하여야 한다. 화성 생물의 경우 이런 앞의 확률은 포자범재론(제9장 참조)에 대한 여러분의 가정에 따라서 0에서부터 거의 1까지 극적으로 변화한다.

9장

포자범재설

가장 가까운 별에서부터 수 광년 떨어진 우주 깊숙한 곳을 상상해 보자. 모든 방향이 검은 심연이다. 온도는 겨우 절대 영도를 조금 넘는다. 모든 방향으로 빈 공간이 뻗어있고 몇 개의 원자들과 가끔 지나가는 우주선만이 존재하고 있다. 광활하게 뻗어있는 떠다니는 빈 공간에 너무 작아서 맨눈으로는 볼 수 없는 작은 입자가 있다. 이 작은 입자는 아무런 방해도 받지 않고 은하를 표류하고 있으며 특별히 정해진 이동 방향도 없다. 강력한 현미경으로 보더라도 작은 티끌보다 더 흥미로운 점이 전혀 없다. 그러나 상세하게 관찰하면 단순한 티끌 이상이라는 것을 알 수 있는데, 이것이 박테리아의 포자이다.

포자는 생명의 신호를 전혀 드러내지 않는다. 두꺼운 외투에 싸여 있고, 주름이 져 있으며, 탈수되어 있고, 휴지 중이라서 분자들은 거의 움직이지 않고 있으며 냉각되어 있다. 사람을 죽일만한 복사선보다 천 배나 더 강한 복사선에 노출되었지만 포자는 엄격하게 말해서 죽은 것은 아니다. 그렇다고 실제로 살아있다고 생각할 수도 없다. 그것은 그냥 기다리고 있는 것이다. 백만 년을 기다려 왔을 수도, 영원히 기다릴 수도 있다. 그러나 어느 날 포자가 액체 물을 가진 행성에 도달할 아주 작은 확률이 있다. 그러면 수천 년의 휴면 후에 갑자기 포자가 죽음에서 되돌아 올 수 있다. 그 박테리아의 정신이 흔들어 깨워지고 유전 기억이 다시 데워지고 대사가 다시 시작될 것이다. 박테리아는 완전히 다시 한번 살게 될 것이다. 그리고 그런 일이 일어나면 계속하여 번식이 시작될 것이다. 새로운 행성에는 생명의 씨앗이 뿌려질 것이다. 그 새로운 행성이 바로 지구일 수도 있었다.

이 시나리오는 순전히 공상적이지만 이를 시험하기 위하여 최근에 몇 가지 실험이 행해질 정도로 신중하게 받아들여지기도 하였다. 우주를 통해서 생물이 전달된다는 생각은 오랫동안 있어 왔다. 1821년에 몬틀리볼트(Sales-Gyon de Montlivault)는 지구상의 생명이 달로부터 온 씨앗에서 촉발되었다고 주장하였다. 조금 후에 리히터(H. E. Richter)라는 독일의 의사는 운석이나 혜성이 행성의 대기를 스치면서 떠돌아다니는 미생물을 다른 행성으로 운반할 수 있을 것이라고 제안하였다.

20세기로 접어들자 스웨덴의 화학자 아레니우스(Svante Arrhenius)는 더 구체적인 이론을 발전시켰다. 개개의 박테리아 포자가 항성에서 나오는 작지만 축적된 복사 압력으로 추진되어서 은하를 날 수 있다고 제안하였다. 휴면중이지만 아직 살아있는 미생물의 빗발 속에 잠겨 있었던 초기 지구의 표면이 충분히 냉각되자 슈퍼박테리아의 만족스러운 목적지가 되었을 것이다. 아레니우스는 이 이론을 “모든 곳에 존재하는 종자들"이라는 의미의 포자범재설이라고 하였다.[1] 그것은 원래 개념이 발표된 후 수 차례 다시 주장하는 설이 되었다.

이 책에서 시기와 장소가 불확실하기는 하지만 지구의 생명체는 지구에서 기원하였다고 가정하였다. 그러나 그것이 확실할까? 조건이 유리하게 되자 곧 생명이 지구에서 스스로 탄생하였다는 사실을 일부 사람들은 그것이 외계로부터 이곳으로 왔으며, 실제 생명의 발생은 우주의 다른 어떤 곳에서 일어났다는 것을 제시하여 주는 것으로 생각한다.

우주에서의 생존

보호되지 않은 생물체가 우주 여행에서 살아남을 수 있을까? 외계는 생명체에게 좋은 환경이 아니다. 진공이고, 온도가 낮고, 복사선이 존재한다. 복사선에는 태양에서 오는 자외선, 태양 플레어에서 오는 고속의 양성자 및 우주선이 포함되어 있다. 이런 조건은 대부분의 생명체가 살 수 없는 치명적 조건이다. 그러나 이런 위험에도 불구하고 모든 생명체가 외계에서 다 죽는 것은 아니다. 믿기 어려울 만큼 생존 능력이 있는 박테리아는 우주 조건에 대하여 놀라운 탄력성을 보여준다.

독일의 우주의학연구소 과학자들은 NASA의 장기노출장치를 이용하여 *Bacillus subtilis* 포자가 우주에서 어떻게 되는지를 관찰하였다.[2] 과학자들은 일련의 필터를 사용하여 우주진공, 태양과 우주 자외선, 우주선의 영향을 개별적으로 시험하였다. 시료를 다시 거두어들이자 진공에만 노출되었던 박테리아의 2%가 그대로 생존해 있었다. 당분이나 염분이 존재하면 성공 가능성은 훨씬 증가되었다. 모든 형태의 우주 복사선에 노출되었던 것들 중에서는 단지 1/1000만이 생존하였지만 태양의 자외선에 대하여 보호를 받으면 생존율은 크게 증가되었다.

일본 과학자들도 250년 간의 우주 노출에 해당하도록 설계된 모의실험 장치를 이용하여 미생물이 얼마나 내구력을 가지는지 알아보았다.[3] 그들은 *Bacillus subtilis*와 다른 생물체 포자를 진공 상자 안에 밀봉하고, 섭씨 -196도까지 냉각시키고, 반데그라프(Van de Graaff) 발전기에서 나오는 에너지가 센 양성자들을 24시간 동안 충돌시켰다. 이런 조건에서 절반 정도의 시료가 생존하였다. 담배모자이크 바이러스에서는 실험이 끝난 후 시료의 85%가 감염능력을 그대로 가지는 내구력을 나타내었다.

네덜란드 라이덴 대학의 웨버(Peter Weber)와 그렌버그(Mayo Greenberg)는 우주에서 가장 파괴력이 강한 복사선인 자외선의 노출 영향을 조사하였다.[4] 그들은 우주의 강한 추위를 모방하기 위하여 진공 상자에 들어 있는 포자를 -263도까지 냉각시키고 전등을 통해서 강력한 자외선을 조사하였다. 행성 광선에 2,500년 동안 노출된 것과 같은 양은 생물체의 99.9%를 사망하게 하였다. 그럼에도 불구하고 아주 작은 일부는 생존하였다. 이상하게도 포자들은 저온을 좋아하는 것으로 보였다. 성간 온도에서는 수명이 크게 늘어났다.

이런 인상적인 복사선 내구력은 생명체가 과거 어느 시기에 복사선 병목을 통과하도록 강요받지 않은 한 진화적 의미를 거의 가지지 못한다. 일부 미생물이 외계의 강력한 복사선에 적응되도록 강요받았다면 내구성의 흔적이 오늘날 지구 생물에게도 남아있을 수 있다. 호일과 위크라마싱은 복사선에 놀라운 저항성을 가지고 있는 *Micrococcus radiophilus*의 경우를 예로 드는데, 이것은 X-선에 의하여 심하게 손상된 DNA 가닥을 수선하는 특별한 메커니즘을 진화시켜왔다.[5] 이 영리한 작은 구형 박테리아는 성간 환경의 산물처럼 보인다.

복사선 손상에 저항하는 능력이 아무리 크다하더라도 항성계 사이에서 살아있는 미생물의 여행 기회는 복사선이 부분적으로라도 가려질 수 있다면 크게 증진될 것이다. 웨버와 그렌버그는 미생물이 성간 구름에 올라타게 되면 구름이 일종의 방어막 역할을 할 것이라고 제안하였다. 그런 구름은 은하의 나선형 팔 전체에 걸쳐서 흔하다. 수천만 년마다 한번씩 태양계는 그런 구름들을 통과한다. 지구 대기 상층부나 충돌 이탈물에 있는 미생물은 구름에 쓸려들어가서 다른 항성계로 운반될 수도 있을 것이다. 역으로 구름에 살고 있는 외계 미생물이 지구로 운반될 수도 있을 것이다. 전형적으로 구름은 초당 약 10km의 속도로 운동하며 항성에서 항성까지 통과하는데 약 100만년이 걸린다. 구름은 보통의 기준에서는 매우 희박하지만 복사선의 대부분을 차단하는데 충분할 만큼 커다랗다. 또 떠다니는 미생물은 운반 중에 얼음이나 유기물처럼 끈적끈적한 것을 얻어서 과외의 보호층을 만들 수도 있다. 웨버와 그렌버그에 의하면 우주복사선을 막아주는 보호 효과들의 조합이 포자의 예상 수명을 수백만 년까지로 연장시켜준다고 추산하였다. 이것은 다른 항성계까지 도달하는데 충분한 시간이다.

이리저리 이동하는 포자는 항성에 접근하면 문제가 생긴다. 자외선에 흠뻑 젖게 되는데 흡수력을 가진 적당한 외투가 없다면 죽음의 모습을 드러낼 것이다. 캐나다의 워털루 대학의 웻슨(Paul Wesson)은 매우 오래된 항성계에서 온 포자들은 숯으로 적당하게 둘러싸여서 도착할 것이라고 추측하고 있다.[6]

태양 같은 항성은 나이가 들어가면서 탄소 반점 줄기를 분출한다. 성간 공간에 표류하던 미생물은 자외선 위험을 극복할 수 있는 충분한 티끌을 얻게 될 수도 있다.

물론 포자범재론 과정의 성공을 위하여 모든 우주-여행 미생물이 성간 여행에서 생존해야할 필요는 없다. 단지 하나의 박테리아가 살아남아서 귀착할 수 있는 적당한 행성을 발견하면 된다.[7] 심지어 미생물이 도착하였을 때 공식적으로 죽었다하더라도 생명은 우주 전체에 흩뿌려질 수 있다. RNA-세계 이론 및 5장에서 설명한 스피겔만과 아이겐의 실험에 따르면 화학물질의 원시수프는 적당한 RNA 주형만 더해지면 복제가 촉발될 수 있다. 원시 단계임에도 불구하고 단지 기다란 RNA 조각이 생물 발생의 전과정을 재출발시킬 수 있다. 기술적으로는 생명이 다시 창조될 것이지만 활력을 가진 내부 소프트웨어는 외계로부터 제공된 것이다.

나는 "발가벗은" 포자범재론의 이런 생각들을 이해할 수는 있지만 이 이론을 의미있게 받아들이기는 어렵다. 행성들 사이에서 분리되고 노출된 생물체가 전달되는 것은 이론적으로는 가능하지만 확률은 엄청나게 낮을 것이다. 은하를 가로질러서 체계적으로 진행하는 것은 거의 불가능할 것이다. 복사선의 위험이 너무나 크다. 그러나 미생물이 한 행성에서 다른 행성으로 비교적 안전하게 여행하는 방법이 있는데, 그것은 운석을 얻어 타는 것이다.

생명체가 운석을 타고 지구로 왔을까?

1834년에 화학자인 베르셀리우스(Jöns Berzelius)는 프랑스의 알라이스 근처에 떨어진 운석의 시료를 얻었다. 그것을 자세하게 화학분석을 한 후 내용물에 대하여 보고서를 작성하였다. 대부분의 운석은 그 본질이 석질이거나 금속질이었지만 베르셀리우스는 탄소 화합물의 존재를 검출하였다. 탄소는 많은 의미를 가지고 있다. 베르셀리우스에게 그것은 생명을 의미하였다. 알라이스 운석의 탄소는 지구 이외 곳의 생명을 의미할까? 베르셀리우스는 그 문제를 미결로 남겨 놓았지만 후세의 연구자들은 더욱 솔직해졌다. 베르텔로(Marcellin Berthelot)는 1864년에 오르구엘 운석으로부터 "외투같은" 물질을 분리하였다. 현미경으로 보면 작은 구형 입자들이 보였고 탄소질 물질로 덮여 있었다. 베르텔로는 그것을 보자 화석화된 박테리아 세포를 떠올렸다.

1880년대에 독일의 지질학자 한(Otto Hahn)이 여러 가지 운석 시료 안에 묻혀 있는 다양한 화석화된 생명 형태를 발견하였다고 주장하였다. 이런 생물에는 산호충 같은 비교적 진화된 종들도 포함되어 있었다. 세상을 놀라게 한 한의 주장은 일반적으로 도외시되었다. 비평가들은 사람들이 바위나 구름에서 얼굴을 발견하듯이 그가 겉모양이 생물체를 닮은 광물 내포물을 관찰한 것이라고 하였다. 그럼에도 불구하고 생명이 운석을 통해서 지구로 왔다는 생각은 많은 과학자들의 상상력을 불러 일으켰고 오늘날까지도 운석에 생명의 신호가 포함되어 있다는 주장을 하고 있다.

그런 주장은 과학 기술이 발전될 때까지는 적절하게 시험할 수가 없다. 1960년대에 이르러서 화학 분석이 크게 발전하였으며 미국의 나기(Bertholemew Nagy)와 클라우스(George Claus)는 오르구엘 운석을 다시 조사하기 시작하였다. 그들은 질량 분석기를 사용하여 유기물질의 존재를 확인하였으며 몇 가지 복잡한 탄화수소를 확인하였다. 그러나 그것은 단지 시작이었을 뿐이었다. 나기와 클라우스는 소위 "조직화된 요소들"의 발견을 보고하였으며 운석의 유기물질이 생물학적 기원을 가질 것 같다는 세상을 놀라게 할 결론을 덧붙였다.[8]

예상대로 나기와 클라우스의 주장은 거센 비판을 일으켰다. 탄화수소들은 지구의 오염물질과 평범한 화학적 과정들 때문이라고 주장되었다. 나기는 겸손하게 비판의 일부를 수용하였으며 추가적인 연구를 요구하였다. 1969년 9월 28일의 행운의 사건이 없었다면 그 문제는 그대로 남겨질 뻔하였다. 그 날 오스트레일리아 남동부의 머치슨(Murchison) 마을 근처에 운석이 떨어지는 것이 관찰되었다. 그 물체는 공중에서 폭발하였으며 많은 조각이 마을 주위에 떨어졌다. 마을 사람들은 강하게 메틸화된 냄새가 풍기는 이상한 검은 암석 조각을 모으기 시작하였다. 이 낙하는 곧 멜버른(Melburne) 대학의 러버링(John Lovering)의 주의를 끌게 되었고 그는 곧 그 물질의 성질을 조사하였다. 머치슨 운석은 탄소질 구립운석이라는 드문 종류의 운석으로서 유기물이 풍부하였다. 그리고 그 독특한 냄새가 오늘날까지도 계속되고 있다.

그 발견 이래로 머치슨 운석은 많은 추론을 일으켰고 중요한 결과를 내놓는 시험들의 대상이 되었다. 운석 안에서 발견된 수많은 유기물질 가운데 아미노산이 있다. 그 중 일부는 지구 생물체들이 이용하는 것이고 일부는 그렇지 않은 것이다. 이것은 명확한 의문을 일으켰다: 이런 유기물들이 외계 생명체의 분해된 흔적인가 아니면 어떤 간단한 화학 과정에 의하여 생성된 것인가? 이 질문에서 고려해야 할 인자는 머치슨 운석의 아미노산 중 일부가 우선성보다 좌선성이 더 많다는 발견이었다. 이미 3장에서 설명한 대로 지구상 생명체의 특징 중 하나는 우선성 DNA를 만든다는 것이다. 비슷하게 그것은 좌선성 아미노산들만을 이용하며 따라서 운석의 회전성 편향은 생물학적 기원을 암시해 줄 수 있다. 반면에 좌선성 아미노산 합성을 증진시킬 수 있는 물리적 과정(편광 조사)도 알려져 있다.[9]

머치슨 운석은 최소한 한 가지는 증명해 줄 수 있다. 생명이 출발하는데 필요한 유기화합물 종류가 탑재된 물질이 우주에 존재한다는 것이다. 지구에서 생명의 구성 성분을 합성하는데 원시수프를 필요로 하지 않는다. 이런 물질들이 이미 만들어진 기성품으로 하늘에서 떨어질 수 있다.

지구의 생명체가 화성에서 왔을까?

나는 과학 연구에 전생애를 보냈지만 정말로 독창적인 사상을 10개 이상 본 기억이 없다. 흔히 내가 꿈꾸는 좋은 생각들은 의식 속에 점차적으로 들어오는데 연구에 몰두해 있을 동안 조금씩 응고된다. 내가 알기로는 과학에서는 갑작스러운 계시나 눈부신 기지는 실제로 드물다. 기억할 만한 경우는 1992년 7월에 브리스베인에서 열린 오스트레일리아와 뉴질랜드 과학진흥회 모임에 참석하여 해밀턴(Lloyd Hamilton)의 강연을 들으며 순간적인 충동으로 올바른 결론을 이끌어냈을 때 일어났다. 해밀턴은 지하 생물권에 대하여 이야기하며 지구암석에 살고 있는 생물에 대한 그의 연구를 발표하였다. 그의 강연 내내 나는 고체 암석이 그 안에 살아있는 생물을 가질 수 있다면, 그리고 우주 충격의 파편으로서 암석이 화성으로부터 지구로 (혹은 그 반대로) 이동할 수 있다면 미생물이 붙어다닐 수 있을 것이고 따라서 행성들의 교차 오염이 일어날 수 있을 것이라는 생각이 들었다. 암석이 방어막 역할을 한다면 그 여행은 아레니우스설에서보다 훨씬 덜 위험할 것이다. 특히 지구와 화성 사이에서는 그런 방법으로 생물들이 쉽게 이동될 수 있었을 것이다. 강연 후 질문 시간에 그 문제를 제기하였지만 내 제안은 잘 다듬어지지 않았으며 토의도 많이 진행되지 못하였다. 그럼에도 불구하고 다음 몇 개월 동안 내 생각을 계속 발전시켰으며 1993년 11월에 밀라노 대학에서 강연으로 발표하였다. 마찬가지로 반응은 냉담하였다. 대담하게도 나는 그 추론을 다음 해에 발간된 내 책 "우리뿐인가?"에 포함시켰다.

이후 얼마만에 나는 아리조나 대학에 있는 달과 행성 실험실의 멜로쉬(Jay Melosh)도 독자적으로 비슷한 결론에 도달하였음을 알게 되었다.[10]

유감스럽게도 이 세상에서는 새로운 것이 별로 없다. 멜로쉬와 내가 미생물이 이탈된 암석 내부에 들어가서 행성 사이를 여행할 수 있다는 가능성을 최초로 지적한 것이 아니었다. 이미 1871년에 다름 아닌 켈빈 경이 소행성체가 행성과 충돌하면 많은 조각들이 생기고 따라서 "종자와 살아있는 식물과 동물을 운반하는 많은 크고 작은 조각들이 분명히 우주로 흩어질 것이다"라고 지적하였다. 켈빈은 에딘버러에서 열린 영국협회의 연설에서 이런 조각들의 일부가 결국 다른 행성에 도달하고 그것들을 생명체로 오염시킬 것이라고 추측하였다.

"우리는 우리 자신의 것 이외의 많은 생명 세계들이 현재 존재하고 있고 태고 적부터 존재해 왔다고 모두 확실하게 믿고 있기 때문에 우리는 우주를 여행하는 수많은 종자를 포함한 운석들이 존재한다는 것을 매우 그럴 듯 하다고 생각해야 한다. 만일 현재 지구에 생명체가 전혀 존재하지 않는다면, 그런 운석이 떨어져서 ....곧 생명체로 덮이게 될 것이다."[11]

실제로 생명체가 한 행성에서 다른 행성으로 건너 뛸 수 있다면 지구의 생명체가 지구에서 시작되었다고 확신할 수 없다. 예를 들면, 그것은 화성에서 왔을 수도 있다.[12] 우리는 미생물이 지구의 깊숙한 암석 속에서도 살고 있다는 것을 알고 있다. 화성에도 생명체가 존재한다면 지하에서 살아가는 화학영양생물 형태로 시작되었을 것이다. 그렇다면 화성과의 우주 충돌에 의하여 이탈된 암석 조각은 그 안에 미생물을 포함하고 있을 수 있다. 암석 안에서는 고치를 만들어서 살아있는 화성 미생물이 성공적으로 지구로 운반될 수 있었다.

언뜻 보기에 이 이론은 중요한 결점 때문에 이해하기 힘든 것으로 생각된다. 암석을 우주로 날려버릴 정도로 큰 충격이 곧 모든 미생물 거주자들을 걸쭉한 덩이로 만들어 버리지 않을까? 이상하게도 그 대답은 “아니다”이다. 미생물은 그들의 작은 크기 때문에 보존된다. 몇 가지 수치를 생각해 보자. 화성에서 탈출속도(5km/s)로 암석을 이탈시킬 정도의 힘을 가진 충격은 미생물을 중력가속도의 1000배까지 가속시킬 것이다. 이런 거대한 충격은 틀림없이 모든 생물체를 짓이겨 버릴 것이다. 그러나 미생물의 작은 크기와 작은 질량은 아마도 거대한 중력가속도를 견디어내고 비교적 상처없이 화성을 떠날 수 있다는 것을 의미한다.

그러나 이탈 과정에는 더 심각한 위험이 존재한다. 커다란 우주 충격이 거대한 충격파를 생성하여 주위의 암석들을 압축시킬 것이다. 다른 모든 물질과 마찬가지로 암석은 압축되면서 가열되고 더 심한 압축에서는 온도가 치명적 수치까지 올라갈 것이다. 최근까지 지질학자들은 암석을 궤도까지 이탈시킬만한 충격이 암석을 녹일 수도 있을 것이라 생각하였다. 실험실에서의 실험 결과는 이탈된 물질이 거대한 압축을 받으며 최소한 1.5 메가바에 이른다는 것을 보여주었다. 그러나 화성 운석은 이런 생각이 잘못되었다는 것을 증명해주었다. 그들 중 일부는 상당한 충격 가열 흔적을 나타내지만 나머지는 거의 방해를 받지 않고 깨끗하게 화성을 탈출하였다는 것을 보여준다.

멜로쉬는 어떻게 암석이 그 과정에서 파괴되지 않고 우주로 이탈될 수 있는가 하는 문제를 해결하려고 하였다. 그는 우주 충격의 상세한 수학적 모형을 만들어내고 사건의 과정들을 상세하게 묘사하였다. 먼저 침입해온 소행성이나 운석이 지면에 구멍을 뚫는다. 방출된 에너지가 너무 커서 충돌물 자체는 대부분 증기화된다. 충돌점 바로 아래는 방출된 에너지가 암석을 압축시켜서 그 결과 대부분이 증기화하거나 용융된다. 그 후 압축파는 측면으로 전파되며 주위의 토양과 땅속 깊숙이 퍼져간다. 이 압축의 결과로서 지하 암석에 저장된 탄성 에너지가 물질이 되튀면서 다시 방출된다. 이것은 위층에 막대한 수직방향 힘을 방출한다. 아래쪽의 지층과는 달리 표면 암석은 위로 운동할 수 있기 때문에 압축될 수 없다. 유일한 억제력은 대기압인데 이것은 무시해도 된다. 따라서 표면 물질은 분쇄되지 않고 하늘로 쏘아 올려지고 그 힘이 충분히 크다면 우주로까지 날아갈 것이다. 충돌 분화구는 갑작스런 융기로 공동이 굴착되므로 땅에서 많이 움푹 들어가지는 않으며 그 크기는 충격물보다 훨씬 더 크다. 분화구 주변의 대부분 물질은 충격에 의하여 압축되기보다는 단지 위쪽으로 솟구치기만 한다. 또 한가지 보너스는 들어오는 물체가 대기에 커다란 진공 터널을 만들기 때문에 이탈된 암석은 튀어나가면서 마찰열을 받지 않게 된다. 멜로쉬는 연결된 판 때문에 아래로부터 밀려서 주변 암석이 먼저 솟아오르며 그 후 조각으로 분쇄된다고 생각한다. 그의 계산에 의하면 조각의 크기는 폭발의 전체적인 크기에 따라서 달라진다. 일반적으로 폭발이 클수록 더 큰 조각이 이탈된다. 커다란 충격은 직경이 약 10m 크기인 수 백만 개의 암석을 띄어 보낼 것이다. 그들 중 일부는 매우 온도가 높겠지만 나머지 상당 부분은 섭씨 100도 이하를 유지할 것이다.

그렇다면 화성 암석 안의 미생물은 놀랍게도 충격이나 열에 의하여 죽지 않고서 우주로 들어올 수 있을 것이다. 그러나 문제는 이제 비로소 시작되는 것이다. 일단 그것이 우주로 들어오면 그 운명은 암석 우주선의 정확한 궤도에 따라서 결정될 것이다. 이탈된 조각들 중 대부분이 태양 주위를 공전하는 궤도로 들어갈 것이다. 성간 공간의 암석은 태양의 중력뿐 아니라 행성들의 중력도 받기 때문에 운동은 복잡해지거나 심지어는 혼란스러워질 수 있다. 화성 암석이 태양 주위 궤도에서 여행 중 화성에 가까이 다가가면 화성의 중력을 받게될 것이다. 그런 중력을 많이 받은 후 암석은 지구와 교차하는 궤도로 돌진하게 되거나 외부태양계로 보내질 수 있다. 그곳에서 더 큰 행성들의 중력을 받을 것이다. 암석은 최종적인 운명이 결정되기 전에 이런 우주 핀볼 장치에서 오랜 시간을 보내게 된다.

화성의 암석이 지구에 도착하게될 확률은 얼마나 될까? 최근 컴퓨터 계산 결과에 의하면 화성에서 이탈되는 암석의 7.5%가 결국 지구에 휩쓸리고, 비슷한 정도가 금성으로 가게 된다고 한다.[13] 대부분의 조각(38%)은 태양으로 가게 되며 9%는 화성과 다시 충돌하고 나머지 대부분은 목성쪽으로 가게 되어 외부 태양계로 날아가게 된다. 우주에서의 비행 시간은 놀랍게도 짧다. 지구로 운반되는 암석의 약 1/3이 천만년 안에 도착하게 된다. 이런 결과들은 우주선 노출로부터 계산되어 알려진 화석 운석들의 우주 체류 시간과 잘 일치한다. 측정값은 ALH84001의 1천5백만 년에서 EETA의 70만년에 이르고 있다. 일부 화성 운석은 화성을 이탈할 때 유리한 속도와 각을 가지게 되면 매우 빠른 속도로 지구에 도달할 것이다. 모의실험에서 1만6천년의 빠른 이동이 관찰되기도 하였다. 단순히 통계학적 입장에서는 몇 개의 암석은 1세기 안에 여행을 마칠 수도 있다.

화성 암석의 미생물이 살아있는 조건에서 지구에 도달하였는지 여부는 우주에서 얼마나 오랫동안 살아 남아 있을 수 있는가에 달려있다. 물론 우리는 가상적인 화성 미생물에 대하여 전혀 알 수 없지만, 지구박테리아보다 더 내구력이 있다면 매우 오랜 시간을 견딜 수 있을 것이다. 때때로 고고학자들은 무덤의 건축 연대보다도 더 오래된 박테리아 포자를 함유하는 무덤을 발굴하는 수도 있다. 11,000년 된 마스토돈(코끼리 비슷한 동물)의 골격에서 살아있는 *E. cloacae*를 발견하였다는 보고가 있다. 저온 동결 상태에서는 훨씬 더 긴 기간이 가능하다. 멕케이(Chris McKay)는 시베리아 동토층에 보존된 300만 년 된 미생물을 발견하였다. 수백만 년 된 염분층에 보존된 박테리아에 대한 놀라운 주장도 있다. 실제 "쥬라기 공원" 방법으로 호박에 갇힌 벌의 내부에서 4백만 년된 박테리아를 추출하여 클로닝하였다.[14]

박테리아 생존에 관하여 연구한 영국 미생물학자 포스트게이트(John Postgate)는 박테리아가 항상 죽을 필요가 있는지에 대하여 의문을 품고 있다.[15] 박테리아는 영양분이 결핍되면 천천히 노화한다. 그들의 대사는 멈추게 되고 크기는 놀랍도록 작아지며 번식을 중단한다. 그러나 일반적인 의미에서 그것들은 죽은 것이 아니라 단지 휴면 상태로 들어간 것이다. 어느 날 환경이 좋아지면 다시 '잠자는 숲속의 공주'처럼 소생될 수 있다. "돌아올 수 없는 점"을 결정해주는 내부 시계는 결코 알려진 것이 없다. 실제로 어떤 포자가 이런 거의 죽음에 가까운 상태에서 소생할지 안 할지를 정확하게 결정해 주는 것이 무엇인지는 매우 의문스럽다. 그 안에 아무 것도 진행되고 있지 않다면, 소생이 불가능해 지는 "죽음"의 선은 무엇일까?

박테리아의 영원성은 미생물의 생명이 회복될 수 없는 손상을 결코 입지 않는다는 가정을 하고 있다. 분명한 한 가지 손상 원인은 복사선이다. 비록 박테리아가 복사선 손상에 대항할 수 있는 회복 메커니즘을 가지고 있다하더라도 이런 것은 휴면상태에서는 작동하지 않는다. 휴면 상태 미생물의 DNA가 절단이 되면 그것은 절단된 채로 남는다. 우주를 여행하는 동안 분명히 복사선은 가장 큰 위험이다. 그러나 대부분의 복사선은 암석을 투과할 수는 없다. 자외선은 얇은 층에 흡수되며 가장 높은 에너지를 가진 우주선을 제외하고는 모두가 1m 정도 되는 고체물질을 투과하지 못한다. 암석 자체도 약간의 잔존 방사선을 가지지만 앞서 살펴본 바와 같이 박테리아는 방사선 손상에 매우 저항성이 크다. 진공 상태의 우주에서 필연적으로 일어나는 탈수는 추가적인 보호작용을 제공해주는 것으로 생각된다. 커다란 암석 안의 생물체가 치명적 양의 복사선을 받으려면 수백만 년이 걸릴 것이다. 이것은 화성에서 지구로 여행하는데 충분한 시간이다.

또 다른 인자는 추위이다. 행성간 공간의 온도는 낮지만 극단적인 것은 아니다. 암석은 여전히 태양에 의해서 가열될 수 있고 내부 온도는 최저 온도가 섭씨 -50도 내외이며, 이 정도면 충분히 받아들일 수 있다. 흔히 박테리아를 이보다 훨씬 더 낮은 온도의 냉동고에 보관하고 있다. 오히려 외계의 추위는 미생물을 보존하는데 이익이 될 것이다.

우주를 통과하는 여행은 처음 생각했던 것보다 훨씬 덜 위험하다하더라도 화성 미생물의 고난은 지구에 도착했다고 해서 끝나는 것은 아니다. 그것은 암석이 초속 수 킬로미터의 속도로 대기를 통과할 때 죽지 않고 살아남아야 한다. 대부분의 작은 암석은 대기에 들어오면서 완전히 타버린다. 그러나 낮은 각도로 도달하는 1～10 m 크기의 암석은 이야기가 달라진다. 암석은 대기 저항에 의해서 속도가 느려지고 타격 결과로 폭발하면서 조각들을 대기 상층부에 뿌릴 것이다. 조각들은 비교적 얌전하게 최종 속도로 지표에 떨어질 것이다. 붕괴때문에 일부 미생물을 대기 가운데 내놓을 수도 있다. 나머지는 암석 조각 안에 보호된 채로 육지나 대양에 도달할 것이다. 많은 운석은 이런 방법으로 떨어진다고 알려져 있다. 암석은 좋은 단열재이기 때문에 운석 외부가 마찰로 녹더라도 운석 내부는 온도가 낮은 채로 유지될 것이다. 결국 이런 환경들은 모든 거주 생물의 성공적인 씨뿌리기를 위하여 다소간 이상적인 것이다.

미생물이 일단 안전하게 내려앉으면 화성 미생물의 번성은 처해진 환경에 달려 있다. 30～40억년 전에는 화성이 지구와 비슷하였고 화성 미생물이 특히 대양에 떨어졌을 때는 우리 행성이 집처럼 편하다는 것을 알아냈을 것이다. 그것은 해양 조류에 따라 운반되어서 결국 화성의 원래 거주지와 매우 비슷한 심해의 화산공에 도달하였을 것이다.

일부 사람들은 화성 미생물을 지구로 안전하게 가져오는데 필요한 유리한 환경의 연속이 믿을 수 없을 만큼 너무 크다고 생각한다. 틀림없이 경로의 각 단계에서 이탈된 미생물이 생존할 확률은 매우 낮다. 그러나 여행이 편안할 필요는 없으며 단지 생존하기만 하면 된다. 이탈된 수조 개의 화성 화학영양생물 가운데 단 하나만 여행에서 살아남으면 전 지구를 식민지화할 수 있는 길이 활짝 열리게 된다. 지구와 화성에 분화구를 남긴 그런 종류의 커다란 충격 사건은 수십억 톤의 물질을 우주로 날려보냈을 것이다. 직경이 수 미터에 이르는 수백만 개의 암석이 태양계 주변에 흩어졌을 것이고 그들 중 많은 것이 생명체를 운반하고 있을 가능성이 있다. 대형 충격은 더 많은 이탈 파편을 만들어 냈을 것이다. 대량 폭격시대 말기에는 그 수가 점점 더 커졌을 것이다. 화성에 30억에서 45억년 전 사이에 생명체가 존재하였다면 살아있는 화성 생물이 필연적으로 지구에 자리잡게 되었다는 결론을 내릴수 있다. 이런 가능성은 미국 국가연구위원회의 우주연구소위원회에서도 제기되었다. 그들은 "화성 시료 반입" 계획서에서 이렇게 기술하고 있다: "복사선으로부터 보호를 받을 수 있는 운석에서 미생물이 생존한 것은 그럴듯하게 생각된다. 미생물이 충돌과 이탈 환경에서 생존할 수 있다는 것이 증명될 수 있다면 생물체의 자연적인 행성간 이동이 가능하다는 것에 의심할 이유가 거의 없다....그러한 교환은 충격 빈도가 훨씬 높았던 태양계 역사 초기에는 특별히 일반적이었을 것이다."[16] 화성 미생물이 지구에 도착한 후 성공적으로 콜로니를 만들었는지는 물론 별개의 문제이다. 이것은 다음에 설명할 것이다.

지구보다 화성을 생명의 요람으로서 더 좋게 생각하는 이유는 무엇일까? 행성들 사이의 생물 이동 메카니즘을 제공해주는 똑같은 우주 충격은 그들이 고향에서 생존하는 것조차 위협한다. 8장에서 설명한 바와 같이 실제적으로 커다란 충격은 효과적으로 전 행성을 멸종시킨다. 이런 관점에서 화성은 지구보다 안전하였다. 크기가 더 작기 때문에 소행성과 혜성의 표적이 덜 되었다. 중력이 작으므로 충격이 느려져서 덜 손상을 입고 유용한 유기물질을 축적되게 하였을 것이다. 특히 화성은 지구가 달을 만들 정도의 정말 커다란 충격을 받지 않았다. 화성 생성열도 지구보다 더 작아서 더 빨리 냉각되었을 것이며 40~45억년 전에는 생명체가 살수 있게 되었을 것이다. 화성의 냉각된 지각은 지하 미생물을 위한 안전지역이 상당히 깊은 곳에 있어서 충격들로 인한 열로부터 잘 보호받을 수 있었을 것이다.

깊은 지하 지역이 우주 충격으로부터 유일한 피난처는 아니었을 수 있다. 또 다른 곳은 외부 우주이다. 행성을 멸균시키는 충격은 막대한 양의 물질을 비교적 안전한 행성 궤도에 올려놓을 수도 있다. 우주 공간에서 이런 이탈된 암석 안에서 미생물이 생존하였다면 그것들 중 일부는 재앙으로부터 회복된 후에 결국 다시 돌아가서 행성에 씨를 뿌렸을 수 있다. 화성은 지구보다 탈출 속도가 작기 때문에 물질이 덜 격렬하게 이탈될 수 있다. 즉 미생물이 살아남을 확률이 더 크다. 대량 폭격시대 말기에 이르자 화성은 벌떼같은 이탈된 파편들로 둘러싸이게 되고 탈출한 수많은 생물체들을 보유하고 있었을 것이다.

화성만이 생명이 시작되기 좋은 곳이 아니었으며 생명이 발생하기에 더 유리한 장소도 있을 수 있다. 생물학자들은 지구의 생명체가 실제로 약 20억 년 전에 대기에 산소가 이용가능해진 후에 제거된 것이 아닌가 의심하고 있다. 그 단계에서는 급속한 종의 분화가 있었다. 화성에서는 산소가 훨씬 더 빨리 만들어졌을 것이며 아마도 최소한 1,000 만년은 앞섰을 것이다. 대량 폭격시대 말기 전 화성의 생물체는 지구에서 10억 년 후에나 도달할 수준까지 진화하였다.[17]

만일 지구와 화성에서 생명이 독립적으로 발생하였다면 지구에 도달한 화성 미생물은 이미 도착하여 자리잡고 있는 생물체들에게 발견되었을 것이다. 새로 도착한 이주자들은 지구의 상대자들과 경쟁을 벌이게 되었을 것이다. 화성 생물체들이 도착하자마자 지구 박테리아들이 이것들을 먹어치웠다. 이것은 용맹한 여행자들을 위한 잔인한 운명의 뒤틀림이었다. 우주 충격에 의해서 궤도로 올려져서 생존하고, 외계에서 수백만 년을 참아내고, 재진입하면서 불타는 것을 모면하고, 다행스럽게도 적당한 거주지 주변에 떨어졌는데 먹이를 찾아다니는 경쟁자를 위한 식사로서 끝나는 것은 최고의 반어법이다.

다른 시나리오도 가능하다. 화성의 미생물이 다른 방법을 찾기보다는 지구의 것을 먹었을 수도 있다. 그 후 다시 화성의 미생물과 지구의 것이 서로 다른 영역을 차지하고 평화롭게 공존할 수 있다. 그들이 전혀 다른 생화학에 기반을 두고 있다면 서로를 무시할 수도 있었을 것이다. 그렇지 않고 매우 비슷하였다면 공생을 통해서 잘 지낼 수도 있었을 것이다 (예를 들면, 화성 생물체의 미토콘드리아가 지구 박테리아로 들어온다.) 그렇다면 당신과 나의 신체에는 화성 유전자의 일부를 지니고 있을지도 모를 일이다. 그렇지 않다면 일부 오스트레일리아 오지 마을들의 초기 이주자처럼 식민지화의 용감한 시도 후에 침입자들은 지구가 살아가기에 어려운 곳이라는 것을 알게 되고 시간이 지남에도 적응에 실패하고 죽어갈 수도 있다.

화성의 미생물이 아직까지도 지구에 독립적인 생명체 형태로 존재한다고도 생각할 수 있다. 과학자들은 우리 주변에 살고 있는 거대한 수의 미생물들을 발견하기 시작했다. 현재까지 발견된 것들은 지구형 생명체와 관련이 있지만 어느 날 이상한 곳이나 접근하기 어려운 곳(지하 깊은 곳, 대기 상층부, 또는 남극 빙하 밑)에서 외계의 미생물체가 발견될 수 있다. 외계 미생물체가 다른 생화학을 이용한다면 과학자들이 그것들을 발견하지 못할 수도 있다. 심지어 어떤 결정적인 성분의 결핍 때문에 소생을 하지 못하고 포자와 같은 휴면 상태로 우리 주위에 있을 수도 있다.

물론 앞의 제안들은 순전히 추측이다. 우리가 확실하게 말할 수 있는 것은 만일 화성 미생물 생명체가 있다면 또는 있었다면 생존 가능한 화성 미생물체는 거의 틀림없이 지난 40억년 동안 어느 단계에선가는 지구에 도착하였을 것이라는 것이다. 생명체가 화성에서 유래하였는지 또 지구에 퍼졌는지는 더 추론적이다. 그렇다면 우리는 이런 이상한 생각을 하게 된다: 당신과 나, 그리고 우리가 볼 수 있는 주위의 모든 생명체는 화성 생명체의 자손이다.

지구의 생명체가 화성으로 갔을까?

암석을 통해서 화성에서 지구로 미생물이 여행을 할 수 있다면 또한 반대 방향으로도 갈 수 있을 것이다. 지구는 비록 강한 중력이 잡아당기고 있지만 지구의 물질을 우주로 날려 보낼 만한 우주 충격이 분명히 있었을 것이다. 이 경우 우리는 이탈된 암석 중 일부가 미생물을 함유하리라는 것을 알고 있다. 화석 증거가 암시하는 바와 같이 대량 폭격시대 후기에 지구에 실제로 생명체가 있었다면 풍부한 양의 생명체를 간직한 물질은 38억 년 전까지도 자주 일어나는 매우 커다란 충격에 의하여 우주 공간으로 보내졌을 것이다. 이 물질 중 일부는 분명히 화성에 도착하였을 것이고 그 때 화성의 조건은 지구와 비슷하였을 것이다. 따라서 그 역사에서 어느 단계에서는 지구 생명체가 화성에 도달한다는 것은 필연적이었을 것이다. 35~38억년 전 화성의 조건이 지구형 생명체가 번성하기에 적당한 조건이었다는 것은 매우 그럴듯하다. 그것이 오래 전에 화성에 생명체가 있었고 오늘날에도 존재하리라고 생각하는 이유이다.

NASA의 운석 이야기가 공표될려고 할 때 비평가와 과학자들은 태양계에서 생명이 두 번 발생하였다는 결론으로 도약하였다. ALH84001의 특징은 행성 화성에서의 독립적인 생명의 기원에 대한 증거로서 거의 보편적으로 인정되고 있다. 클린턴과 다른 사람들이 서둘러서 끌어내려 하였던 생명이 가득찬 우주, 우주를 통틀어서 작용하는 생명 친화적 법칙에 대한 심오한 철학적 결론은 묵시적인 가정에 결정적으로 의존하고 있다. 아주 소수만이 화석화된 화성 미생물이 암석을 통해서 지구로 올 수 있다면 살아있는 미생물이 지구에서 화성으로도 갈수 있다는 논리의 기본적 결함을 지적하였다. 화성의 생명에 대한 증거의 원천 그 자체가 독립-기원 이론을 손상시키고 있다.

생명체가 지구에서 화성에 도달하였다면 그것은 틀림없이 흥미롭고 과학적으로도 중요할 것이지만 철학적 의미는 전혀 없다. 그것은 우리에게 생명 현상의 유일성이나 다른 점에 대하여 전혀 새로운 것을 말해주지 않기 때문이다. 단지 지구 생물권이 지하 뿐 아니라 우주로까지 연장되었다는 것을 보여준다. ALH84001의 추정적인 미화석은 원래 지구에서 온 자손이 다시 고향으로 돌아온 것이 될 것이다.

특히 오랜 과거에서 행성 간의 상호 오염 가능성은 화성의 생명에 대한 증거를 축적하는 중요한 인자이다. 화성이 36~38억년 전에 지구에 의하여 접종이 되었다면 36억년 전의 살았던 생명체 흔적을 포함한 화성 암석을 발견하는 것은 결코 놀라운 일이 아닐 것이다. 그렇다면 앞장에서 말한 바와 같이 ALH84001의 특징은 발견하려고 하는 것과 정확하게 일치할 것이다. 반면에 오염 이론이 틀렸다면 게임의 법칙은 극적으로 변하게 된다. 그러면 우리는 생명이 화성에서 독립적으로 발생하였다는 가정을 믿어야 할 것이다. 이 가정은 엄청난 가정이며 상당한 정당화를 필요로 한다 (10장을 보라). 그 경우 ALH84001의 증거는 훨씬 설득력이 없을 것이다.

오염 이론을 어떻게 검증할 수 있을까? 살아있는 화성 생물체를 가질 수 있다면 그리고 그것이 우선성 DNA와 좌선성 아미노산에 기반을 두고 있고, 지구 생명체와 똑같은 유전 암호를 이용하고, 대사도 비슷하다는 것이 판명된다면 지구 생명체와 공통적으로 기원하였다는 것을 강력하게 지적하여 줄 것이다. 반면에 그것이 반대 방향의 분자를 가지거나 다른 유전 암호를 사용하거나 완전히 서로 다른 형태의 생화학에 기초를 두고 있다면 독립적인 기원을 의미할 것이다. 화석이 남아있는 것의 전부라면 문제 해결은 더 어려워 질 것이다. 반대 손대칭성을 가진 흔한 유기 분자의 잔존물도 게임의 정체를 밝힐 수 있겠지만 미생물의 모습을 비교하는 것은 소용이 없을 것이다. 외계 미생물은 지구형 미생물처럼 보일 수 있겠지만 완전히 다른 생화학을 가질 것이다.

내가 생각하는 것처럼 생명을 간직한 물질이 규칙적으로

지구와 화성 사이에 교환되었다고 가정해 보자. 그러면 이 행성들은 격리되었다고 생각할 수 없다. 교차-오염은 생명이 처음 시작된 이래로 진행되어 왔을 수 있다. 그렇다면 비싼 비용을 들여서 우주선을 멸균할 필요는 없다고 본다. 반대로 더 이상 화성 미생물의 감염 위험이 무시할 만하다고 가정할 수도 없다. 화성과 지구 생명체 형태가 공통 조상으로부터 내려왔다면 화성 미생물은 우리와 똑같은 기본 생화학을 가지고 있을 것이다. 세이건(Carl Sagan)은 이렇게 지적하였다: "가상적인 화성 생물체가 지구와의 충돌에 의하여 화성으로 옮겨졌다면 그것들이 병원성이 될 수 있을 법하다."[18]

지구와 화성이 생물체를 교환하였다면 생명이 최종적으로 어디에서 시작되었는가 하는 의문은 상당히 복잡해진다. 현재 우리의 무지를 인정한다면 다음 중 어느 시나리오가 진실일지는 미해결의 문제일 것이다.

1. 생명은 화성에서 한 번 시작되어 화성 운석을 통해서 지구에 왔다. 원래의 행성에는 생명이 지금까지 존재할 수도, 존재하지 않을 수도 있다.
2. 생명은 지구에서 한 번 시작되어서 화성으로 전파되었으며 그곳에서 자리를 잡았을 것이다.
3. 생명은 지구와 화성 모두에서 독립적으로 발생하였다. 이어서 교차-식민지화 (또는 교차 - 수정)가 일어났을 것이다.
4. 생명은 지구와 화성 모두에서 독립적으로 발생하였지만 암석과 티끌의 교환에도 불구하고 살아있는 생명체의 교환은 결코 일어나지 않았다.
5. 생명은 지구와 화성 어느 곳에서도 발생하지 않았으며 완전히 다른 곳 즉, 목성의 달 유로파, 금성 또는 태양계 외부의 물체에서 발생하였다. 그것이 포자범재설 메커니즘을 통해서 구에

도달하였고 화성에도 도달하였을 것이다.

6. 생명은 지구에서만 발생하였으며 아직 다른 행성에 식민지를 전혀 만들지 못하였다. 화성에는 생명이 없었고 지금도 없다.

맨 마지막의 가정을 제외하고는 위의 모든 시나리오는 한 때는 화성에 생명체가 존재하였다는 것과 오늘날에도 생명체가 있을 것 같다는 것을 예측하고 있다. 우리가 알고 있는 미생물의 놀라운 생존 능력에서 마지막 시나리오가 가장 설득력이 없다고 본다. 어느 단계에서는 살아있는 생물체를 운반하는 암석이 지구에서 화성으로 여행 하였을 것이다. 생명이 한 번 이상 시작되었던지 단지 행성 사이에서 전파되었던지간에 화성이 그 초기 단계에서 미생물 또는 더 진화된 생물체 집단의 주인 역할을 하는 것은 피할 수 없었다고 생각된다. 이것 때문에 화성에서 생명을 찾는 것은 매우 중요하다.

암석 포자범재설이 인정된다면 화성만이 흥미로운 행성은 아니다. 지구 생명체가 태양계의 다른 곳에서 여행해 왔다고 생각할 수 있다. 달은 어떤가? 오늘날 달의 표면은 좋지 않지만 화성과 마찬가지로 그것도 한 때는 두꺼운 대기, 화산, 물을 가졌었다. 이런 것이 화성에서보다 더 빨리 사라져버렸지만 생명을 위한 짧은 시기는 있을 수 있었다. 그 시기가 지구 생명의 존재와 일치한다면 달과의 생명체 교환 확률은 매우 높을 것이다. 달이 지구와 가깝다는 것을 생각한다면 지구의 충격 이탈물 중 많은 것들이 달에 도착하였을 것이며 그 여행 시간도 매우 짧았을 것이다. 오늘날에도 달의 지하에 생명이 있을 수 있을까? 최근에 태양이 가려진 달의 극지방에 있는 분화구에 얼음이 존재할 수 있어서(매우 의심쩍기는 하지만) 살아있는 달 미생물이 발견될 수 있다고 주장되기도 한다.

금성과 수성은 타당성을 갖추지 않은 것 같은데 두 가지 모두 너무 온도가 높기 때문이다. 아마도 금성은 한 때 온도가 더 낮았을 것이며 그 당시에는 이탈된 지구 생물체들의 서식지를 제공하였을 수 있다. 외부 태양계에 있는 몇 개의 달들은 비록 지구로부터 생명체가 성공적으로 전달되었을 확률은 낮지만 생명체를 위한 적당한 거주지를 제공할 수는 있었을 것이다. 골드(Thomas Gold)는 최소한 열 개의 행성이나 달이 지하에 생명체를 가지고 있으며 지하 생명체는 우주에 매우 흔하다고 추론하고 있다. 지구의 특이한 환경이 표면에서의 생명체를 가능하게 하였기 때문에 지구에 "단지 한 가지 이상한 생명 부류"를 가지고 있다고 생각한다.[19]

화성으로부터 튕겨 올라간 암석이 우주 충격으로부터 피난처를 제공할 수 있던 것과 마찬가지로 지구 생물체도 우주로 올라가서 수백 만년 후에 돌아와서 지구를 다시 식민지로 만들었을 수 있다. 이런 가능성은 6장에서 논의한 생명의 충격-낭패 이론에 새로운 관점을 제공할 가능성이 있다. 지구가 지구 궤도에 있는 파편 중에 생물체를 남겨 놓을 수도 있다. 이것은 지구상의 생물들에 대한 연대를 42억 년 전까지 거슬러 올라가는 대량 폭격시대까지 밀어 올릴 수 있게 해주며 그런 격렬한 시대를 통해서도 지구상에 생명이 분명히 존재하였다는 모순을 완화시켜줄 수 있다. 물론 고대 미생물이 행성을 떠난 후 몇 백만 년 후에 돌아올 수 있었다면 진화 역사에 흥미로운 관계가 존재하게 된다. 오늘날 지구상에서 멸종한 수천만 년 된 박테리아가 운석을 통해 다시 돌아와서 재번성하는 것도 가능하다.

생명체가 암석을 통해서 항성들 사이를 여행하는 것은 어떨까? 불행하게도 통계학적으로 이 생각은 지지를 받지 못하는 편이다. 지구에서 이탈된 물체가 화성에 충돌할 확률은 상당하지만 암석이 태양계를 벗어나서 다른 행성을 만날 확률은 거의 없다. 별들 사이의 거리는 너무나 멀고 행성들은 너무나 작은 목표물이 되기 때문에 심지어 수조 개의 암석이 은하에 뿌려지더라도 그들 중 하나가 다른 태양계의 적당한 행성에 떨어질 확률은 거의 없다. 같은 이유 때문에 다른 항성계로부터 생명체를 가진 암석이 지구와 결코 충돌하지 않았다는 것도 거의 확실하다. 따라서 우리 태양계 안의 행성은 생명체를 가진 암석들에 의하여 서로 오염될 수 있었겠지만 이런 방법으로 은하를 가로질러서 퍼져나갈 수는 없었을 것이다.

그러나 암석만이 미생물이 타고 날 수 있는 유일한 도구는 아니다. 혜성이 같은 목적으로 이용되었을 수 있다. 혜성의 내부에 대해서는 거의 알려진 것이 없지만 미생물에게 암석보다 더 좋은 피난처를 제공할 수 있을 것이다. 이것은 틀림없이 혜성의 형성 직후에 그럴 것이다. 이 때는 화학과 방사성 가열이 액체 물을 제공하는데 충분할 정도로 온도를 올려주었을 것이다.

크리스 멕케이의 혜성을 통한 포자범재설의 시나리오는 다음과 같이 진행된다.[20] 태양계 가까이에 성간 구름이 도착한다. 구름의 중력장에 의하여 교란된 혜성이 지구를 폭격하고 미생물 포자를 함유하는 구름 파편을 탈출시킨다. 이탈된 암석은 수백만 년 후 구름 자체가 별을 형성하기 전까지 구름과 함께 머무른다. 이런 일이 일어나면 새로운 항성계의 성운 가장자리에서 여전히 살아있는 생물체를 가진 암석들이 혜성 물질과 서로 혼합된다. 혜성이 형성됨에 따라서 가열되고 젖은 내부를 제공하는데 그 안에서는 오랫동안 견디어 온 미생물들이 마침내 편히 성장될 수 있다. 개선된 환경은 포자를 소생시키고 폭발적 번식을 촉발한다. 얼마 후 그런 혜성 하나가 이제는 광범위한 미생물 콜로니를 가지고 완성된 항성을 향하여 돌진한다. 항성은 혜성의 물질을 증발시키고 미생물을 방출시키며 수없이 많은 혜성 티끌을 따라서 분출되며 살아있는 구름을 형성한다. 미생물들은 이제 노출되고 공격받기 쉽지만 머지 않아서 그들 중 일부는 혜성 꼬리를 통과하는 행성에 의해서 휩쓸려 간다. 미생물들은 너무나 작기 때문에 재진입하는데 살아남아서 비교적 안전하게 천천히 행성 표면으로 가라앉는다. 이런 방법으로 생명체는 다른 항성계의 행성들을 식민지로 만들 수 있다. 마찬가지로 이런 방법에 의하여 태양계 너머의 행성으로부터 지구로 왔을 수도 있다.

호일과 위크라마싱은 지난 20년 동안 많은 반대 의견에 맞서서 혜성이 살아있는 미생물을 함유한다는 이론을 밀어부쳤다. 그들은 의학 기록을 분석하여서 그들의 생각을 지지해주는 증거를 찾아내고 혜성의 통과가 질병의 발발과 관련되어 있다고 주장했다.[21] 그들은 수백만 명의 사람이 사망한 540년의 유스티니아누스 흑사병 같은 여러 가지 전염병이 실제로 외계 기원을 가진다고 제안하였다. 또한 우주의 생명이 혜성에 제한되어 있지 않다는 주장도 하였다. 그들은 개개의 미생물이 은하 주변에 보호물 없이 떠돌아다닐 수 있다는 아레니우스의 원래의 제안으로 되돌아갔다. 그들은 많은 성간 입자가 박테리아 크기만 하다는 사실을 지적하면서 성간 공간의 상당량의 물질이 실제로 생물학적 기원이라고 주장하였다. 그들은 이 대담한 이론의 증거로서 건조된 대장균의 적외선 스펙트럼이 성간 입자의 것과 닮았다는 점을 인용하였다.

당연하게도 일부 과학자들은 생물 기원의 문제를 모면하기 위하여 포자범재설에 집착하였다. 생명이 항성계 사이에 전파될 수 있다면 지구에 있는 생명의 존재를 설명해 주기 위해서는 생명을 탄생시키는 광대한 우주의 어느 한 곳에 있는 단 하나의 행성만이 필요하다. 수십 년 동안 이 부문의 연구자들을 괴롭혀온 문제를 외부 우주로 돌리는 것은 생명이 진실이기에는 너무나 훌륭하다는 생물 발생의 중심 문제를 해결하는데 아무런 도움이 되지 않는다.

참고문헌

1. Svante Arrhenius, Worlds in the Making (London: Harper, 1908).
2. G. Horneck, H. Bucker, and G. Reitz, "Long-Term Survival of Bacterial Spores in Space," Advanced Space Research 14(1994):1041.
3. J. Koike et al., "Survival Rates of Some Terrestrial Microorganisms Under Simulated Space Conditions," Advanced Space Research 12(1992):4271.
4. Peter Weber and Mayo Greenberg, "Can Spores Survive in Interstellar Space?" Nature 316(1985):403. 다음 연속된 연구도 참조하라. Curt Mileikowsky, "Can Spores Survive a Million Years in the Radiation of Outer Space?," in C. B. Cosmovici, S. Bowyer, and D. Werthimer, eds., Astronomical and Biochemical Origins and the Search for Life in the Universe (Bologna: Editrice Compositori, 1997), p. 545.
5. Fred Hoyle, The Intelligent Universe (London: Michael Joseph, 1983).
6. Paul Wesson, Jeff Secker, and James Lepock, "Panspermia Revisited: Astrophysical and Biological Constraints," in Cosmovici et al., eds., Astronomical and Biochemical Origins, p. 539.
7. 천문학자들은 최근에야 우리 태양계 외부에서 행성을 확인하였다. 태양계 외부의 행성을 검출하는데 문제는, 매우 강력한 망원경으

로 보기에도 너무나 희미하다는 것이다. 그것들의 존재는 간접적으로 추론될 수 밖에 없다. 행성이 항성을 회전하면 그것은 중력에 의한 인력을 나타내어 행성을 약간 흔들리게 한다. 이 효과는 매우 작지만 특수한 방법으로 항성의 광선 스펙트럼을 관측하면 나타날 수 있다. 매우 조심스러운 관측 결과 지구로부터 수 광년 안에서 몇 개의 커다란 행성이 검출되었다. 현재의 기술로는 지구의 크기 및 주기와 비슷한 행성을 결정하기는 어렵지만 다른 행성계가 존재한다면 그것들 중에 지구와 비슷한 행성이 어딘가에 꼭 있을 것 같다. 아마도 우리 은하 안에만 수백만 개일 수 있으며 각각이 생명을 잉태할 가능성이 있다. 다음을 참조하라. Paul Halpern, The Quest for Alien Planets (London: Plenum Press, 1977).

8. George Claus and Bartholomew Nagy, "A Microbiological Examination of Some Carbonaceous Chondrites," Nature 192(1961):594. 운석에서 생명 찾기 역사와 머치슨 운석의 참고자료에 관한 훌륭한 총설은 다음을 참조하라. David Seargent, Genesis Stone (Sydney: Karagi Publications, 1991).
9. 독일 과학자인 피히(Hans Pffiig)는 머치슨 운석에 있는 생명에 대한 증거를 제시하였다. 그는 이 운석의 절편을 광학현미경으로 연구하였다. 피히는 필라멘트 박테리아처럼 보이는 매우 이상한 구조를 발견하였다. 다음을 참조하라. "Ultrafine Structure of the Organic Matter in Meteorites," in N. C. Wickramasinghe, ed., Fundamental Studies and the Future of Science (Cardiff, Wales: Universify College Cardiff Press, 1984), p. 24. 다른 과학자들은 피히의 주장을 곧 무시하였다.
10. H. J. Melosh, "The Rocky Road to Panspermia," Nature 332 (1988):687. 대중적 설명은 다음을 참조하라. H. J. Melosh, "Swapping Rocks: Exchange of Surface Material Among the Planets," Planetary Report 14(1994):16.
11. Arrhenius, Worlds in the Making, p. 219에서 인용.
12. 1964년에 유명한 생물학자인 심슨(George Gaylord Simpson)은 "한

행성계에서 다른 행성계로 자연적 수단을 통해서 어떤 형태의 생명체가 여행한다는 것은 거의 불가능하며 정말 일어날 것 같지 않다"고 하였다. 그럼에도 불구하고 그는 "같은 행성계 안에서 지구와 화성 사이에 그런 여행도 역시 일어날 것 같지 않지만 가능성을 완전히 배제할 수는 없다"고 하였다. 다음을 참조하라. George Gaylord Simpson, "On the Nonprevalence of Humanoids," Science 143(1964):772.

13. Brett Gladman et al., "The Exchange of Impact Ejecta Between Terrestrial Planets," Science 271(1996):1387.

14. 캘리포니아의 미생물학자 클래노(Raul Clano)는 농업 조종 물질로 사용 가능한 이런 고대 미생물을 찾아내는 회사를 설립하였다고 한다. 이것은 다음 신문에 실렸다. New Zealand Press Agency in The Weekend Australian, April 12, 1997.

15. John Postgate, The Outer Reaches of Life (Cambridge: Cambridge Press, 1994).

16. Kenneth Nealson et al., Mars Sample Return: Issues and Recommendations (Washington, D.C.: National Academy Press, 1997), p. 18.

17. See Christopher McKay, "The Search for Life on Mars," Origins of Life and Evolution of the Biosphere 27(1997):263.

18. Carl Sagan, "Is It Dangerous to Return Samples from Mars to Earth?," Planetary Report 14(1994):3.

19. T. Gold, "The Deep, Hot Biosphere," Proceedings of the National Academy of Science USA 89(1992):6048.

20. Christopher McKay, "Promethean Ice," Mercury 25(1996):15.

21. Fred Hoyle and Chandra Wickramasinghe, Diseases from Space (London: Dent, 1979).

10장

우주는 생물 친화적인가?

"우주를 탐구할수록, 그 구조를 자세히 연구할수록, 더 증거가 많아질수록 나는 어떤 의미에서 우주는 우리가 오는 것을 알고 있었다고 생각한다." - 다이슨(Freeman Dyson)[1] -

1997년 4월 고장난 갈릴레오 우주선이 그 예비 안테나로부터 힘겹게 유로파의 사진을 전송해 주었을 때 NASA 과학자들은 기쁨에 넘쳤다. 모두의 입에서 나온 말은 "생명이다"였다. 이 흥분은 최초로 알려진 외계 바다의 발견에 맞추어졌다. 과학자들이 이미 알고 있듯이 유로파는 얼음으로 덮여있다. 갈릴레오가 알려준 것은 빙산이었다. 빙산은 액체 곧 물을 말해주고 최소한 눈을 말해준다. 이 동결된 목성 위성의 전체적으로 얼어붙은 지각은 유체층 위를 미끄러져 내려가는 것처럼 보인다.

사람들에게 물과 유기물질은 생명을 의미하거나 또는 최소한 생명을 위한 좋은 기회를 의미한다고 비평가들은 말한다. NASA의 탐사선 과학자인 테릴(Richard Terrile)은 그 이유를 이렇게 요약하였다. “지구에서 그런 성분들을 함께 두면 여러분은 십억 년 안에 생명을 얻게 될 것입니다”라고 언론에 발표하였다.[2] 그러므로 그런 일이 유로파에서도 일어났을 것이다. 이것은 마치 영국의 마술사 쿠퍼(Tommy Cooper)가 늘 하던 말과 거의 같다. 불행하게도 물과 생명을 이어주는 논리의 가는 줄은 물 없이는 생명이 불가능해 보인다는 관찰에 지나지 않는다. 물과 생명을 동일시하는 것은 신념의 거대한 도약을 감춘 것이다.

생명체가 운석을 통해서 지구로부터 운반되어 갔다는 작은 이유 때문에 또는 적당한 환경이 주어지면 생명은 필연적이라는 훨씬 더 심오한 이유 때문에 실제로 유로파의 얼음 표면 아래에 생명체가 살 수도 있다. NASA의 유력한 견해를 형성시키고 대부분의 미디어 비평가들이 공감하고 있는 생물학의 결정론학파에 따르면 지구와 비슷한 환경에서는 생명이 자동적으로 생성된다. 물을 재서 넣고 여기에 아미노산들과 몇 가지 다른 물질들을 넣고 수 백 만 년 동안 서서히 끓이고, 이어서 “얍, 변해라!”하면 그것이 살아난다. 이런 대중적인 주제는 심지어 제일 간단한 생물체조차도 엄청난 분자적 복잡성을 가진다고 강조하는 반대 학파에 의해서 날카롭게 비판을 받았다. 나중 학파의 지지자들에게 생명의 완전한 교묘성은 우주에서 유일하게 일어난 사건들의 괴상한 연쇄라는 증거이다. 아무리 많은 물과 환상적인 화학물질들로 치장을 하더라도 시기 적절하게 살아날 수는 없다고 한다. 따라서 지구의 생명체는 천문학적 불가능성 중의 요행수임에 틀림없다. NASA 과학자들은 물이 생명을 의미한다는 주장을 하면서 그들의 계획에 단지 즐거워 한 것만은 아니다. 무언중에 자연의 본성에 대하여 거대하고 심오한 가정을 한 것이다. 우주의 법칙들은 확률 법칙에 반하여 생명을 부추기도록 교묘하게 설계되어 있다고 한다. 즉 물리학의 수학적 원리들은 그 우아한 간결성 속에서도 어떻게든 생명의 진보와 그 막대한 복잡성을 알고 있었다는 것이다. 생명이 일반적인 의존성을 가진 수프로부터 이어진다면 자연 법칙은 숨겨진 언외의 뜻을 암호화하여 우주적 명령으로 그들에게 "생명을 만들어라"라고 말할 것이다. 그리고 생명을 통해서 그 부산물인 의식, 지식, 이해를 만들 것이다. 이것은 우주의 법칙이 스스로 이해하도록 만들어져 있다는 것을 의미한다. 이것은 자연에 대한 깜짝 놀랄 만한 견해이며 그것이 옳기를 바란다. 그것이 옳다면 굉장할 것이다. 그러나 코페르니쿠스와 다윈이 함께 시작한 것만큼 심오한 과학적 세계관의 변화를 나타낼 것이다. 물 더하기 유기물질은 생명과 같다고 그럴듯한 말로 얼버무려서는 안 된다. 그것은 분명히 명확한 것이 아니기 때문이다.

지구 너머의 다른 생명체에 의해서 생물학적 결정론이 실제로 확인된다면 극적으로 다윈의 우연성에 젖어있는 정통적인 패러다임을 당황하게 만들 것이다. 정설은, 생명에는 아무 것도 예정된 것이 없고 생물학적 진화는 무의미하고, 방향성 없는 우연한 사건들의 연속이라고 주장한다. 최종적인 원인이란 결코 존재하지 않는다. 그러나 생명이 어떻게든 필연적이라면 운명의 사건들에도 불구하고 달성해야 할 특별한 목표가 있는 것은 확실하다. 그것이 법칙으로 된다. 그리고 "목표"는 "목적"처럼 의문스럽게 들리기도 한다. 목적은 지난 세기 동안 과학에서는 터부가 된 말이며 지나간 종교시대를 상기시킨다.

따라서 우주의 다른 곳에서 생명체를 발견한다면 결과는 매우 심오한 것이다. 그것은 단순한 과학을 초월하여 물리적 존재의 의미가 있는가, 생명, 우주 및 온갖 것이 결국 무의미하고 불합리한 것인가 하는 철학적 주제에 충격을 준다. 그것이 화성이나 다른 곳에서 생명을 찾는 중대한 의미를 주며 우리가 왜 최우선적으로 그런 연구를 추구해야 하는가 하는 이유이다. 그리고 왜 포자범재론이 그렇게 중요한가의 이유이기도 하다. 우주가 생명 친화적이라는 것을 증명하려면 생명이 한 번 이상 발생하였다는 것을 확실히 알아야 한다. 이것은 발견될 지도 모르는 외계 생명체에 대한 설명으로서 행성간 상호 오염을 배제해야한다는 것을 의미한다. 지구 생명체를 화성에서 발견하는 것은 생명의 기원에 대하여 전혀 새로운 것을 알려주지 않는다. 그러나 오염을 배제할 수 있다면 단 하나의 화성 미생물도 우리의 우주관을 영원히 바꿔 놓을 것이다.

따라서 우주에서 생명을 찾는 것은 거대한 구조 안에서 우리는 누구이며 우리의 위치는 어디인가하고 우리 자신을 찾는 것과 같다. 그렇다면 과학적 증거는 무엇을 암시하는가? 우리는 단지 중요하지 않은 변종인가 아니면 정교한 생물 친화적 우주의 예상된 생성물인가?

생명은 시작되었을까?

생명의 기원에 대한 논의는 생명이 실제로 기원을 가진다는 가정에서부터 진행한다. 생명이 항상 존재하였다는 것을 상상할 수 있을까? 틀림없이 지구의 생명체는 항상 존재하지 않았는데 그 이유는 지구 자체가 항상 존재하지는 않았기 때문이다. 그러나 생명이 지구가 생성되기 전 무렵에 존재하였을 수도 있고 어떤 포자범재설 과정을 통해서 지구로 왔을 수도 있다. 생물체가 항성에서 항성으로 우주를 가로질러서 전파될 수 있다면 생명이 시작을 가지고 있느냐는 문제는 우주가 시작을 가지고 있느냐는 문제로 환원될 수 있다.

19세기 대부분의 과학자들은 우주는 영원하다고 가정하였다. 그 당시에는 생명이 시간과 공간에서 모두 우주와 일치한다고 믿는 것이 가능하였다. 이것이 아레니우스와 켈빈경이 옹호한 입장이다. 오늘날 대부분의 과학자들은 우주가 항상 존재하지 않았으며 대폭발로 시작되었다고 믿고 있다. 이 이론을 지지해주는 많은 관측 증거들이 존재한다. 그러나 우주가 항상 존재할 수 없었던 근본적인 이유는 전혀 알려진 것이 없다. 1950년대에는 정류상태 이론이라고 하는 시작도 끝도 없는 우주모형이 인기였다. 그 중요한 옹호자는 호일이었다. 그러나 대폭발과 정류상태 이론은 우주가 팽창한다고 가정하였다. 대폭발 이론에서는 모든 우주 물질이 처음에 단 한 번에 존재하게 되었다. 우주가 팽창하고 은하들은 멀어지고 있기 때문에 물질의 평균 밀도는 감소한다. 반면에 정류상태 이론에서는 평균 밀도가 일정하다. 물질이 계속하여 만들어지고, 옛 은하들 사이의 넓어진 공간을 차지하는 새로운 은하들이 형성된다. 거시적으로 보면 우주는 영원히 마르지 않는 샘처럼 시대의 변화에도 항상 일정하게 유지된다.

정류상태 우주는 무한한 나이를 가지기 때문에 생명도 영원히 존재하였을 수 있다고 상상할 수 있다. 그렇다면 우주와 생명은 기원을 갖지 않게 된다. 오래된 은하로부터 새로운 은하로 생물체를 전달하는 방법이 존재하는 한 생명은 반응성이 없는 화학물질들로부터 새로이 형성될 필요가 전혀 없다. 따라서 생물발생의 문제는 완전히 옆으로 비켜나게 된다. 그렇게 생명의 기원을 피하기 위하여 정류상태 우주론에 집착할 필요는 없다. 우주가 무한히 나이가 들었고 어떤 종류의 재보충 과정을 가지고 있다면 그리고 미생물이 한 곳에서 다른 곳으로 안전하게 여행할 수 있는 방법을 발견할 수 있는 한 생명은 항상 우주의 성질일 수도 있었다. 실제로 이것이 정확하게 호일과 위크라마싱이 제안한 것이다.[3]

영원한 생명 이론은 오히려 이상한 결과를 가지게 된다. 생명이 공간과 시간 구석구석까지 확장되고 정류상태 우주에서처럼 헤아릴 수 없이 많은 행성이 존재한다면 그 만큼의 무한한 수의 생물계가 존재하게 될 것이다. 그런 생물계의 일부가 지식과 기술을 발달시켰다면 우주에는 무한한 수의 기술사회가 존재할 것이다. 그런 기술 사회들이 얼마나 오래 전에 발생하였는지에 대해서는 알 수 없기 때문에 그들 중 일부는 오래되었고 마음대로 진보되었을 것이다. 미생물이 우주를 가로질러서 퍼졌다면 진보된 지능을 가진 생명체도 그럴 수 있을 것이다. 그러므로 우리는 어쩔 수 없이 지적 생명체가 우주를 "인계 받았다"는 기이한 결론에 도달한다. 그것은 지식이 우주 조종력을 획득하기 위하여 나이 제한도 없는 단 하나의 확장론자적 기술 사회만을 필요로 한다. 실제로 이 과정이 발생하는데 무한한 시간이 이용 가능하다면 지금쯤은 벌써 자연과 기술은 효율적으로 하나가 되었을 것이다. 그렇다면 지식도 우주와 동일한 시간에 놓이게 된다. 마음도 물질로서 우주의 영원한 특징에 불과할 것이다.

이 결론은 호일도 놓치지 않았는데 'M지적 우주(The Intelligent Universe)'라는 그의 책에서는 내가 요약한 것과 매우 비슷한 사건의 상태들을 나타내고 있다.[4] 일부 자연 법칙이 지식과 기술의 성장을 제한하거나 미생물은 우주를 가로질러서 퍼질 수 있는 미생물이 지적 생명 형태에서는 이것이 금지된다고 하지 않는 한 호일의 극적 제안을 피하기는 어렵다. 크릭과 오르겔은 비슷한 결론에 도달하였다. 과학자들이 생물발생을 설명하는데 부닥친 근본적인 어려움에 때문에 그들은 "지향된 포자범재설"의 생각을 제안하였다. 이것에 따르면 지구는 지적 외계물에 의하여 의도적으로 생명의 씨앗이 뿌려진 것이다.[5] 다시 말하면 생명은 특별히 어느 곳에서 기원하지 않고도 이 방법으로 전 우주에 걸쳐서 퍼질 수 있다.

많은 사람들은 보편적 생명이 매우 매력적임을 알았다. 그러나 과학적으로는 일종의 속임수이다. 그것은 생명의 기원 문제를 우주로 이동시켜서 전망에서 완전히 사라질 때까지 시간을 거슬러 피하려고 한다. 생명과 우주가 항상 존재하였다는 이론에 논리적인 잘못은 없겠지만 두 가지 어느 것에 대하여도 전혀 설명을 해 주지도 못한다. 여러분은 어떤 것을 항상 그곳에 있었다고 선언하며 단순하게 설명하지는 않을 것이다. 따라서 생명이 어딘가에서 어떻게든지, 여러 곳에서 독립적으로 시작되었다고 가정하고 이것이 우주의 본질에 대하여 무엇을 의미하는지 알아보겠다.

자연법칙은 생명에 유리하게 만들어져 있는가?

"우주는 생명도 사람을 가진 생물계도 잉태하고 있지 않았다."
- 모노(Jacques Monod)[6] -

"여러분이 틀렸다. 그것은 존재한다."
- 드두브(Christian de Duve)[7] -

모노(JacquesMonod)는 자연계의 모든 것은 우연과 필연이라는 두 가지 기본적인 인자의 생산물이라고 지적하였다. (필연은 법칙과 같은 의미이며 모노는 필연을 사용하였다.) 예를 들어 태양을 돌고 있는 지구의 궤도를 생각해 보자 그 타원형은 뉴턴의 운동 법칙과 중력 법칙을 따르고 있다. 우리는 궤도 모양이 반드시 타원형이라고 말할 수 있다. 반면에 궤도의 크기 즉, 지구와 태양 사이의 평균 거리는 복잡한 인자들의 생성물이다. 그것에는 태양 성운에서 무엇이 무엇과 충돌하였는지와 관련된 몇 가지 역사적 사건들도 포함되어있다. 지구가 태양으로부터 1억 5000만 km 떨어져서 공전할 필요는 없으며 예를 들면 2억 km가 될 수도 있다. 그러므로 실제 궤도는 부분적으로는 필연이며 부분적으로는 우연이다. 우리가 지구와 비슷한 행성을 다른 항성계에서 찾는다면 그것이 우리 궤도와 정확히 km가 일치할 필요는 없지만 중력 법칙은 그것이 타원 궤도를 따를 것을 요구할 것이다.

필연에 대한 극단적인 예는 결정의 구조이다. 결정 격자의 기하학적 배열은 원자간 작용하는 힘에 의하여 결정된다. 두 개의 다이아몬드와 같이 두 소금 결정이 똑같은 결정 구조를 가질 수 있다. 우연이 그것에 개입되지는 않는다. 결정은 필연적으로 그들이 가지는 형태를 가진다. 반대로 우연의 극단적인 예는 핀볼 기계이다. 틀림없이 공은 핀들과의 충돌사이에서 뉴턴의 운동 법칙을 따르지만 최종 운명은 순전히 우연이다. 우리는 핀볼이 같은 구멍에서 끝난다고 기대할 수는 없다.

생명이 나타날 때 얼마만큼이 우연 때문이며 얼마만큼이 필연 때문인가? 모노 자신은 확신을 하고 있었다. 그는 그의 유명한 저서 "우연과 필연"에서 격찬한 전망인 우연의 산물이었다고 주장하였다. 더욱이 모노는 생명의 불확실성은 진화의 마구잡이와 무방향성 본질뿐만 아니라 최초로 생명을 만들어 낸 물리적 과정에도 적용된다고 주장하였다. 모노에게 있어서 생명의 창조는 단지 운명의 변덕이며 맹목적인 우주 복첨의 결과이다. 3장에서 설명한대로 마구잡이 분자 섞기에 의해서 생명이 형성될 확률은 아주 작다. 그것이 생명이 발생한 방법이라면 관찰 가능한 우주에서 단지 한번만 일어났을 것이다.

생명이 화성이나 다른 곳에서 발견되고, 포자범재설 과정이 관여되지 않았다고 확신한다면 모노의 우연주의 및 그것과 함께 진행하는 궁색하고, 과감한 철학도 의심을 받을 것이다. 우주에서 우리가 홀로가 아니라고 믿는 사람들은 이미 생명의 기원에 대한 설명으로서 맹목적 우연을 거부하고 있다. 그들은 필연의 요소 또는 법칙성이 관여되어 있다고 생각한다. 다시 말하면 그들은 무생물 화학물질에서 생명이 등장하는 것은 우주 법칙의 정상적인 결과이며, 그런 법칙이 작용하여 이곳 지구에서 생명을 생성하였다면 그것은 비슷한 모든 곳에서 작용하여 다른 행성들에서도 생명을 생성할 것이라고 생각한다. 이런 생각은, 예를 들면 미국 국립과학아카데미의 우주과학위원회가 화성의 생명 가능성에 대한 평가에서 명확하게 발표한 견해와 같은 것이다: "지구에서 생명이 발생하였다면 비슷한 조건 아래에서 거의 같은 시간에 화성에서 생명이 발생할 가능성이 있으며 심지어 그럴듯하다고 생각한다."[8]

지구에 생명이 존재하기 때문에 우주 전체에 생명이 흔해야한다는 믿음을 생물학적 결정론 또는 예정설이라고 한다.[9] 이것은 천문학자, 화학자 및 물리학자들 사이에는 광범위하게 퍼져있지만 생물학자들 사이에서는 덜 퍼져 있는 것으로 생각된다. 생명의 기원에서 우연과 필연의 상대적인 중요성을 결정하는데 있어서 대부분의 생물학자들은 주요한 인자로서 우연을 선호하는 모노의 편을 든다. 그러나 예외도 있다. 모노와 같이 노벨상 수상자인 드두브(Christian de Duve)는 생명의 생성이 적당한 조건에서는 일어나기 쉽다고 생각하다. 그가 최근에 저술한 "생명 티끌(Vital Dust)"은 "우주 명령으로서의 생명"이라는 부제를 가지고 있다. 드두브는 우주가 자연법칙의 자동적인 결과로서 등장하는 생명의 "온실"이라고 믿고 있다. 그는 "생명은 예정된 힘들의 산물이다"라고 적고 있다. "생명은 널리 퍼져 있던 조건 아래에서 발생하기 마련이었고, 그것은 같은 조건이 주어진다면 어느 곳, 어느 때나 비슷하게 발생할 것이다.... 생명과 의식은 괴상한 사고의 결과로서가 아니라 우주의 구조에 적혀진 물질의 자연스러운 현상으로 등장한 것이다."[10]

그렇다면 무엇이 이런 무질서한 물질과 에너지를 생명의 경로를 따라서 빠르게 활동하게 촉진해주는 생물 친화적 법칙이겠는가? 어떤 특별한 생물학적 원리가 작용하고 있을까, 아니면 보통의 물리학 법칙이 목적을 달성하게 해줄까? 역사적으로 살펴보면 두 가지 관점이 모두 있었다. 예를 들면 아리스토텔레스는 생명은 우주적 조직 원리가 나타난 것이라고 생각하였다. 다윈도 역시 "생명의 원리는 여기서부터는 어떤 일반 법칙의 일부이거나 그 결과라고 알려지게 될 것이다."라고 생각하였다.[11] 그러나 나는 오늘날 물리학 법칙이 존재하는 것과 똑같은 방법으로 생명 법칙이 존재한다고 믿는 생물학자는 거의 없다고 생각한다. 많은 사람들은 물질의 생명으로의 발달을 인도하는 특별한 법칙이나 원리에 대한 생각을 추구한다. 그런 것은 물리학 기본 법칙을 초월하는 즉 너무 신비스럽고 너무 생기론 잔재물 같은 것이다.

그렇다면 생명을 생성하는데 필요한 힘은 이미 물리학 법칙 자체에 함축되어 있지 않을까? 그 최종 형태는 원자간 힘에 의하여 미리 정해진 형태로 결정이 포화 용액에서 등장하는 것과 같은 방법으로 수프에서 생명이 등장하는 것을 상상해 보자. 예를 들어 아미노산이 서로 연결되어서 단백질 재료인 폴리펩타이드가 되는 것을 생각해 보자. 생물학적 기능을 가지기 위해서 아미노산은 적당한 결합순서로 연결되어야만 한다. 그것들이 어떤 상투적 순열로 연결된다면 유용한 단백질을 얻을 확률은 무시할 만할 것이다. 그러나 펩타이드 결합을 만드는데 작용하는 원자간 힘이 다른 결합순서들을 구별할 수 있을까? 아마도 이런 힘들은 생물학적으로 도움이 되는 조합으로 아미노산이 결합하는 것을 선호할 것이다.

때때로 연구자들은 정확하게 이것을 주장한다. 1960년대에 펜실바니아 주립대학에서 연구하던 스타인먼(Gary Steinman)과 콜(Marian Cole)은 아미노산이 "순전히 마구잡이" 방법으로 펩티드 사슬을 형성할 수 있는지를 시험하였다.[12] 그들의 실험은 생명에 중요한 분자들이 우선적으로 만들어질 수 있다는 것을 확인하는 것으로 보였다. 그들은 "이런 결과는 유일하고, 생물학적으로 적절한 펩티드 서열이 선생물적으로 생성될 수 있었다"는 추측을 불러일으킨다고 적었다. 또 스타인먼과 콜은 "고수준의 조직화에서 선호되는 상호작용이 관찰되고" 그 일에 관해서는 "어떤 유형의 내장된 '예정'이 생물학적 질서의 여러 수준에서 확인될 수 있다"고 주장하였다.

스타인먼과 콜은, 물질은 화학적 친화성의 힘으로 생명의 방향으로 더듬어 나아가는 선천적 경향을 가진다는 것을 암시하였다. 그들은 홀로가 아니다. 폭스(Sidney Fox)도 "아미노산들은 축합되면 스스로 순서를 결정한다"고 하였고,[13] 이 마구잡이가 아닌 "자기-메시지"는 중요한 생물학적 정보를 가진 거대분자에 주입되어 생명을 위한 길을 닦게 된다고 결론을 지었다. 작고한 폰남페루마(Cyril Ponnamperuma)도 폭스와 마찬가지로 생물발생 연구의 초기 선구자 중 한 사람이었는데 그는 생명을 향한 “합성을 지시하는 것으로 보이는 성질이 원자와 분자에 고유하게 존재한다”고 믿었다.[14] 폰남페루마는 생명의 구성 단위가 우주에 널리 퍼져 있기 때문에 생명도 그래야만 한다는 잘 알려진 계열의 추론을 반복하였다. “전파천문학자들은 성간 매질에서 유기 분자들의 거대한 배열을 발견하였다. 그러므로 우주에 생명이 다반사일 것이라는 피할 수 없는 결론에 이르게 된다.”[15] (81쪽에서 나는 이 주장이 전적으로 사이비임을 증명하였다. 내 비유를 다시 들어보면, 벽돌만으로 집은 만들어지지 않는다.)

우리가 화학물질 수프와 범위가 거의 무한대인 가능한 반응들을 상상해 보면, 그것을 향해 열려 있는 막대한 분자배열 결정 수형도가 존재할 것이다. 수형도에서 단지 소수의 잔가지만이 생명으로 나아갈 것이다. 폭스와 폰남페루마는 선호되는 화학 친화성이 생명에 도달할 때까지 이 수형도의 적절한 경로를 따라서 참여하는 분자들을 유인할 것이라고 제안하였다. 이것이 사실이라면 그것은 믿을 수 없는 것이 아니라 놀라운 것이 된다. 원자 과정이 생물체에 유리한 내장된 편향성을 가진다고 주장하는 것은 원자물리학 법칙이 효과적으로 생명의 청사진을 포함하고 있음을 의미한다. 원자에 작용하는 기본적인 힘들과 최종적인 복잡한 거대 생성물 즉 기능을 가진 생물체 사이에 연결이 존재할 것이다. 그러나 그런 연결의 본질은 무엇일까? 어떻게 물리학 기본법칙들이 살아있는 세포 같은 복잡하고, 정보가 실어진 실체에 대하여 “알 수 있을까?”

나의 반대 주장의 요점은 이렇다: 원자와 분자들 사이에 작용하는 물리학 법칙은 거의가 간단하고 일반적이다. 그것들이 고도로 복잡하고 특이한 무엇인가로 어쩔 수 없게 나갈 것이라고는 기대할 수 없다. 문제가 어디에 있는지 지적해 보자. 4장에서 게놈은 다소간 무작위한 염기쌍 서열이며 바로 이 무작위성이 게놈이 진화할 수 있고 정보가 풍부한 분자 역할을 하려면 필수적이라고 지적하였다. 그러나 이런 사실은 유전자가 간단하고, 예측 가능하고 법칙 비슷한 과정에 의해서 만들어 질 수 있다는 주장과는 모순이 된다. 앞에서 설명한 대로 법칙은 자료를 알고리듬적으로 압축하는 방법이며 겉으로 보이는 복잡성을 간단한 식이나 과정으로 요약하는 것이다. 역으로 어떤 간단한 법칙도 홀로 무작위한 정보가 풍부한 거대분자를 질서있게 만들 수는 없다. 우리가 알고 있고 좋아하는 그런 종류의 자연법칙은 생물학적 정보를 만들어 내지 않을 것이며 실제로 어떤 정보도 전혀 만들지 않을 것이다. 보통의 법칙은 단지 입력 자료를 출력 자료로만 변환한다. 그것들은 정보를 혼합할 수는 있지만 만들 수는 없다. 어떤 원자가 어떤 원자와 어떻게 반응할지를 결정해주는 물리학 법칙은 알고리듬적으로 매우 간단하다. 이들 자체는 상대적으로 거의 정보를 포함하고 있지 않다. 따라서 그것들은 스스로 정보를 가진 거대분자를 만들어 낼 수 없다. 자주 반복되는 주장과는 반대로 생명은 물리학 법칙, 최소한 현재 우리가 알고 있는 물리학 법칙 같은 어떤 것에도 "적혀질" 수 없다.

우리가 게놈이 무작위적이며 정보가 풍부하다는 것을 인정한다면 생명을 만드는 작위성 화학에 호소하는 것은 분명한 모순이다. 작위성은 무작위성 거대분자를 만드는데 필요한 것과 정확하게 반대이다. 예를 들면, 유전 암호의 전체적 관점은 작위적 화학 결합의 속박에서 생명을 자유롭게 하는 것이다. 게놈은 분자들의 화학적 선호성에 관계없이 원하는 아미노산 서열을 선택할 수 있다. 그것은 화학의 작위적 경향을 정확하게 번복할 수 있도록 고안된 특별한 효소를 배치함으로써 달성한다. 그것이 바로 왜 생명이 애써서 핵산/단백질 접촉을 통하여 암호화된 정보와 소프트웨어로 중개된 조립을 가지려는 이유이다. 생명은 화학의 방향성에 굴복함으로써가 아니라 화학적으로 그리고 열역학적으로 "자연스러운" 것을 회피함으로써 그 마술을 작동한다.

물론 생물체는 물리학과 화학의 법칙들에 따라서 행동해야 하지만 이런 법칙은 생물학에서는 단지 우연한 것이다. 그들의 주요한 역할은 적당한 논리와 정보계가 나타나게 해주는 것이다. 화학 반응이 쉽고 열역학적으로 유리하다면 생명은 기꺼이 그것을 이용하지만 생명이 "부자유스러운" 화학의 수행을 필요로 한다면 그것은 방법을 찾는다. 그것은 열역학적 기울기에 거슬러서 추진하기 위하여 이상한 반응을 진행하는데 필요한 촉매를 만들고 때로는 복잡한 조합을 이루어서 적절한 에너지를 가진 분자를 만든다. 생물발생에 이르는 경로에서 중요한 단계는 분자들이 독창성이 없이 평범한 화학적 경로를 따르는 상태에서부터 자신의 경로를 만들도록 스스로를 조직화하는 상태로 전환시키는 것이다. 유전 암호의 사용에서 예를 든 것처럼 소프트웨어 조절로 겉만 비슷한 것을 혼합하는 능력은 이런 탁월성의 분명한 보기이다. 생명은 정보에 의하여 조절되는 통로를 가짐으로써 화학의 구속에서 벗어난다. 통로는 원자 상호작용의 멍청한 실수를 초월하고 새롭게 주의를 끄는 자율성 세계를 창조하여서 구속을 제거한다.

일단 이 중요한 점이 파악되면 생물발생의 실제 문제는 명확해진다. 분자생물학의 흥분되는 성공 이래로 대부분의 연구자들은 생명의 비밀을 분자의 물리학과 화학에서 찾고 있다. 그러나 생명을 설명하기 위하여 전통적인 물리학과 화학을 헛되이 추구할 것이다. 왜냐하면 그것은 매질과 메시지를 혼동하는 고전적 경우이기 때문이다. 생명의 비밀은 화학적 편향성에 있는 것이 아니라 이용하는 논리와 정보 규칙에 있다. 생명은 정확하게 화학적 필요를 회피하기 때문에 성공한다.

내 주장에는 이상한 허점이 존재하고 있다. 알고리듬 복잡성과 이진법 서열에 관한 4장의 논의를 회상해 보자. 주어진 서열을 만들어내는 간단한 식을 발견한다면 여러분은 분명히 서열이 무작위가 아니라는 것을 증명한 것이다. 그러나 식을 찾으려다 실패하면 여러분은 그 반대 즉 그 서열은 틀림없이 무작위하다는 것을 증명하는 것이다. 여러분이 어떤 무작위로 보이는 서열을 만들어내는 매우 어려운 식을 간과했을 수도 있다. 실제로 무작위를 증명하는 것이 불가능하다는 것을 보여 줄 수 있다.[16] 생물발생 문제로 번역하면 이것은 게놈이 영리하게 만들어진 물리학 법칙 같은 간단한 법칙을 이용한 방법으로 만들어졌다는 가능성을 결코 배제할 수 없다는 것을 의미한다. 그러나 지불해야 할 대가가 있다. 위의 말이 옳다면 그것은 생명이 복잡해 보이기만 할 뿐이지 실제로는 매우 간단하다는 것을 의미한다. 자연에는 사람을 현혹시키는 복잡한 계들의 경우가 많이 존재한다. 자발적으로 형성되는 무늬가 보통 사람의 눈에는 복잡하게 보일 수 있지만 숨겨진 단순성을 갖는 것으로 판명될 수 있다. 이런 예에는 해안선, 미끄러지는 모래 더미의 표면, 토성의 고리 같은 막대한 파동이나 복잡함을 나타내는 모양들이 있다. 이런 종류의 많은 자연적 특징은 프랙탈이라고 하는 일종의 기하학적 대상에 의하여 정확하게 만들어 질 수 있다. 프랙탈은 무한하게 불규칙적이고 복잡하게 보이지만 실제로는 자기-유사성이라고 하는 간단한 수학적 성질을 가진다. 간단히 말하면 자기-유사 무늬는 불규칙 정도가 모든 길이 척도에서 똑같은 것이다. 그 결과 프랙탈의 묘사나 발생은 실제로는 많은 양의 정보를 필요로 하지 않는다.[17] 가장 유명한 프랙탈 중 하나인 만델브로트(Mandelbrot) 세트(예술 형태로 흔히 천연색으로 나타냄)는 매우 간단한 알고리듬에 의하여 컴퓨터로 만들 수 있다.[18] 그러므로 무작위한 복잡성의 예로 보이는 많은 무생물계는 실제로는 매우 작위적이다.

생명도 이럴 수 있을까? 겉으로는 복잡하지만 실제로는 프랙탈처럼 매우 간단하며 따라서 간단한 법칙같은 과정의 생성물일 수 있을까? 모든 생명체가 간단하다고 생각할 필요는 없다. 단지 최초의 생명체에 대해서는 그렇다. 일단 생명이 법칙에 의해서 등장하도록 자극을 받았다면 다윈식 진화가 비환원적 복잡성을 더해갈 수 있다. 개인적으로는 그것을 믿지 않는데 특히 그것이 믿을 수 없을 정도로 설계된 자연관을 요구하기 때문이다. 실제로 "암호 안의 암호"가 존재하여서 간단한 식으로부터 필요에 따라서 생물체를 만들어 낸다는 주장은 너무나 억지이다.

항상 다윈주의가 내려오는가?

나는 앞 절에서 생명이 실제로는 복잡성으로 가장한 간결성이라는 교묘한 기구를 제외하더라도 정상적인 물리학 법칙만으로 주문에 의하여 생명을 기계적으로 만들 수 없다는 주장을 하였다. 그러나 모든 생물학적 결정론이 시초부터 작용하게 되어있다는 것을 의미하는 것은 아니다. 주어진 적당한 조건에서 여전히 생명이 필연적이라거나 최소한 매우 선호될 수 있다. 일부 과학자들은 더 약하고, 더 믿을만한 형태의 생물학적 결정론을 제안하고 있다. 예를 들면 드두브는 우연이 역할을 하지만 예정된 목표로서 생명을 갖추고 전체적인 방향성을 강요하는 여러 가지 물리적 제약에 의하여 우연은 조절된다고 생각한다. 이런 제약들은 엄격하기는 하지만 화학합성에서 정확하게 상세한 것까지 지시해줄 만큼 특이하지는 않다. 오히려 드두브는 그 일반적 방향은 지형의 형태에 따라서 미리 정해져서 물이 의무적으로 분화구로부터 골짜기로 흐르는 상황을 좋아한다. 그러므로 그는 이렇게 적을 수 있었다. "생명의 등장은 매우 결정론적 과정들의 결과이며 그 당시에 주로 존재하였던 물리적-화학적 조건들 아래에서는 거의 발생하기 마련이다."[19]

5장에서 논의하였던 카우프만의 생각도 있다. 카우프만은 미리 정해진 생명의 청사진을 주장하지 않으며 단지 적당한 조건에서 등장하는 조직화된 복잡성만을 주장한다. 그러므로 생명은 그렇게 놀라운 것이 아니다. "복잡계의 예상된 총체적 성질"은 그것을 표현하는 방법이다.[20] 그는 "생명에 이르는 경로는 많으며 그 기원은 심오하지만 단순하다"고 말한다. 카우프만의 이론에 따르면 자기조직화의 원리에서 정보를 받은 특이한 최종 목표는 전혀 존재하지 않으며 정해진 미생물도 전혀 존재하지 않는다는 것이다. 단지 생명으로 이끌어갈 것 같은 일종의 복잡한 상태를 향한 일반적 경향만이 존재한다.

이런 주장은 매력적이지만 우리는 여전히 생물학적 정보가 어디서 오는지에 대한 의문을 갖게 된다. 앞 절에서 내놓은 반대 의견은 아직도 효력이 있다. 정상적인 물리학 법칙이 정보를 주입할 수 없다면 그리고 기적을 제외한다면 어떻게 생명은 일시적 사고라기보다는 미리 예정되고 필연적일 수 있을까? 무작위적 복잡성과 특이성이 함께 발생하는 것은 어떻게 가능할까? 우리는 항상 그런 기본적 모순으로 되돌아온다.

내 생각에는 이 문제의 해결 방법이 있지만 많은 과학자들이 마음이 내키지 않게 생각하는 급진적인 것이다. 그러나 나는 생물발생에 대하여 점점 더 골똘히 생각할수록 우리가 그 둘러싸고 있는 것으로부터 탈출할 수 없다고 느낀다. 내가 마음에 두고 있는 것을 설명해 보자. 나는 2장에서 슈뢰딩거는 생명을 골똘히 생각한 후 “새로운 유형의 물리학 법칙”을 제안하였다는 것을 언급하였다. 그가 옳은 길로 가고 있었다고 생각한다. 그러나 우리는 또 다른 물리학 법칙을 필요로 하지 않는다. 우리는 다른 곳에서 찾아야만 한다. 그러면 어디에서?

두 분야의 조사가 감질나는 단서를 제공해 준다. 첫째는 복잡성 이론이다. 나는 이미 화학적 그물망 및 자동촉매 회로에 관련된 카우프만의 생각들을 언급하였다. 최근 수년 동안 일반적인 복잡계에 대한 연구가 많이 이루어졌다. 많은 연구자들은 그런 계의 행동 방법을 지배하는 보편적인 수학적 원리가 존재한다는 결론에 도달하였다. 이런 “법칙”은 물리학의 기본 법칙으로부터 유도될 수 없는데 보통 의미에서는 물리학 법칙이 아니기 때문이다. 대신에 그것들은 계의 논리적 구조에서 생겨나며 관련된 물리력에 간접적으로만 의존한다. 이런 이유 때문에 그런 계는 컴퓨터에서 쉽게 “게임”으로 만들어 질 수 있다. 많은 그런 컴퓨터 모형은 놀랍도록 생명과 유사한 성질을 나타낸다. 그런 것을 심지어 “생명 게임(The

Game of Life)”이라고도 한다.[21] 이제는 그런 컴퓨터 모형에 기반을 둔 “인공생명”으로 알려진 새로운 연구분야가 존재한다.[22] 복잡성 이론학자들의 희망은, 어떤 종류의 자기조직적인 물리적 과정이 어떤 복잡성의 문턱값 이상에서 물리적 계를 발생시킬 수 있기 때문에 새 유형의 “복잡성 법칙”이 자신들을 드러내기 시작하고 그 계에 자기 조직화와 자기 복잡화의 예기치 못한 효율성을 부여하는 것이다. 그 결과는 계의 복잡성을 갑자기 단계적으로 증가시키는 일련의 전이가 될 것이다. 이러한 법칙의 명령 아래에서 생명은, 우주의 논리 안에 만들어진 대로 물리학 법칙에 쓰여진 것에 지나지 않는다는 것을 의미할 것이다.

드러나는 복잡성 법칙은 생물 발생 뿐 아니라 생물 진화의 더 나은 이해를 위해서도 분별 있는 희망을 준다는 것이다. 그런 법칙은 기본적이고 중요한 관점에서 친숙한 물리학 법칙과 다를 수 있다. 물리학 법칙이 단순히 주위 정보를 섞는데 비하여 복잡성 법칙은 실제로 정보를 창조하거나 최소한 그것을 환경으로부터 캐내서 물질 구조에 새겨 넣는다.[23]이것은 전통적인 환원주의자들의 세계관과 중요한 차이점을 나타낸다. 그 세계관에서 힘은 물질의 무반응성 입자들 사이에서 작용하고 정보는 이차적인 유도 개념으로 취급된다. 정보는 물질이 물리학적 힘들에 의하여 돌아다닐 수 있는 것과 똑같은 방법으로 “정보력”에 의하여 교환될 수 있는 실제 물리량이라는 것을 수용하는 것이다. 그것은 또 복잡성을 어떻게 계가 복잡해지는가를 단지 특성만으로 나타내기보다는 실제 인과 효율을 가진 물리적 변수로서 수용하는 것을 의미한다. 나는 정보 법칙 작용 아래에서만 유전 암호와 결합된 정보 통로 또는 소프트웨어 조종이 등장할 수 있었다고 믿는다.

나는 이것보다 좀 더 근본적인 제안을 할 수도 있다. 정보나 소프트웨어 아이디어는 전혀 새로운 것이 아니다. 다른 많은 연구자들도 비슷한 것을 제안하였다. 예를 들면, 아이겐은 "우리의 임무는 정보의 기원을 가져오는 자연 법칙인 알고리듬을 발견하는 것이다"라고 하였다.[24] 아이겐과 동료들은 분자 다윈주의가 한 중요한 역할을 인정하면서도 추가적인 생물학 정보의 원천이 될 수 있는 다른 물리적 과정들에 의하여 그것이 증대될 필요성을 알고 있다.[25]

수년 전 나는, 최초로 나의 저서 "우주청사진(The Cosmic Blue print)"에서 "소프트웨어 법칙"에 대한 아이디어를 의제로 삼았었다. 나는 거기서 물리학 법칙과 모순이 되지 않지만 물리학 법칙으로 환원될 수는 없는 새로운 법칙을 상상하였다. 내가 이 책을 쓰기 시작할 때 그런 법칙이 생물발생을 설명하는데 필요하다고는 생각하지 않았다. 대신에 그것이 "다윈주의가 항상 영락하는" 경우로 가정하였다. 나는 복제분자들의 조립에 관한 실험실 연구와 유기 구성성분들이 형성할 수 있는 용이성에 감동을 받아서 우연만으로 작은 복제 분자를 비교적 빠르게 생성할 수 있었다는 것을 알았다. 그 다음부터는 분자 진화가 이어받아서 계를 꾸준하게 세포형 생명체로 유도하였을 것이다. 제안된 이론들의 많은 변형들을 연구한 후 더욱더 의심을 가지게 되었다. 올바른 화학 반응이나 올바른 분자가 등장하는데 필요한 모든 것이 매우 그럴듯하지 못하다고 생각한다. 생물발생의 신비를 가진 실제적 진보가 색다른 화학을 통해서가 아니라 개념적으로 새로운 것으로부터 이루어질 것이라고 믿는다.

분자적 다윈주의와 조직 복잡성 법칙의 혼합이 전진할 길을 열어줄 수 있었다. 그런 시나리오에서는 비교적 작은 복제

분자들이 우연에 의하여 생성되고 다윈주의적 방법에 의하여 진화를 시작하지만 진보는 때때로 특이성과 정보를 제공해주는 조직화 원리에 의하여 도움을 받거나 심지어 무시될 수 있다.[26] 이런 조직화 원리는 진화과정의 선택성을 크게 증폭되도록 하고 다윈주의적 진화만이 작용할 때 예상되는 점증적인 진보보다 갑작스런 복잡성의 도약을 가져온다.

생물발생과 관계가 있거나 또는 관계가 없을 수도 있는 두 번째 의문은 좀 더 사색적인 것이다. 그것은 원자 수준에서의 물질의 기묘한 행동을 나타내는 이론인 양자역학을 필요로 한다. 대부분 생화학자들과 분자생물학자들은 양자역학을 무시한다. 원자와 분자는 여러 가지 모양으로 함께 결합하는 작은 구성단위로 취급되지만 미시세계의 실제는 훨씬 더 미묘하다. 우선 유명한 파동-입자 이중성이 있다. 즉 원자는 파동과 입자 같은 측면을 모두 가진다. 의미 심장하게도 파동은 정보나 소프트웨어로 확인될 수 있는데 그것이 계에 대하여 알려진 것을 나타내기 때문이다. 반면에 입자로 취급되는 원자는 하드웨어에 해당한다. 양자 측정이 이루어지면 파동은 "붕괴한다"- 즉 계의 정보가 변하기 때문에 갑자기 변화한다. 그러나 이어서 입자의 계속되는 행동에 영향을 미친다.[27] 그러므로 양자역학에서는 일종의 하드웨어-소프트웨어 얽힘이 존재한다. 정보 (또는 지식)는 하향식 힘을 가진다. 그래서 그 중심에 정보의 주류가 되는 물리학 이론이 존재하고 그것은 친밀한 방법으로 물질과 엉키게 된다. 더욱이 단백질이나 핵산 같은 생물학적 분자를 형성하는 원자간 힘은 실제로 그 본질이 양자역학적이다. 일종의 양자-조직화 과정이 정보를 가진 거대분자의 기원을 설명하는데 꼭 필요한 것이 될 수 있었을까?

이런 추측을 지지해주는 증거는 이상한 방향에서 나온다. 슈뢰딩거는 그의 유명한 책에서 유전의 단위는 "비주기적 결정"이라고 제안하였다. 그는 이것을 통해서 거대분자 구조는 그 형태를 유지할 수 있도록 충분히 안정되지만 많은 정보를 간직할 수 있을 정도로 매우 복잡하다는 것을 의미하였다. 정상적인 주기적 결정은 안정하지만 알고리듬-정보 함량이 낮다(118면을 보라). 슈뢰딩거의 생각은 예언적이라는 것이 증명되었다. DNA 분자는 구조적 안정성을 가진다(그것이 완벽하진 않지만 -정보 보존은 교정과 편집 과정들의 사용을 필요로 한다). 염기 서열이 대부분 무작위적이기 때문에 비주기성이 생겨나고 따라서 정보가 풍부하다. 이것이 내가 오랫동안 검토한 점이다.

수년 전 화학자들은, 준결정이라는 다른 종류의 비주기적 결정을 발견하고서 깜짝 놀랐다. 준결정은 이상한 5겹 대칭을 가지고 있다. 즉 그것들은 72°씩 회전하면 똑같게 보인다. 그러나 정상적 결정과는 달리 원자 유형이 결코 반복되지 않음이 알려졌다.

준결정이 놀라운 이유는 간단한 기하학 때문이었다. 여러분이 벽에 타일을 붙일 때 삼각형, 사각형, 육각형으로는 붙일 수 있지만 오각형으로는 붙일 수 없다는 것을 잘 알고 있다. 오각형은 바둑판 모양이 아니다-즉 틈을 가지고 있다. 따라서 5겹 대칭은 간단한 반복 무늬를 가지지 못할 것이다. 그러나 펜로즈(Roger Penrose)는 유명한 정리에서 무한한 벽이 뚱뚱한 것과 가는 마름모꼴의 두 가지 다른 모양의 타일을 사용하여서 5겹 대칭으로 바둑판 모양을 빈틈없이 붙일 수 있다는 것을 증명하였다.[28] 준결정은 천연적으로 존재하는 펜로즈 타일 유형의 삼차원적 유사물이다. 펜로즈 자신은 바로 준결정의 존재가 비주기적 성질 관점에서 의문이라고 제안하였다. 정상적인 주기적 결정은 규칙적인 반복 구조를 형성하기 때문에 원자가 하나씩 성장할 수 있지만 준결정은 옳은 조각을 옳은 자리에 확실하게 맞추기 위하여 어떤 종류의 장거리 조직화를 필요로 한다. 펜로즈는 양자역학과 심지어 양자 중력의 미묘한 측면이 이 기하학 조직화에서 역할을 할 수도 있다고 생각하고 있다

준결정은 5겹 대칭 때문에 배열에는 저장된 정보가 거의 없지만 비주기적 선형 서열 안에는 무제한의 정보를 가진다. 그러므로 그것은 케언스-스미스의 불순한 결정에 대한 아이디어, 슈뢰딩거의 비주기적 사슬분자에 대한 아이디어와 결합될 수 있다. 준결정은 DNA와 같이 언뜻 보면 막대한 알고리듬 복잡성을 가진 "불가능한 물체"로 생각된다. 그러나 어떻게든 양자역학에서는 그것들이 존재하는 것이 허용된다. 나는 준결정이 그럴듯한 게놈이라고 (아무도 모른다) 제안하려는 것은 아니며 다만 이에 대한 연구가 양자역학이 어떻게 높은 정보 저장 능력을 가진 복잡한 물리적 구조를 조직화할 수 있는가를 설명하고 싶을 뿐이다.[29]

양자 마술이 생물학적 정보를 절약하는 방법으로 작용하고 있을 수도 있다는 추가적인 암시가 최근 유행인 양자계산학 연구에서 나올 수 있다.[30] 양자 컴퓨터가 계산학적으로 어려운 문제를 가능하게 해줄 수 있다(예를 들면, 124면에서 언급한 여행중인 판매원 문제)는 것이 알려져서 알고리듬적으로 무작위인 게놈 같은 계산학적으로 "불가능한 물체"는 고전적 방법에서는 길고도 비비꼬인 진화를 필요로 하겠지만 양자 과정에 의해서는 오히려 쉽게 생성될 수도 있다는 것을 또 다시 암시해 준다.

나는 이 절에서 스쳐간 아이디어들이 매우 추측적이라는 것을 인정하지만, 생물발생 문제가 그런 추측을 촉진한다는 사실 자체가 얼마나 어려운 문제인가를 강조해준다는 것도 인정한다. 그럼에도 불구하고 생명이 기본적 우주 형상이며, 조건이 허용되면 언제나 발달되도록 예정되어 있다는 가정은 널리 퍼져 있다. 몇 명되지 않은 "생명-의지-출현"설의 지지자들은 그들이 제안한 것의 포괄적인 함축을 완전히 인정하고 있다. 드두브나 카우프만에서는 좀 더 약한 형태이긴 하지만 결정론적 생각은 현존하는 과학의 패러다임에 대한 근본적인 도전을 나타낸다. 실제로 그것은 대부분의 생물학자들을 벌벌 떨게 만든다. 생물학적 결정론자들은 어떤 실제적 설계나 예정된 목적이 그들의 제안에 포함되어 있다는 것을 강력하게 부정하지만 자연의 법칙이 생명쪽으로 기울어져 있다는 생각은 문장으로는 다윈주의와 모순되지 않더라도 틀림없이 그 정신을 해치는 것이다. 그것은 다윈이 150년 전에 버린 목적론적 요소를 자연에 다시 집어넣는 것이다. 많은 과학자들에게 생물학적 결정론은 자연으로 위장한 기적과 같다. 물론 그 자체가 그것을 틀리게 하지는 않는다. 여전히 사실일 수도 있다. 실제로 생명은 조건이 적당하면 언제나 발생할 수도 있다. 그러나 그것이 사실이라면 그 결과는 매우 심각할 것이다.

과학은 300년 동안 환원주의와 물질주의에 기반을 두어 왔고 필연적으로 무신론과 물리적 존재의 무의미에 대한 신념을 가져왔다. 생물 친화적 우주는 중대한 이동을 나타낼 것이다. 그 중대한 의미를 드두브는 이렇게 감명적으로 표현하였다: "결정론적 측면에서 보면.... 나는 이 우주를 '우주 웃음거리'로서 생각하지 않고 의미있는 실체로 생각한다. 생명과 의식을 발생시키는 방법으로 만들어졌으며 진실을 구별하고, 미를 감상하고, 사랑을 느끼고, 선을 추구하고, 악을 규정하고, 신비를 경험할 수 있는 생각하는 존재로 탄생하기 마련이다."[31]

진보의 사닥다리인가?

과학의 역사에서 다윈의 진화론보다 인류의 자존심에 더 깊은 감명을 준 사상은 없다. 다윈과 기독교회간의 공개적인 충돌은 과학적 발달이 우리의 자연 법칙의 토대가 되는 기본 개념을 근본적으로 변화시키려 할 때 얼마나 고통스러운 것인가를 보여주는 고전적 예이다. 오늘날 진화는 거의 보편적으로 인정된다. 심지어 교황도 그것에 축복을 내렸다. 그러나 조용한 학문의 전당에서는 옛 전투의 그림자가 아직도 싸우고 있다. 그것은 그렇게 많은 주목을 받지는 못했으며 연합한 신학자도 거의 없지만 철학적 의미의 입장에서 이 현대의 작은 논쟁은 19세기의 다윈과 윌버포스(Wilberforce) 사이의 논쟁만큼이나 중요하다.

오늘날 문제가 되어 있는 주제는 생명이 40억년 동안 점진적으로 진화하였는가(압도적으로 지지 증거가 많다)가 아니라 진화의 방법에 대하여 기울어진 어떤 것이 존재하는가 하는 것이다. 19세기에는 생명을 상향식 경로를 따라서 발달한다고 생각하는 것이 유행이었다. 소위 원시 생명은 천천히 "개선되었고" 자랑스러운 지식과 이성의 힘을 갖춘 인간(*Homo sapiens*)에서 절정을 이루는 더 우아하고 세련된 형태로 변화하였다. 이런 견해에서 진화는 구불구불한 경로가 아니라 미생물로부터 인간으로, 항상 위로 향하는 진보의 사닥다리였다. 확실히 사닥다리를 오르는 것은 자연 선택이 생명을 잃게 할 정도로 잔인하고 소모적인 것이었지만 그런 진보적 경향에는 인류에 대한 엄숙한 영광과 특별한 지위가 존재하였다.

진보의 진화 사닥다리에 대한 관념은 강력한 상징으로 남아 있으며 그것과 함께 나아가는 심오한 형이상학적 가정을 식별하지 않는 많은 과학자들과 보통사람들에 의해서 여전히 잠재적으로 전해지고 있다. 진화가 실제로 진보적이라면 자연의 법칙은 생명의 창조가 유리하도록 만들어졌을 뿐 아니라 진보하는데도 유리하도록 만들어졌을 것이다.

"진보적" 생물학에 대한 반대자들은 몇 가지 기반에서 그 생각을 반박하고 있다. 첫째로 그들이 지적하는 것은 인간이 어떻게든 원숭이나 개구리보다 "더 낫다"는 가치 판단을 내포하고 있다는 점이다. 전통적인 "진보 사닥다리" 사고를 반영하는 "고등" 포유류 또는 "하등" 척추동물 같은 용어는 이런 편견을 드러내는 것이며 정치적으로 옳지 못한 것으로 취급된다. 다른 생물체보다 인간을 개선시킨 것이 무엇인지 비평가들에게 물어보라. 만일 적응 성공이 중요한 개념이라면 슈퍼박테리아는 환경 압박을 대처하는데 꽤 숙달되어 있다. 물론 인간은 높은 지능을 가지고 있다. 그것은 IQ(지능지수)에 이르러서는 우리를 성공적으로 만들지만 우리는 수영 실력도 형편없고 날 수도 없다. 지능이 문제가 된다면 우리는 틀림없이 우리 자신을 사닥다리의 맨 위에 놓을 수 있다. 그러나 이것은 단순히 극단적 3우월주의의 경우가 아닐까? 우리 자신은 우리가 맨 위에 올라가는 기준을 선정하였다. 우리에게 유리한 장소를 결정하고 우리 밑에 사닥다리를 놓은 것이다. 우리가 되돌아 내려다 보면 아래의 가로대들이 지능을 덜 가진 선구체들로 가득 채워진 것이 놀랍지 않을 것이다. 그러나 그것이 어떻단 말인가? 말하자면 인간에게서는 적당히 잘 발달한 시각이나 청각보다도 지능이 어떤 절대적 의미에서 더 좋은 것일까?

이런 어려움 때문에 생물학자들은 "진보"라는 말을 좋아 하지 않는다. 그럼에도 불구하고 좀 더 문화적으로 중립적인 특성-즉 시간에 따라서 일반적인 "상향" 경향을 나타낼 수 있는 생물체의 어떤 성질이 여전히 존재할 수 있다. 흔히 복잡성이 그런 성질이라고 한다. 생물권은 전체적으로 30억년 전보다는 틀림없이 훨씬 더 복잡하다. 또 오늘날 가장 복잡한 생물체는 분명히 과거의 가장 복잡한 생물체보다 훨씬 더 복잡하다. 진실로 그것은 조금도 깨지지 않은 상향 행진이다. 때때로 소행성 충돌 때문에 비극적인 대멸종이 일어나서 행성 전체의 대부분의 종들이 제거되는 결과가 생겼을지도 모른다. 틀림없이 이런 사건은 생물학적 복잡성을 극적으로 감소시켰을 것이다. 그러나 항상 새로운 활기를 가지고 금방 회복하였다. 우리가 얻은 이론은 생명은 번성하게 내버려두면 모든 이용 가능한 곳을 채우고, 새롭고 더 나은 가능성을 탐험하고, 항상 더 정교한 형태를 발달시키며 성장의 에스컬레이터를 탄다는 것이다.

체계적이고 조직화된 복잡성의 진보는 너무나 놀라와서 자연 법칙의 겉모습을 갖는다. 그것은 우주가 대폭발 이후로 복잡성이 전체적으로 증가하고 있다고 보는 최근의 우주학적 사고와도 잘 맞는다. 그러나 좀 더 차분하게 짚어보면 이 간단한 모습에서 심각한 문제를 찾아내게 된다.

첫째로 다윈의 원리는 생명이 향상을 위하여 투쟁하고 있다는 목적론적 개념은 배제하고 있다. 다윈 진화는 좋은 변화를 챙겨 넣고 나쁜 변화를 버리면서 순간 순간마다 변이를 메우기 위하여 자연 선택의 여과를 적용하여서 작용한다. 이 패러다임에는 앞날을 예견하는 어떤 메카니즘도 존재하지 않으며 체계적인 행진을 미리 예정된 목표로 향하게 하는 어떤 방법도 준비될 수 없었다. 그 당시, 단지 그 당시에 더 커다란 복잡성이 좋은 생존 양식이라면 그것이 선택된다. 그렇지 않다면 그것은 버려질 것이다.

둘째로 어두운 동굴에 살면서 눈의 사용을 잃어버린 물고기처럼 많은 생물체들은 시간이 지남에 따라서 덜 복잡해지도록 성장한다. 이것은 놀라운 것이 아니다. 너무 많은 복잡성이 방해가 되는 경우도 있을 수 있다. 여분의 기관이 어려운 조건에서의 생존을 방해할 수도 있고 좋은 조건에서는 과잉의 짐이 될 수 있다. 5장에서 설명한 스피겔만의 괴물은 생물학적 퇴보의 고전적인 예이다. 좋은 조건에서 RNA는 더 빨리 복제하기 위하여 원래의 바이러스 크기의 조각으로 자신을 줄여간다.

화석 기록의 자료들을 보면 일반적으로, 전체적인 생물학적 복잡성은 시간이 지남에 따라서 증가한다는 주장을 뒷받침해준다. 일부 종들은 더 간단해지며 다른 것들은 더 복잡해진다. 그러나 우리는 평균의 개념에 주의하여야 한다. 생명은 간단한 미생물로부터 시작되었다. 그것이 어느 쪽으로 가더라도 그것은 필연적으로 더 복잡성이 큰 방향으로 가게 될 것이다. 다윈주의에 따르면 진화는 생물학적 가능성들 영역에서 맹목적이고, 방향성이 없이 더듬는 마구잡이 걸음의 특성을 가진다. 여러분이 아주 간단한 초기 상태에서 출발한다면 최소한 처음에는 마구잡이 여행일지라도 더 복잡성이 큰 방향으로 가게될 것이다.

굴드(Stephen Jay Gould)는 벽돌담에 맞닥뜨린 주정뱅이 성향은 맹목적으로 비틀거리며 걷기 시작하고 결국은 도랑에 빠진다는 비유를 사용하여서 이 관점을 잘 설명하였다.[32] 주정뱅이는 도랑을 찾고 있었거나 그 쪽으로 조직적으로 움직였기 때문에 도랑에 도달한 것은 아니다. 실제로 그는 마구잡이로 비틀거렸을 뿐이다. 모든 순간에 주정뱅이는 벽쪽으로 움직인 것만큼 벽 반대쪽으로도 움직였을 것이다. 요점은 벽이 그의 운동을 한 방향으로 되밀었기 때문에, 그는 분명히 평균적으로는 벽에서 떨어져 무엇인가를 발견하려는 듯이 보였고 적당한 곳에서 단지 우연하게 도랑과 만나게 된 것이다. 굴드는 한 생물체가 살아있으면서도 가질 수 있는 단순성의 정도에는 한계가 있다는 것을 지적하였다. 이것이 벽에 해당한다. 지구의 생명이 "벽에서" 즉 가장 간단한 세포에서 시작하였고 마구잡이로 진화하였다면 한쪽으로 기울어진 방법으로 분포가 펴져 나감에 따라서 평균 복잡성은 불가피하게 증가하였을 것이다. 그림 10.1(a)를 보라. 그러나 굴드는 우리에게 이 간단한 확산을 체계적인 경향으로 해석하는 것에 대하여 주의를 주고 있다. 그는 그것이 이용 가능한 가능성들을 마구잡이로 탐험한 것에 불과하다고 주장한다.

나는 굴드가 완전히 옳다고 생각한다. 시간에 따른 복잡성 증가는 단지 단순성으로부터 마구잡이 걸음으로 멀어지는 결과일뿐이며 그것을 법칙 같은 방향성으로 생각할 수는 없다. 진짜 경향으로서 특성을 나타내기 위해서는 자료가 그림 10.1(b)와 닮아야만 할 것이다. 취한 걸음 이외에도 진화에 있어서 실제적인 경향이 존재하는지 여부는 과학적 의문이 결정해야 할 문제이다. 그렇다면 사실은 무엇인가? 그것은 (a)일까, (b)일까?

불행하게도 상황은 연구하기가 쉽지 않다. 더 크고 복잡한

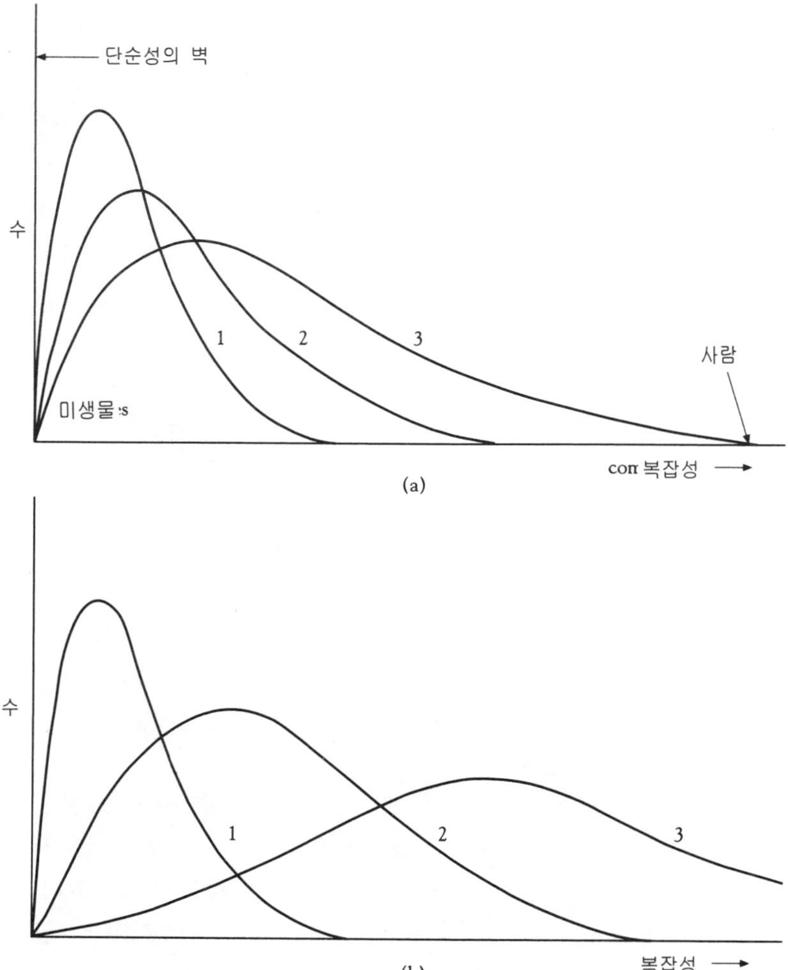

그림 10.1 진보의 사닥다리? 시간이 지남에 따라서 생물학적 복잡성은 증가하지만 체계적인 경향이 존재하는가, 아니면 단지 "단순성의 벽"으로부터 마구잡이로 확산되어 가는가? 굴드가 지지하는 확산 모형을 (*a*)에 나타내었다. 곡선 1, 2, 3은 연속적인 시대를 나타낸다. 생명체는 간단한 미생물이 우위를 점한 채로 유지되지만 분포의 꼬리는 오른쪽으로 이동한다. 복잡성에 대한 일정한 추진력이 존재한다면 곡선은 (*b*)와 같이 될 것이다.

생물체는 눈에 잘 띄는 경향이 있어서 우리는 그것들에게 미생물에서는 결핍된 지위를 허용한다. 그러나 굴드가 강조한 대로 지구상의 대부분의 생명체는 미생물이다. 소위 진보된 생명체는 실제로는 분포곡선의 꼬리이며 우리는 꼬리가 개를 흔들지 않도록 조심해야만 한다. 반면에 미생물학자들은 심지어 미생물이라도 상당히 진화되어 있다고 믿는다. 분명히 오늘날 가장 "원시적인" 미생물은 최초의 살아있던 세포보다는 훨씬 더 복잡하다. 따라서 지구상의 대부분 생물체는 미생물 수준에서 "고정된" 것이며 심지어 이 부류 안에서도 복잡성을 향한 일반적 경향이 있었던 것으로 보인다. 그것이 다세포 생명체가 되었을 때를 알아내는 가장 직접적인 방법은 화석 기록을 조사하는 것인데 불행하게도 부정확하다. 기록 자체가 단편적이다. 예를 들면 시간에 따라서 생기는 영장류 뇌 크기의 가속에서는 더 커다란 복잡성을 향한 경향이 존재한다. 굴드는 이것에 반대하여서 산타페 복잡성 연구소의 맥쉬어(McShea)의 연구를 인용한다. 이 연구에서는 척추에서 복잡성을 향한 일반적 경향을 전혀 발견할 수 없었다.[33] 전체적으로 복잡성의 체계적 진보에 대한 증거는 기껏해야 단편적이다. 이 귀결은 여전히 시대에 뒤진 것이다.

물론 주정뱅이 걸음 비유는 단지 진화가 마구잡이라고 예측되는 정도까지만 관련이 있다. 도킨스(Richard Dawkins)는 개별적 돌연변이는 일반적으로 마구잡이이지만 자연 선택은 결코 그렇지 않다는 것을 강조하였다.[34] 선택은 환경에 덜 유리하게 적응된 그런 생물들을 여과해 내고 더 잘 적응된 것들에게는 보상을 주어서 필연적으로 더 잘 적응된 방향의 경향을 유도한다. 그러나 더 잘 적응되는 것은 복잡성 증가를 포함할 수도 있고 그렇지 않을 수도 있다. "가장 잘 적응된 생물체"의 정의는 변화하는 환경 조건에 따라서 달라질 것이다. 결코 미리 예정된 "최적 적합"이나 최적 적응, 자연선택이 진화를 조종하여 나아가게 할 고정된 "목적"은 존재하지 않는다. 적응의 모든 방향성은 일시적인 조종 과정을 필요로 하며 전체적인 경향의 일부를 형성하지는 않는 것 같다.

대부분의 생물학자들은 모든 복잡성의 성장이 주정뱅이 걸음 효과에 의하여 만족스럽게 설명될 수 있다는 의견을 가지고 있다. 그러나 감추어진 관념적 협의 사항에 대한 의심도 존재한다. 굴드는 그가 복잡성을 진보에 대한 대리인으로서 사용하고 있다는 생각을 조금도 숨기지 않는다. 그는 진보를 관념론적 이유에서 "유해한" 개념이라고 생각한다. 그러므로 그는 "나는 생명의 역사를 연구하는 가장 총명한 학생은 서구적 편안함의 가장 필요한 재료를 공급해주는 화석 기록의 불충분을 항상 깨달아야 한다. 진보의 명확한 신호는 전체적으로 시간이 지남에 따라서 생명에 대한 복잡성이 꾸준히 증가하는 어떤 형태로서 측정된다"[35]라고 하였다. 그러나 굴드는 이런 편리한 견해와 거래할 만한 것을 아무것도 갖고 있지 않으며 바로 생명의 무의미함에서 역설적인 훌륭함을 보고 있다. "우리는 복잡성을 향한 추진력이 전혀 없는 예측할 수 없는 진보의 영광스러운 우연이다. 그 자신의 필연적인 구성 방식을 대부분 이해할 수 있는 창조물을 생성하려는 진화 원리의 예측된 결과가 아니다."[36] 굴드에 의하면 복잡성 증진에 대한 신념은 초자연적 설계에 대한 혼란된 생각을 가지고 있던 다윈 이전의 감상주의의 향수어린 유물이다. 150년 전에 생물권에서 신의 인도의 손길을 추방한 후 생물학자들은 자연 법칙을 가장하여 그것이 되돌아오게 하는 것을 분명히 싫어하고 있다.

나도 역시 굴드에 동의한다. 복잡성 증가 경향은 우주에서 목적의 증거를 제공할 수 있을 것이다. 물론 그런 경향이 존재한다면 그것은 우연의 중요한 역할을 배제하지는 않을 것이다. 그러면 어떤 생물학적 특징이 우연의 결과이며 어떤 것이 경향의 일부로서 예측되는가하는 의문이 생겨난다. 손가락의 개수나 속눈썹의 존재 같은 작은 세부사항이 기본적 법칙의 직접적인 표현이 될 수 있다고 생각하기는 어렵다. 반면에 다세포 생물체의 필수적 구조는 어떤 수학적 조직화 원리의 산물이 될 수 있을 것이다. 그러나 나는 이것에 대하여 드두브가 마무리하기를 바란다. 그는 이렇게 이야기하였다. 일단 생명의 나무가 그 우아한 나무의 잎에 가린 상층부가 잘리면 "더 커다란 복잡성을 향하여 점진적으로 올라가고 있는 줄기 구조가 분명하게 드러날 것이다."37

의식은 예정된 것인가?

"우주는 자신을 알 수 있는 방법을 발명하였다."
- *Alan Dressler* [38] -

지구 생물학에서 생성한 모든 복잡한 구조 중에서 가장 복잡한 기관인 뇌보다 더 중요한 것은 없다. 뇌는 단지 진화의 무작위적 우연일까, 아니면 법칙과 같은 복잡화 과정의 필연적인 부산물일까? 생명이 다른 행성에서 발생한다면 그 진화 발달이 지구의 생명체와 비슷할 것이라는 가정이 일반적으로 인정되고 있다. SETI (외계 지적생물 탐사)의 지지자들은 수십억년 동안에 걸쳐서 외계 생명체는 이곳에서와 똑같이 식물과 동물을 형성할 정도로 복잡해지고 결국은 의식과 지능을 발견할 것이라고 주장한다. 그들은 최소한 거주가 이루어지고 있는 행성들의 일부에서는 지적 생명체가 기술의 시점까지 진보할 것이고 이런 기술 사회의 일부는 지금쯤은 전파를 통해서 우리와 접촉하려고 시도하고 있을 수 있다고 주장한다. 그러므로 SETI 연구자들은 일반적으로 진보의 사닥다리 개념을 인정하고 생명 뿐 아니라 의식도 어떤 의미에서는 우주에서 발생하도록 예정되어 있다고 인정한다.

이런 관점이 널리 퍼져 있기는 하지만 역시 우주의 본질에 대한 거대한 가정을 숨기고 있다. 그것은 자연의 법칙이 복잡성이나 생명뿐 아니라 의식에도 유리하게 만들어져 있다고 인정하는 것을 의미한다. 그것을 극적으로 표현하기 위하여 의식은 자연의 법칙에 근본적인 방법으로 쓰여져 있다고 암시한다. 따라서 자연의 복잡화 경향의 산물(*Homo sapiens* 같은 지적 존재)이 최초로 "지식"을 발생하게 만든 그 법칙을 이해할 수 있다는 것은 매우 중요하다.

그것은 영감을 주는 상상력이다. 그러나 믿을 만할까? 우리는 우주가 생물 친화적일 뿐 아니라 의식 친화적이라는 것을 믿을 수 있을까? 1964년에 생물학자 심슨(George Simpson)은 "원인(原人)의 비일반성에 관하여"라는 회의적 논문을 발표하였다.[39] 거기에서 그는 진보된 외계 생명체 탐사의 무용론을 주장하였다. 그는 그것을 "역사상 가장 불리한 가능성에 대한 도박"이라고 하였다. 인간은 수없는 특별한 역사적 우연의 산물임을 지적하며 "천문학자, 물리학자, 일부 생화학자들이 그렇게 자유롭게 만든 한 때 생명이 어디에서나 시작될 수 있으며 원인은 결국 필연적으로 등장하게 된다는 그 가정은 분명히 잘못된 것이다"라고 결론지었다. SETI의 지지자인 세이건과의 최근 논쟁에서 생물학자인 메이어(Ernst Mayr)는 심슨의 회의론을 되풀이하였다. "지구에서 수백만의 계통이나 생물체 중에서 그리고 아마도 5천억 개의 특별한 사건들 중에서 단지 하나만이 고등지능생물이 되었다. 나는 이것으로부터 그것이 완전히 일어나지 않는다고 믿는다."[40]

굴드도 비슷하게 생명이 의식을 생성하게 예정되어 있다는 관념을 비난하였다. 그는 지구상의 모든 진보된 생명체들을 모두 쓸어내 버리고 미생물만을 남겨 놓는 어떤 재앙을 생각해 보자고 하였다. 진화 드라마가 다시 재방송된다면 어떤 일이 일어날까? 우리는 어류 척추동물, 파충류, 포유류 및 지적 양족동물이 다시 등장하는 비슷한 발달 유형을 기대할 수 있을까? 그는 전혀 그렇지 않다고 한다. 지구상에서 생명의 역사는 승리자보다는 실패자가 훨씬 더 많은 어마어마한 복첨이었다. 그것에는 너무나 많은 운명의 우연, 너무나 많은 임의적 변덕이 들어 있어서 변화 유형은 필수적으로 무작위적이었다. 우리 자신의 진화 역사를 구성하는 수백만의 우연한 단계들은 두 번째에서는 결코 일어나지 않을 것이며 심지어 개략적으로라도 일어나지 않을 것이다. 역사는 "다른 경로로 폭포를 이루어 떨어져서 대부분의 재생은 결코 일어나지 못할 것이다...자의식을 가진 생성물도.. 이 대안 (즉 재방송)이 인간과 희미하게라도 비슷한 것을 포함하게 될 확률은 사실상 0%임에 틀림없다."[41]

심슨과 굴드의 주장에서 논리적 주장을 찾는 것은 어렵다. 진화가 단지 복첨이고, 주정뱅이 걸음이라면 생명체가 미생물의 수준을 벗어나야 할 이유가 거의 없고 지식과 의식을 향하여 진보할 수 있는 것은 아무 것도, 하물며 원인 특징의 발달은 더욱 전혀 기대할 수 없다. 그렇다면 우리는 모노의 우울한 결론에 동의해야만 한다. "마침내 사람은 무정하고 광대한 우주에서 그가 혼자이고 그것에서 우연히 등장하였다는 것을 알게 된다."[42] 그것에 우연보다 그 이상의 것이 존재한다면, 자연이 생명과 의식에 대하여 교묘하게 내장된 편향을 가지고 있다면 우리는 지구에서 발생하였던 발달적 전진과 같은 것이 다른 행성에서도 반복되는 것을 보게 되리라 기대할 수 있을 것이다.

따라서 우주의 다른 곳에서 생명을 찾는 것은 두 가지의 정반대 세계관의 근거를 시험하는 것이다. 한쪽은 무의미한 허무주의 철학을 가지고 목표를 잊어버린 비인간적인 법칙의 정통적인 과학이어서 생명과 의식, 과학과 예술, 희망과 두려움은 광대무변한 비가역적 퇴폐 벽걸이 융단 위의 단지 요행의 우연한 장식이다. 한편 명백하게 낭만적이지만 그럼에도 불구하고 사실인 다른 의견도 존재하는데 그것은 물질이 생명과 의식을 향하여 진화하도록 용기를 북돋아주는 교묘한 법칙에 의하여 지배되는 자기조직화하고 자기복잡화하는 우주에 대한 상상이다. 생각하는 존재가 등장하는 우주는 사물의 전체 구조에서 기본적이고 없어서는 안 될 부분이다. 우주에서 우리는 홀로가 아니다.

참고문헌

1. Freeman Dyson, Disturbing the Universe (New York: Harper & Row, 1979), p. 250.
2. Philadelphia Inquirer, April 9, 1997.
3. Fred Hoyle and Chandra Wickramasinghe, Lifecloud (London: Dent, 1978).
4. Fred Hoyle, The Intelligent Universe (London: Michael Joseph, 1983).
5. Francis Crick, Life Itself: Its Nature and Origin (New York: Simon & Schuster, 1981).

6. Jacques Monod, Chance and Necessity, trans. A. Wainhouse (New York: Knopf, 1971), p. 145.

7. Christian de Duve, Vital Dust: Life as a Cosmic Imperative (New York: Basic Books, 1995), p. 300.

8. Kenneth Nealson et al., Mars Sample Return: Issues and Recommendations (Washington, D.C.: National Academy Press, 1997), p. 13.

9. For a sharply critical appraisal of this philosophy, see Robert Shapiro, Origins: A Skeptic's Guide to the Creation of Life on Earth (New York: Summit Books, 1986).

10. De Duve, Vital Dust, pp. xv, xviii.

11. As quoted in D. S. Bendall, Evolution from Molecules to Men (Cambridge: Cambridge University Press, 1983), p. 128.

12. Gary Steinman and Marian Cole, "Synthesis of Biologically Pertinent Peptides Under Possible Primordial Conditions," Proceedings of the National Academy of Science 58(1976):735.

13. Sidney Fox, "Prebiotic Roots of Informed Protein Synthesis," in Horst Kleinkauf, Hans von Dohren, and Lothar Jaenicke, eds., The Roots of Modern Biochemistry (Berlin: de Gruyter, 1988), p. 897.

14. Shapiro, Origins, pp. 186-87에서 인용.

15. Cyril Ponnamperuma, "The Origin, Evolution and Distribution of Life in the Universe," in Clifford Matthews and Roy Abraham Varghese, eds., Cosmic Beginnings and Human Ends (Chicago: Open Court, 1993), p. 91.

16. 이 결과는 수학의 괴델의 불완전성 정리와 관련되어 있다.

17. 프랙탈은 복잡한 이미지의 자료 저장에 상업적으로 이용된다. 정보 측면에서 많은 천연 이미지를 픽셀화하는 것보다 프랙탈화하는 것이 더 값이 싸다. 예를 들어 다음을 참조하라. Barry Fox, "Fractals Set the Pattern for Online Video," New Scientist, September 7, 1996, p. 23.

18. 예를 들어 다음을 참조하라. Paul Davies, The Cosmic Blueprint

(London: Heinemann, 1987), chap. 5.

19. Christian de Duve, "The Chemical Origin of Life," in C. B. Cosmovici, S. Bowyer, and D. Werthimer, eds., Astronomical and Biochemical Origins and the Search for Life in the Universe (Bologna: Editrice Compositori, 1997), p. 392.

20. Stuart Kauffman, The Origins of Order (Oxford: Oxford University Press, 1993), p. 285.

21. 예를 들어 다음을 참조하라. Peter Coveney and Roger Highfield, Frontiers of Complexity (New York: Ballantine, 1995), chap. 4.

22. Christopher Langton, Artificial Life (Redwood City, Calif: Addison-Wesley, 1988). 대중적인 설명은 다음을 참조하라. Coveney and Highfield, Frontiers of Complexity, chap. 8.

23. 나는 1장에서 중력이 이 부분에서 일부 역할을 한다는 아이디어를 제시하였다.

24. Manfred Eigen, Steps Towards Life, trans. P Woolley (Oxford: Oxford University Press, 1992), p. 12.

25. 예를 들어 쿠퍼스(Kuppers)는 “따라서 다윈의 원리를 따라가면 틀림없이 무생물에서 생물로의 전이를 지배하는 물질의 자기조직화 원리가 존재할 것이다"라고 하였다. (Bernd-Olaf Küppers, Molecular Theory of Evolution [Berlin: Springer Verlag, 1985], p. 279).

26. 이 시나리오는 아이겐이 설명한 것과 비슷하다. 거기에서 하이퍼회로는 계의 선택성을 증폭하고 분자 다윈주의를 제거한다(제5장 참조).

27. P C. W Davies and J. R. Brown, eds., The Ghost in the Atom (Cambridge: Cambridge University Press, 1986).

28. Roger Penrose, The Emperor's New Mind (Oxford: Oxford University Press, 1989), chap. 10.

29. 이상하게 DNA는 끝에서 보면 10겹 대칭을(그러므로 5겹 대칭도) 가진다.

30. 다음을 참조하라. Gerard Milburn, The Feynman Processor (Sydney:

Allen & Unwin, 1988) 및 Julian Brown, Minds, Machines and the Multiverse: The Quest for the Quantum Computer (New York: Simon & Schuster, forthcoming).

31. De Duve, Vital Dust, p. xviii.

32. Stephen Jay Gould, Life's Grandeur (London: Jonathan Cape, 1996).

33. Ibid., pp. 202-12.

34. Richard Dawkins, Climbing Mount Improbable (London: Viking, 1996).

35. Gould, Life's Grandeur, p. 167.

36. Ibid., p. 216.

37. De Duve, Vital Dust, p. 299.

38. Allan Dressler, Voyage to the Great Attractor (New York: Knopf, 1994), p. 335.

39. George Gaylord Simpson, "On the Nonprevalence of Humanoids," Science 143(1964):772.

40. "The Search for Extraterrestrial Intelligence: Scientific Quest or Hopeful Folly?" (debate between Ernst Mayr and Carl Sagan), Planetary Report 16 (1996):4.

41. Gould, Life's Grandeur, pp. 175, 214, 216.

42. Monod, Chance and Necessity, p. 180.

찾 아 보 기

가

가계도 58
가디리(Raza Ghadiri) 142
가모브(Geprge Gamow) 109
간단한 자기-복제 분자 141
감염과정 63
거대 수형도 59
검은 굴뚝 185, 198
게놈 122
격렬한 단계 171
격변설 169
결정론자 310
경계선 136
고대세균(archaebacteria) 67
고대세균령(archea) 67, 196, 209
고온성 박테리아(thermophile) 185
골드(Thomas Gold) 189, 198, 281
공생 63
공통 기원 60
공통 선조 60
광영양생물 208
광우병(BSE) 142
교차 오염 265
구문론 44
굴드(Stephen Jay Gould) 27, 314
균일설 169
그렌버그(Mayo Greenberg) 260

극관 215, 224
극한생물 184
금성 173, 269, 279, 281
기계론적인 설명 10
기생 144, 204
기술 사회 131, 292, 320
기체-교환 실험 217

나

나기(Bertholemew Nagy) 263
나노기술 95
남극 극관 224
남극 생물 234
노아의 홍수 169, 223

다

다모클레스의 칼 173
다양성 13, 26, 160, 200
다윈 13, 37, 59, 75, 298
다윈주의 22, 124
다윈주의 진화 22, 24
다이슨(Freeman Dyson) 143, 287
단백질 14, 82, 65, 104
단백질 합성 107, 205
닫힌 계 34, 36, 41
달 미생물 280
달을 형성 168
대량멸종 158, 174
대류 세포 149
대륙의 바다(Mare Continentale) 177
대사(metabolism) 12
대양저 29, 144, 198
대폭발설 46, 109
도킨스(Richard Dawkins) 317
독립-기원 이론 277
독립영양 생물 187, 201, 207
돌연변이 22, 42, 141
돌연변이 속도 42
동결내부암석체 234
되먹임 116, 131, 151, 277
두 가지 기원 143
드두브(Christian de Duve) 293
드리쉬(Hans Driesch) 18
디지털 117, 146, 153

라

라이엘(Charles Lyell) 169
러셀(MikeRussell) 145
로웰(Percival Lowell) 214
루크레티우스 159
룸멜(John Rummel) 252
리보솜 105
린치(Leo Lynch) 248

마

마구잡이 서열 120, 123
마굴리스(Lynn Margulis) 64
마어(Kevin Mahe) 178
마운트배튼(Earl Mountbatten) 57

막대형 박테리아 182, 203
맥쉬어(McShea) 317
맥스윈(Harry McSween) 248
맥케이(Chris McKay) 234
맥킨리(Jim McKinley) 203
머치슨(Murchison) 264
머치슨 운석 264
메시지 21, 98
메이어(Ernst Mayr) 253, 320
메이어(Michael Meyer) 255
메탄생성성 박테리아 203, 204
모노(Jacques Monod) 293
모래 무더기 31
모형비행기 117
목성의 씨 167
목적성 126
무기물 17
무산소성 박테리아 201
무작위성 118
무질서 33, 36
물리법칙 121
물리학 법칙 301
물질의 기원 45
미니-복제자 142
미생물 26
미생물 아담(microbial Adam) 59
미세소관 64
미토콘드리아 63
미틀펠드(David Mittlefehldt) 242
미화석 71
밀러(Stanley Miller) 79

바

바이킹(Viking) 214
박테리아 시대(Age of Bacteria) 27
반즈(Susan Barns) 67, 196
방사능 17
방사성 탄소 추적자 217
배스틴(Edson Bastin) 188
배흐트새우저(Gunter Wächtershäuse) 202
번식(reproduction) 11, 15, 98
번역 109
번역기구 112
베르그송(Henri Bergson) 18
베르느(Jules Verne) 187
베르셀리우스(Jöns Berzelius) 262
벽돌기둥 83
병원성 279
보가드(Donald Bogard) 238
복사선 내구력 260
복사선 손상 271
복잡성(complexity) 8, 13, 149, 315
복잡성의 법칙 50
복잡성 이론 305
복잡성 증진 318
복제 실수 43
복제효소 134

복제 효율 24
볼츠만(Ludwig Boltzmann) 37
뵈제(CarlWoese) 66, 112
뵐러(Friedrich Wöhler) 18
북극 극관 224
북쪽바다(Oceanus Borealis) 224
분자 단서 28
분자 복제 98
분자적 다윈주의 306
분자진화 133
분자화석 69
분화구 171
불안정 48, 49
브록(Thomas Brock) 185

사

사해 183
살아있는 화석 9
삼중자 109
상대성 이론 52
상보성 101
상보적 서열 100
상호 의존성 86
생기(psyche) 16
생기론 16
생명 게임(The Game of Life) 304
생명계통수 197
생명력 18
생명의 나무 59
생명의 불확실성 294
생명의 의미 4
생명-의지-출현설 310
생물 친화적 우주 310
생물학적 결정론 289, 295, 303
섀넌(Claude Shannon) 39
서관충(tube worm) 186
서베이어 3호(Surveyer III) 184
서열결정법 66, 69
석조 아치 147
섭취과정 63
성간 구름 163, 261, 282
성장과 발달 13
세계관 322
세이건(Carl Sagan) 279
세포 96
세포구조 144
세포-우선주의자 77
소저너(Sojourner) 231
소포(Vesicle) 143
소프트웨어 108, 115
소프트웨어 법칙 306
소행성 167
손대칭성 60
쇼크(Everett Shock) 196
쇼프(William Schopf) 70
수문 조종인 191
수성 281
수형도 59, 65
술취한 질서 35, 41
쉬들로우스키(Manfred Schidlow-

ski) 71
슈뢰딩거 10, 310
슈퍼박테리아 184
스케아파렐리(Giovanni Schiaparelli) 214
스닉스(SNCs) 236
스몰린(Lee Smolin) 51
케언스-스미스(Graham Cairns-Smith) 146
스미스(John Maynard Smith) 110
스자드메리(Eörs Szathmáry) 110
스코어(Roberta Score) 239
스타인먼(Gary Steinman) 297
스테터(Karl Stetter) 67, 196
스트로마톨라이트 70
스티븐스(Todd Stevens) 203
스티븐슨(David Stevenson) 178
스피겔만(Sol Spiegelman) 134
스피겔만의 괴물 135
슬립(Norman Sleep) 177
시아노박테리아 70
시토크롬 66
신호간섭 39
신호분해 40
실수비율 43
실수 파국 43
심슨(George Simpson) 322

아

아레니우스(Gustaf Arrhenius) 72
아레니우스(Svante Arrhenius) 258
아리스토텔레스 16, 296
아미노산 79
아미노산 서열 85, 105, 107
아이겐(Manfred Eigen) 43, 135
아크라만 157, 158, 171
아프리카 이브(African Eve) 58
알고리듬 119
알라이스 운석 263
알트먼(Sidney Altman) 133
암석 우주선 269
암석 포자범재설 280
암스트롱(Neil Armstrong) 249
앨빈 계획 186
약품-저항성 42, 43
양자계산학 309
양자역학 52, 309
양자-조직화 과정 307
에너지 12
에너지원 83
에너지의 위기 200
에디아카라(Ediacara) 6
에딩턴(Arthur Eddington) 33
엔트로피 34, 37
엘리슘(Elysium) 229
여러 고리 방향족 탄화수소(PAH) 244
여행하는 세일즈맨 124
연 117

연대측정 236
연장 129
열 32
열수공 194
열역학적 평형 34
열역학 제2법칙 33
염기 100
염기 서열 103
염기쌍 규칙 101
엽록체 64
영구동토층 223, 235
영구성과 변화 15
영양(nutrition) 12
예정설 295
오르겔(Leslie Orgel) 132
오르구엘 운석 263
오르트(Jan Ort) 165
오르트 구름 165
오염 이론 278
오파린(Alexander Oparin) 76
올드린(Buzz Aldrin) 249
올림푸스산(Olympus Mons) 228
완전기관(perpetuum mobile) 33
왓슨 100
외계 병원체 250
외계 생명체 90, 264
우연 90, 148
우연과 필연 294
우월주의 312
우주 노출 260
우주 배경복사 47
우주복사선 243
우주 여행 259
우주의 팽창 50
운하망 214
원시세포 145
원시수프 76
원자간 힘 297
원핵생물(prokaryotes) 65
웨버(Peter Weber) 260
위크라마싱 283, 292
윈노그라드스키(Sergi Winnograd-sky) 200
윈슬로우 170
유기물질 17
유기분자 164
유로파 287
유리(Harol Urey) 78
유리-밀러 80, 87
유리-밀러의 실험 80
유전암호 109
유전암호 안에 암호 121
유전자 98
유전적 메시지 8
유전적 조직화 152
유전 정보 103
의미론 44
이리듐층 175
이수아(Isua) 71
이수아 암석 179

이중나선 100
이탈 과정 267
인공생명 305
인과 되먹임 131
임계 분기점 149

자

자기 강화 회로 138
자기복잡화 51
자기조립 74
자기조직화 51, 150
자르(Richard Zare) 241
자발적 발생 73
자비스(Peter Jarvis) 113
자연의 법칙 7
자외선 80
자유 에너지 33
자율성(autonomy) 11
자체촉매화 151
작동설명서 22
잔존물 63
잡음 40
전달 RNA(tRNA) 106
전염병 251, 285
전화성탐사선(Mars Global Surveyer) 231
젊은태양(dim-young-Sun) 225
점토 결정 146
정류상태 이론 291
정보 40
정보의 기원 47
정보의 전달 52
정보함량(information content) 14
조잡한 기계 88
조직화(organization) 13, 96, 118, 149
조직화된 복잡성 149
존재(being) 대 생성(becomming) 15
주크(Thomas Jukes) 251
주형 101, 103
주형 복제 103
준결정 308
준안정 상태 38
중력 48
중력장 46
증기기관 조절장치 116
증기기관차 19
증폭 효과 131
지각 2
지구 1
지구가 형성 161
지구 생명체 279
지열 가열 227
지오토 172
지적 우주 294
지하세계 194
지향된 포자범재설 293
진공 터널 268
진보의 사닥다리 311

진정세균(eubacteria) 67
진정세균령(bacteria) 67
진핵생물(eukaryotes) 65
진핵생물령(eucarya) 67
진화론 6, 311
진화적 분기점 208
질량분석계 72, 224
질서 118

차

차펠(Francis Chapelle) 191
창조 신화 5
채이틴(Gregory Chaitin) 119
체크(Thomas Cech) 133
초고온성 박테리아(hyperthermoph-ile) 186
충돌 침식 173

카

카(Michael Carr) 222
카이론 176
카우프먼(Stuart Kauffman) 150
켄타우르스 172
코돈 109
코아셀베이트 77
콜(Marian Cole) 297
콜리스(Jack Corliss) 198
콜린스(Michael Collins) 249
쿠이퍼 띠(Kuiper belt) 167
크릭 100, 293
클라우스(George Claus) 263
키랄성(chirality) 60, 140
키를리안(kirlian) 사진 19

타

타르시스(Tharsis) 228, 229
타임머신 1
탄산염 240, 242
탄소 159
탄소 동위원소비 71
탄소-동위원소 연대법 243
탄소-동화 실험 218
탄소질 알갱이 245
탄소 화합물 263
태양계 163
태양광 통과대(photic zone) 188
티끌 163

파

파동-입자 이중성 307
파머(Jack Farmer) 253
파스퇴르 74
파이 120
파이오니어 10호 164
파커(C. D. Parker) 182
파크스(John Parkes) 186, 191
패스파인더(Pathfinder) 231
퍼옥시솜 64
페이스(Norman Pace) 67
펜로즈(Roger Penrose) 51, 308

펩타이드 82
편모 64
평균 복잡성 315
평균의 개념 314
평범의 원리 91
포스트게이트(John Postgate) 270
포자 257
포자범재설 257
포크(Robert Folk) 248
폭격 시나리오 178
폭스(Sidney Fox) 84, 297
폰남페루마(Cyril Ponnamperuma) 298
표지-방출 실험 217, 218
프랑켄슈타인 17
프랙탈 302
프로테노이드 84
프록터(H. A. Proctor) 170
프리고진(Ilya Prigogine) 149

하

하드웨어 115
하드웨어/소프트웨어 뒤얽힘 14
하베이(Ralph Harvey) 248
하수관 182
하얀 벌레 246
하이퍼 회로 138
한(Otto Hahn) 263
할로박테리아(halophile) 183
함몰 형성 222
해밀턴(Lloyd Hamilton) 189, 265
해저 2
해저현무암 194
해저화산 29
핵산 14, 44, 86
핵융합 160
핵폐기물 처리 189
핼리 혜성 165, 172
허튼(James Hutton) 169
헤거(H. L. Heger) 162
헬름홀츠(Herman von Helmholtz) 35
협동적 과정 108
협동적 방법 86
혜성 165, 282
혜성 충돌 172, 173
호일(Fred Hayle) 90
혼합영양생물 207
홀데인(J.S.Haldane) 76
홀트(John Holt) 26
화석 5
화성 173, 213, 279
화성 미생물 253, 272
화성 생물 218
화성 시료 반입 273
화성 시료 운반 251
화성 암석 252, 254, 269
화성에 물 220, 229
화성 홍수 221
화학독립영양 생물 187

화학영양　200, 203, 233
화학영양생물　201, 204
화학적 단계　73
화학적 요행설　89
화학적 장벽　38
화학적 친화성　108, 110, 297
화학 친화성　298
확산 성간 띠　162
환경　41
환원성　80
환원성 대기　80
활성화 장벽　39
황도광　163
황철광　202
효소　43, 87
휘석-비구립운석(diogenite) 242
ALH84001　238, 240, 270
DNA　21, 99
EETA79002　241
RNA　132
RNA(리보핵산)　105
RNA 바이러스　133
RNA 세계　133
RNA 합성　136, 140
SETI　319
SLIME　204
SNC 운석　236
SNC의 행성 기원　237
mRNA　105
tRNA　106, 137

□■ 옮긴이 **고문주**는 서울대학교 화학교육과를 졸업하고, 서울대학교 화학과 대학원에서 이학박사 학위를 받았다. 현재 조선대학교 화학과 교수로 재직중이며, 미국 애리조나 대학교 생화학과 방문교수로 있다. 『화학의 발자취』(1993), 『화학적 진화』(1996), 『생화학』 (1999) 등 다수의 번역서와 논문 「메탈로티오네인의 기능」,「NiCR을 이용한 P.alcaligenes의 5S rRNA의 화학적 절단」등을 발표하며 활발한 학술 활동을 하고 있다.

-제5의 기적- 생명의 기원

2000년 12월 1일 1판 1쇄 인쇄
2007년 2월 20일 수정판 3쇄 발행

원저자 ◎ **Paul Davies**
옮긴이 ◎ **고 문 주**
발행자 ◎ **조 승 식**
발행처 ◎ (주)도서출판 **북 스 힐**
서울시 강북구 수유2동 258-20
등 록 ◎ 제 22-457호

TEL (02) 994-0071~2
FAX (02) 994-0073
E-MAIL bookswin@unitel.co.kr
www.bookshill.com

가격 10,000원

ISBN 89-88441-81-8